그림으로 배우는 알기쉬운

신편
기계 & 금형재료

이종구 저

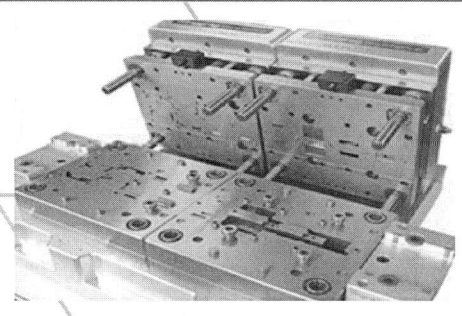

명인북스
Myungin Books

머리말

　소재산업은 모든 산업의 근본이며, 국가산업을 지속적으로 발전시킨 원동력 중의 하나는 생산기반기술과 더불어 소재산업이다. 어느 한 제품을 만들기 위해서는 설계기술과 소재, 그리고 제조기술이 삼위일체가 되어야 가능하다.

　금형산업을 이끄는 것은 전방산업인 자동차, 우주항공, 전기전자산업과 가전산업 등이고 금형산업은 후방산업인 소재산업, 열처리, 도금, 표면처리산업을 이끌고 있다. 금형산업에서는 설계기술과 더불어 소재 및 열처리, 표면처리 기술과 제작기술이 모든 산업의 기반이며 핵심기술이다.

　부존자원의 혜택을 받지 못하는 국가는 기술 축적만이 국제 경쟁력을 높일 수 있고, 경제 대국이 될 수 있음을 우리는 이웃나라 일본을 통해서 알 수 있다. 이런 말이 있다. 제철소의 굴뚝에 불이 꺼지면 그 국가의 산업발전은 없다 라는 말! 그만큼 소재는 모든 산업에 중요한 역할을 하고 있음이다.

　금형을 배우는 공학도들을 위해 조금이나마 도움이 되고자 그동안의 대학에서의 강의를 한 경험과 산업현장에서 배운 내용을 바탕으로 이 교재를 출판하게 되었다.

　　제1장 금형재료 총론
　　제2장 재료시험과 조직검사
　　제3장 탄소강
　　제4장 주철과 주강
　　제5장 특수강
　　제6장 각종금형의 종류에 따라 사용되는 금형재료
　　제7장 열처리와 표면경화
　　제8장 비철금속 재료
　　제9장 비금속재료와 기타 재료
　　제10장 특수 재료
　　부록으로 정리하였다.

각 장 마다 단원 학습정리를 하여 공학도들의 학습효과를 높이도록 편집하였다.

본서는 금형과 금형 재료, 공구재료에 관심을 가지고 짧은 기간 내에 금형재료의 기초를 습득할 수 있도록 내용을 요약하였고, 이해를 돕기 위해 그림과 사진을 첨부하였다. 공업계 전문대학 및 대학 재학생들, 현장의 금형 관련 부서에 종사하는 기술인에게 조금이나마 참고가 되었으면 한다.

부족함이 많으나 지속적으로 수정 보완하고 Up-Grad하여 공학인 들에게 도움이 되고자 한다.

끝으로 이 책의 정리를 도와 준 분들께 고마움을 전하고 출판을 맡아 수고 하신 명인북스 임직원 여러분께 감사드립니다.

저 자

차례

PART 01 금형재료 총론

1 금형재료의 개요 — 3
- (1) 기계재료의 선정 — 5
- (2) 합금(alloy) — 6
  - 합금의 특성 — 7
  - 고용체(Solid Solution) — 7
- (3) 금속간 화합물 — 8
- (4) 합금 금속의 반응 — 8
  - 공정반응 — 8
  - 포정반응 — 9

2 금속의 응고와 결정구조 — 10
- (1) 금속의 응고 — 10
- (2) 금속의 조직 — 11
- (3) 금속의 결정구조 — 11
  - 체심입방격자(Body centered lattice : BCC) — 12
  - 면심입방격자(Face centered lattice : FCC) — 12
  - 조밀육방격자(Hexagonal close packedcubic lattice : HCP) - 12
- (4) 금속의 변태 — 13
  - 동소 변태 — 13
  - 자기 변태 — 13

3 금속의 소성과 회복 — 15
- (1) 소성변형과 탄성변형 — 15
  - 소성변형 — 15
  - 탄성변형 — 15
- (2) 소성변형의 기구 — 16
  - 슬립 — 16

- 쌍정 ---------- 16
- 전위 ---------- 16

(3) 소성가공과 성질변화 ---------- 17
- 가공경화 ---------- 18
- 시효경화와 인공시효 ---------- 18

(4) 회복과 재결정 ---------- 19
- 회복현상 ---------- 19
- 재결정과 입자의 성장 ---------- 19
- 재결정 온도 ---------- 20

PART 02 재료시험과 조직검사

1 재료시험과 조직검사 ---------- 23

(1) 재료시험 ---------- 23
- 인장시험 ---------- 24
- 경도시험 ---------- 26
- 충격시험 ---------- 32
- 피로시험 ---------- 33
- 비파괴시험(NDT) ---------- 34

(2) 조직 검사 ---------- 36
- 매크로 조직검사 ---------- 36
- 현미경 조직검사 ---------- 37

PART 03 탄소강

1 철과 탄소강 ---------- 43

(1) 강재의 분류와 제조 ---------- 43
- 강재의 분류 ---------- 43
- 강재의 제조 ---------- 44

(2) 순철과 탄소강 ---------- 46
- 순철 ---------- 46
- 탄소강 ---------- 47

PART 04 주철과 주강

1 주철과 주강 — 57
(1) 주 철 — 57
- 주철의 개요 — 57
- 주철의 조직과 상태도 — 58

(2) 주철의 성질 — 61
- 물리적·화학적 성질 — 61
- 주철의 주조성 — 62

(3) 주철의 종류 — 63
- 일반 주철 — 63
- 합금 주철 — 64
- 특수 주철 — 64

(4) 주 강 — 67

(5) 자동차 금형재료 일반 — 70
- 자동차 금형의 주요 재질 — 70
- 자동차 금형 재료의 종류 — 70

PART 05 특수강

1 특수강 — 77
(1) 특수강 — 77
- 특수강의 개요 — 77
- 합금원소의 영향 — 78

(2) 특수강의 종류 — 79
- 구조용 특수강 — 79
- 공구용 특수강 — 81
- 특수용도 특수강 — 83

PART 06 금형용 재료

1 금형재료의 개요 — 89
- (1) 플라스틱 금형재료 — 91
  - 재료의 종류와 성질 — 91
  - 재료의 선정기준 — 100
- (2) 프레스 금형재료 — 110
  - 재료의 종류와 성질 — 110
  - 재료의 선정기준 — 115
- (3) 다이캐스팅 금형재료 — 124
  - 다이캐스팅 금형재료 — 125
  - 재료의 선정기준 — 133
- (4) 단조 금형재료 — 135
  - 냉간 단조 금형재료 — 135
  - 열간 단조 금형재료 — 143
- (5) 기타 금형재료 — 150
  - 분말성형용 금형재료 — 150
  - 롤(roll) 성형용 금형 재료 — 152
  - 유리용, 고무용 금형 재료 — 154
  - 기타 금형 재료 — 156

PART 07 열처리와 표면경화

1 열처리와 표면경화 — 163
- (1) 열처리 — 163
  - 열처리의 종류 — 163
- (2) 금형강의 열처리 — 187
  - 냉간 금형강의 열처리 — 187
  - 열간 금형강의 열처리 — 193
  - 기타 금형강의 열처리 — 198
  - 열처리 불량의 원인과 방지책 — 199
- (3) 표면 경화처리 — 203
  - CVD — 203
  - PVD — 206

- PCVD ---------- 211
- DLC ---------- 215
- TD 프로세스 ---------- 216
- 화학적 표면경화 ---------- 218
- 물리적 표면경화 ---------- 224
- 기타 표면경화 ---------- 227

PART 08 비철금속 재료

1 비철금속 재료

(1) 알루미늄과 Al 합금 ---------- 235
- 주조용 알루미늄 합금 ---------- 236
- 가공용 알루미늄 합금 ---------- 240

(2) 구리와 합금 ---------- 243
- 황동(brass : Cu+Zn) ---------- 245
- 청동(bronze : Cu+Sn) ---------- 250

(3) 마그네슘(Mg)과 합금 ---------- 255

(4) 아연(Zn)과 합금 ---------- 256

(5) 니켈과 합금 ---------- 257

(6) 기타 비철금속 합금 ---------- 259

PART 09 비금속 재료와 기타 재료

1 비금속재료와 기타 재료

(1) 합성수지 ---------- 265
- 합성수지의 정의와 성질 ---------- 265
- 합성수지의 분류 ---------- 267
- 합성수지의 성형가공 ---------- 271
- 합성수지의 성질 ---------- 272

(2) 합성 고무 ---------- 273

(3) 탄소 재료 ---------- 274

(4) 목재와 시멘트 ---------- 276

- 목재 ---------- 276
- 시멘트(Cement) ---------- 277

(5) 엔지니어링 세라믹 ---------- 278
(6) 초고경도 내마모 재료 ---------- 282
(7) 서멧 ---------- 286
(8) 복합재료 ---------- 286
(9) 기타 재료 ---------- 289
- 반도체 재료 ---------- 289
- 분말야금 합금 ---------- 291

PART 10 특수 재료

1 특수 소재

(1) 신소재 ---------- 301
- 신소재의 정의 ---------- 301
- 신소재의 종류와 특성 ---------- 302

(2) 형상기억 합금(SMA)과 초탄성 합금 ---------- 304
(3) 수소저장 합금 ---------- 306
(4) 초내열 합금 ---------- 307
(5) 초소성 재료 ---------- 308
- 초소성 성형법의 종류 ---------- 309
- 초소성 재료의 제조 ---------- 310

(6) 자성 유체 ---------- 310
(7) 제진재료 ---------- 312
- 종류별 특성 ---------- 313

PART 11 부 록

(1) 주요 원소의 물리적 성질 ---------- 317
(2) 철강 및 비철금속 재료기호 ---------- 318

제 01 장 금형재료 총론

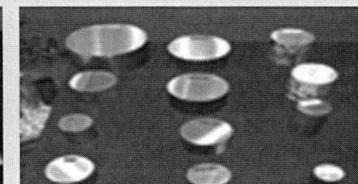

chapter 01 금형재료의 개요

기계, 금형, 기구, 건축, 교량, 항공기, 선박 등 현대문명의 필수적인 재료로 금속고유의 기계적(강도), 물리적(배열), 화학적(부식), 전자기적 특성을 가지고 있다.

기계재료의 종류는 재질에 따라 금속재료(Metal), 비금속재료(No metal), 복합재료(Composites metal) 등 세 가지로 분류되며 기계재료의 범위는 다음과 같다.

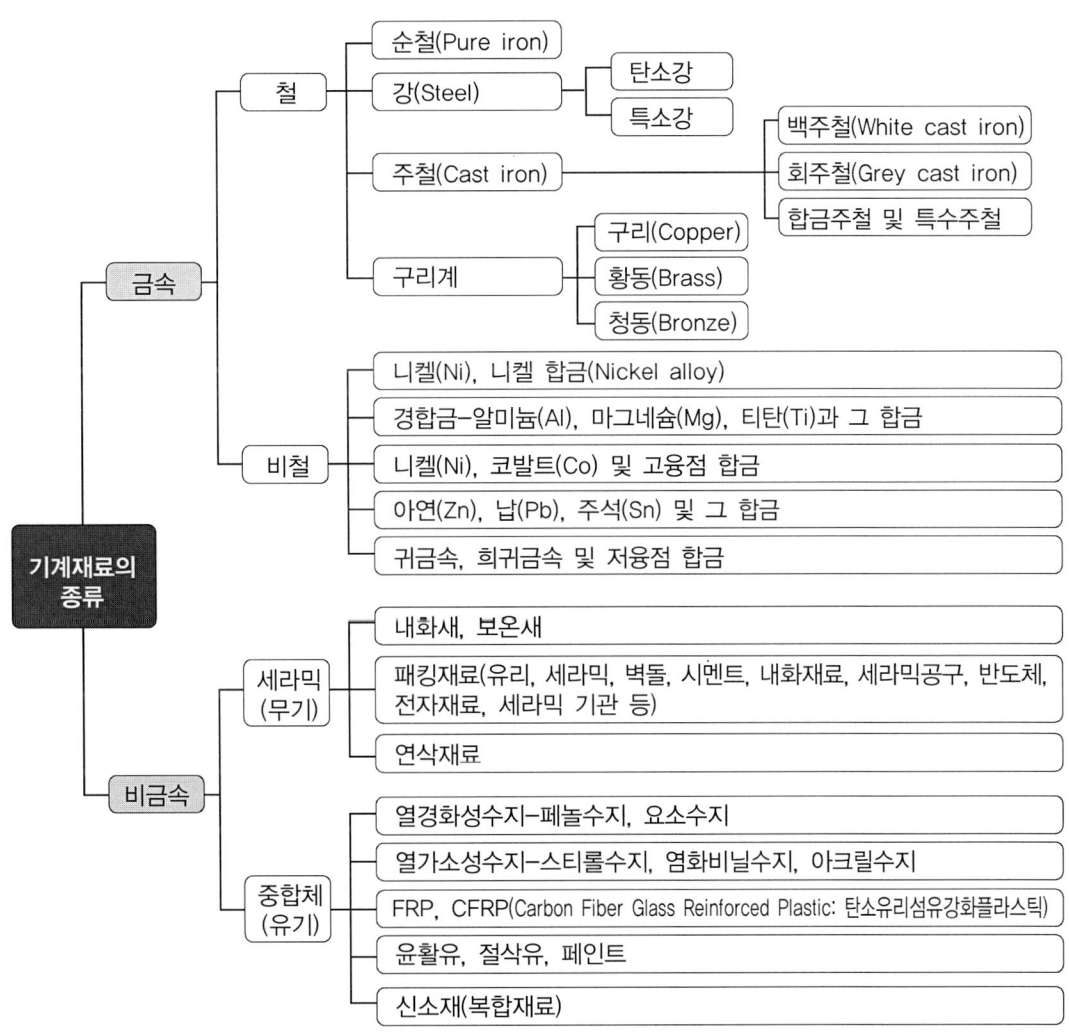

■ 기계재료의 범위

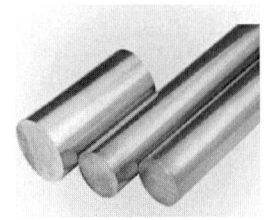  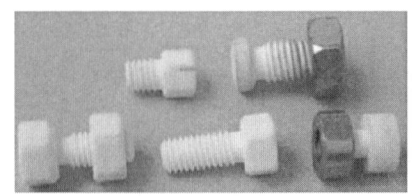 

(a) 구리　　(b) PVC 볼트　　(c) 세라믹 볼트와 철 너트　　(d) CFRP(엔진커버)

∴ 기계재료의 사용

금속이 기계재료로서 많이 사용되는 이유는 강도와 경도가 우수하며, 가공 및 취급이 용이한 성질을 가지고 있기 때문이다.

순금속 및 합금을 포함한 금속의 공통적인 성질은 다음과 같다.
① 강도가 크고 가공변형이 쉽게 된다.
② 고체상태(상온)에서 결정구조를 갖는다.
③ 비중이 크고, 금속특유의 색체를 지닌다.
④ 불투명하고 열과 전기의 양도체이다.
⑤ 용융점이 높고 경도가 크다

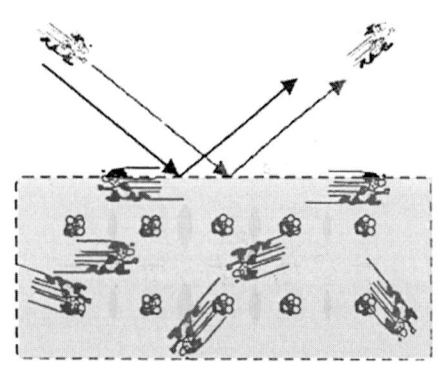 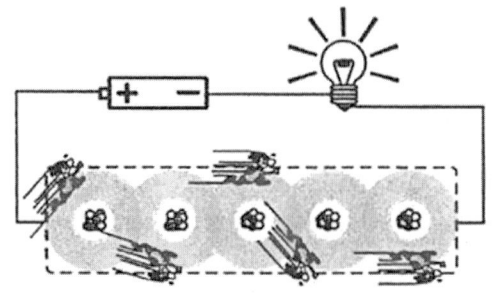

(a) 금속표면의 광택　　(b) 전기의 양도체

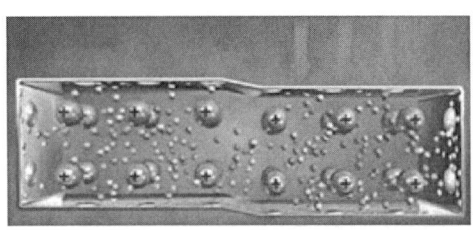 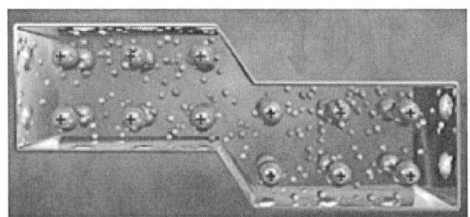

(c) 원자배열 변형되더라도 기본성질 잃지 않도록 형태유지

∴ 재료의 공통성질

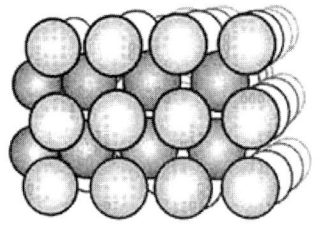
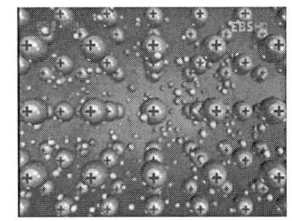

∴ 고체상태의 결정구조(3차원적 배열)

01 기계재료의 선정

만족스러운 금형 및 기계제품을 얻기 위해선 **좋은 설계**(good design), **좋은 재료**(good steel), **좋은 열처리**(good heat treatment)가 요구되므로 이 3가지 방법의 조합이 잘 이루어져야 한다. 즉, How to Design! How to Select ! How to Treatment! 즉 요구되는 성질이 무엇이며, 어떤 성능이 필요한가를 고려해야 한다.

따라서 아래와 같은 사항들은 요구되는 성질이 무엇이며, 어떤 성능이 필요한가를 고려하여 종래의 관습이나 경험, 한국 공업 규격집(KS) 등을 참고해서 선택하는 것이 바람직하다.

① 기계적 강도가 요구되면 인장강도가 큰 것
② 반복하중을 받는 것이면 피로강도가 큰 것
③ 마모되는 곳에는 내마모성이 큰 것
④ 부식되는 곳에는 내식성이 큰 것
⑤ 가공성에 대한 재료의 적절성은 절삭성, 소성가공, 용접성 등 고려할 것
⑥ 재료의 규격, 구입 용이성, 경제성도 고려할 것
⑦ 신뢰성 즉 품질관리가 잘된 것으로 일정한 규격범위 안에 들어간 것
⑧ 종래 경험과 직관을 무시하지 말 것.

표   주요국의 공업규격과 국제 표준화규격

국 명	규격 기호
한국 공업 규격	KS(Korean Industrial Standard)
영국 표준 규격	BS(British Standard)
독일 공업 규격	DIN(Deutsche Industrial Norman)
미국 표준 규격	ASA(American Standards Association)
일본 공업 규격	JIS(Japanese Industrial Standards)
국제 표준화 규격	ISO(International Organization Standardization)

(a) 주조성

(b) 절삭성

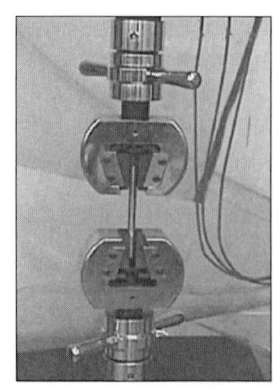
(c) 인장강도시험

•* 기계재료의 선정

02 합금 (alloy)

두 가지 이상의 금속을 고온에서 용융시킨 후 냉각하면 여러 가지 조성의 합금이 생성된다. 이 경우 생성물은 순금속, 고용체, 금속간 화합물로 나눌 수 있고 이들은 상온온도에 따라 달라진다.

합금(Alloy)은 금속의 성질을 개선하기 위하여 두 종류 이상의 원소(금속과 비금속)가 섞여 이루어져 금속적 성질을 구비한 것으로 총칭하며 합금이라는 행위를 통하여 금속이 가질 수 없었던 필요한 기능과, 다양한 성능을 얻을 수 있다.

한 종류의 금속원소만을 성분으로 하는 순금속은 실제로 존재하지 않는다.

원소의 개수에 따라 이원합금, 삼원합금이 있다.
① **철합금** – 탄소강, 특수강, 주철
② **구리합금** – 황동, 청동
③ **경합금** – 알루미늄합금, 마그네슘합금, 티탄합금
④ **원자로용 합금** – 우라늄합금, 토륨
⑤ **기타 합금** – 납·주석합금, 베어링합금, 저용융합금

•* 구리합금

•* 경합금

1 합금의 특성

① **강 도**: 일반적으로 증가한다.
② **경 도**: 일반적으로 증가하는데 가공 및 열처리에 의해 변화한다.
③ **용융점**: 일반적으로 낮아진다.
④ **주조성**: 용이하다.
⑤ **가단성**: 일반적으로 낮아진다.
⑥ **색 깔**: 아름다워진다.

2 고용체(Solid Solution)

고용체란 한 성분의 고상 금속 중에 다른 성분의 금속(또는 비금속)이 용융상태에서 혼합되어 전체가 균일한 합금이 되었을 때를 말한다. **고용**이란 두 종류 이상의 고체 원자들이 균일하게 섞이는 현상으로 치환형 고용체, 침입형 고용체와 규칙 격자형 고용체가 있다

1) 침입형 고용체

어떤 성분의 금속 결정격자 중에 다른 원자가 침입된 고용체를 말한다.

대표적인 경우가 철(Fe)에 탄소(C)가 침입형으로 고용된 경우이며, 이 때 탄소(C)가 철의 성질을 크게 변화시킨다. 일반적으로 비금속원소인 H, B, C, N, O가 침입형 원자이다.

2) 치환형 고용체

한 성분의 금속원자가 다른 금속 결정격자의 원자와 위치가 바뀐 형식의 고용체로, 황동(Cu-Zn), 백동(Cu-Ni), 청동(Cu-Sn) 등이 있다. 두 원자의 크기와 차이는 부피비로 15% 이내이어야 하며, 결정구조도 같아야 한다.

3) 규칙격자형 고용체

치환형 고용체 중에서 두 성분의 금속원자가 규칙적으로 치환한 배열을 가지는 것을 말한다.

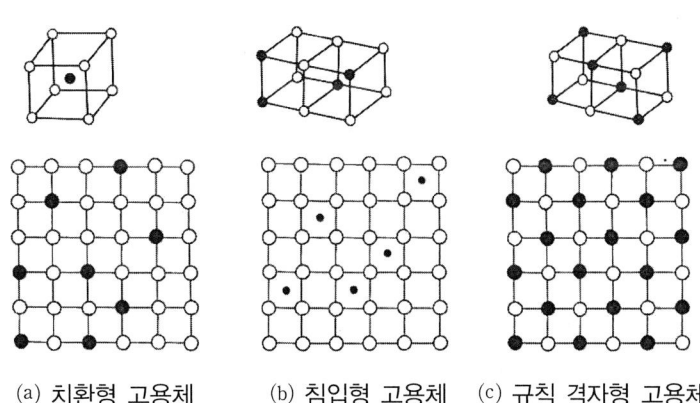

(a) 치환형 고용체   (b) 침입형 고용체   (c) 규칙 격자형 고용체

∴ 고용체 결정격자

03 금속간 화합물

2종 이상의 친화력이 큰 성분의 금속이 화학적으로 결합되어 각 성분 금속과는 전혀 다른 새로운 성질을 가지는 독립된 화합물을 만드는데, 이것을 금속간 화합물, 즉 두 금속사이에 생긴 화합물이라는 뜻이다.

예를 들면 Fe_3C(시멘타이트)는 탄소(C)가 철(Fe)과 결합하여 화합물을 이룬 것으로 상당히 단단하나 취약하여 충격에 약하다.

표 금속간 화합물을 만드는 예

합금 명칭	금속간 화합물
탄소강, 주철	Fe_3C
청동	Cu_4Sn, Cu_3Sn
알루미늄 합금	$CuAl_2$
마그네슘 합금	Mg_2Si, $MgZn_2$

04 합금 금속의 반응

1 공정반응

2개의 성분 금속이 용융되어 있는 상태에서는 서로 융합되어 균일한 액체를 형성하고 있으나, 응고 시 일정한 온도에서 두 종류의 고체(순금속, 고용체, 금속간 화합물)가 일정한 비율로 동시에 정출하여 생긴 혼합된 조직을 형성할 때 이를 **공정**(Eutectic)이라 한다.

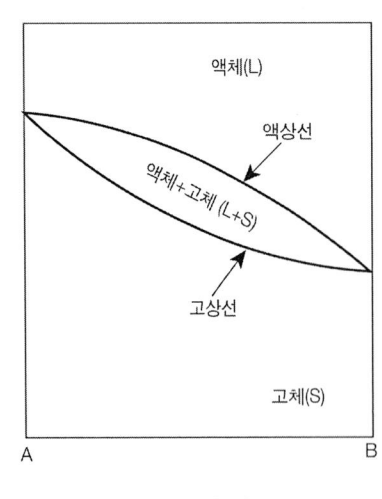

∴ 고용체

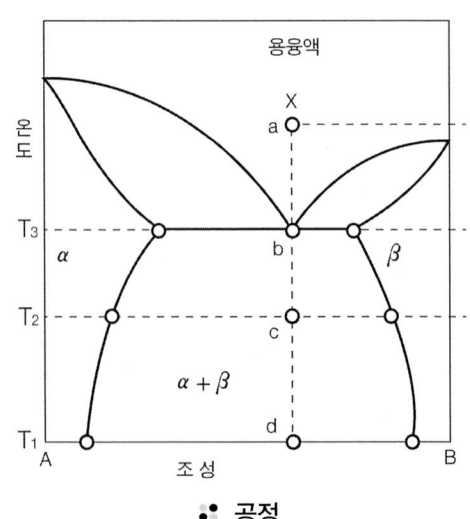

∴ 공정

② 포정반응

하나의 고체에 다른 용융체가 작용하여 새로운 다른 고용체를 형성하는 반응을 말하며 이때의 새로 생긴 고체를 **포정**(Peritectic)이라 한다.

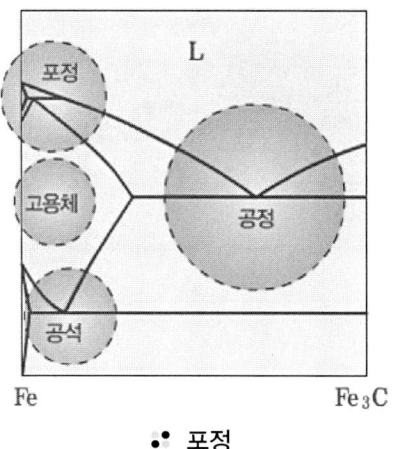

∴ 포정

공석은 고체에서 두 종류의 고체가 동시에 생기는 현상을 말한다.

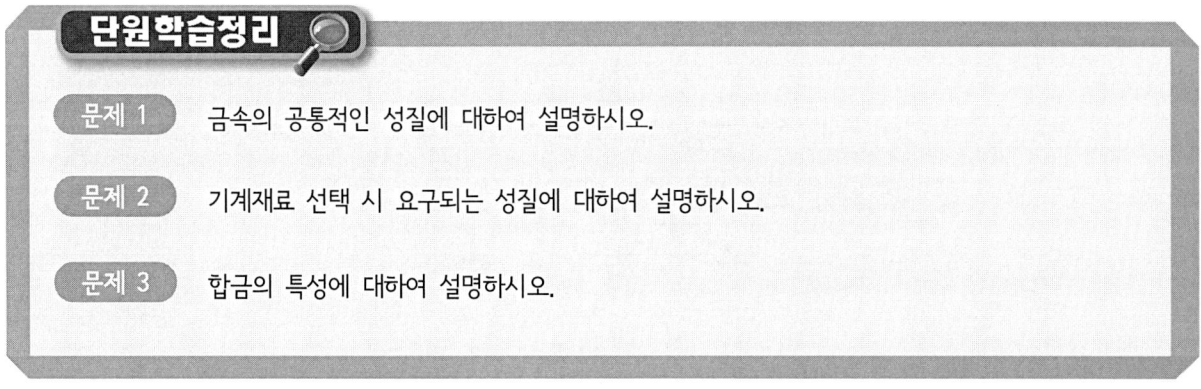

∴ 표준 주기율표

단원학습정리

문제 1 금속의 공통적인 성질에 대하여 설명하시오.

문제 2 기계재료 선택 시 요구되는 성질에 대하여 설명하시오.

문제 3 합금의 특성에 대하여 설명하시오.

chapter 02 금속의 응고와 결정구조

01 금속의 응고

용융된 순금속을 응고온도까지 냉각하면 용융금속에서 미세한 고상금속이 발생하기 시작하는데 이것을 **결정핵**(Seed Crystal)이라 한다.

응고점에서 발생한 결정핵에서 결정이 발생, 성장하면서 최종적으로 이들이 서로간의 경계를 형성하고 결정체로 되면서 응고가 완료된다.

응고과정에서 결정의 성장과정 중 서로 돌기한 부분이 나뭇가지처럼 차례로 성장하는 것을 **수상정**(Dendrite)이라 한다.

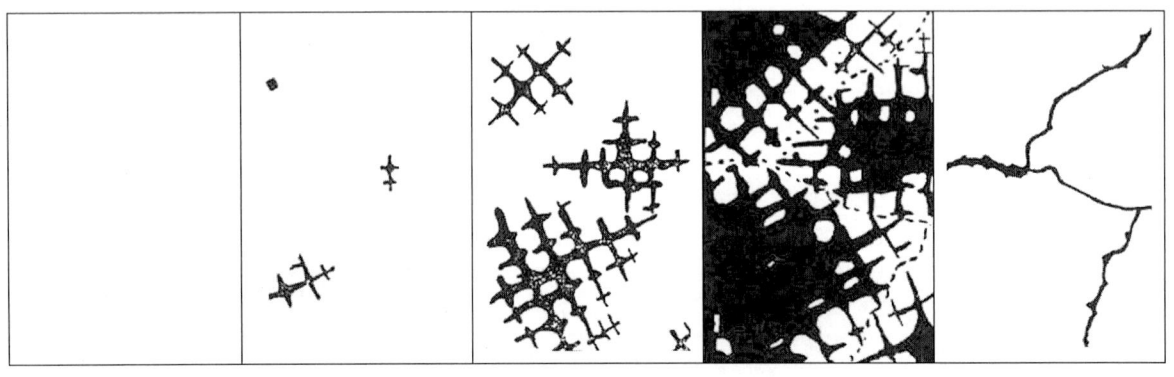

(a) 용융금속   (b) 결정핵 발생   (c) 결정의 성장(충돌 시까지 성장)   (d) 결정경계 형성

∴ 순금속의 결정발생과 성장과정

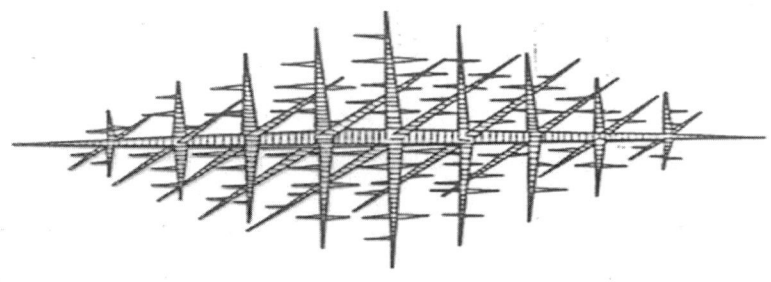

∴ 수상정

용융된 금속이 냉각되어 결정을 만들 때 금속의 결정 입자의 크기는 금속의 종류와 불순물의 양과, 냉각속도에 따라 다르다. 일반적으로 냉각속도가 빠르면 결정핵의 수가 많아지므로 결정입자는 미세화되고, 냉각속도가 느리게 되면 핵의 수가 적어지므로 결정입자는 조대화 된다.

02 금속의 조직

어떤 물질을 구성하고 있는 원자가 규칙적으로 배열되어 있을 때 이것을 **결정체**(Crystall)라 한다. 금속은 일반적으로 수많은 크고 작은 결정의 집합체로 이루어져 있다.

금속은 서로 방향이 다른 결정들이 무질서하게 집합을 이루고 있는 **다결정체**이고, 그 한 개 한 개의 결정체를 **결정입자**라 하고 결정입자와 결정입자와의 경계를 **결정경계**라 한다.

이와 같은 배열을 **결정격자**라 하며, 금속은 각각 고유의 결정격자를 지닌다.

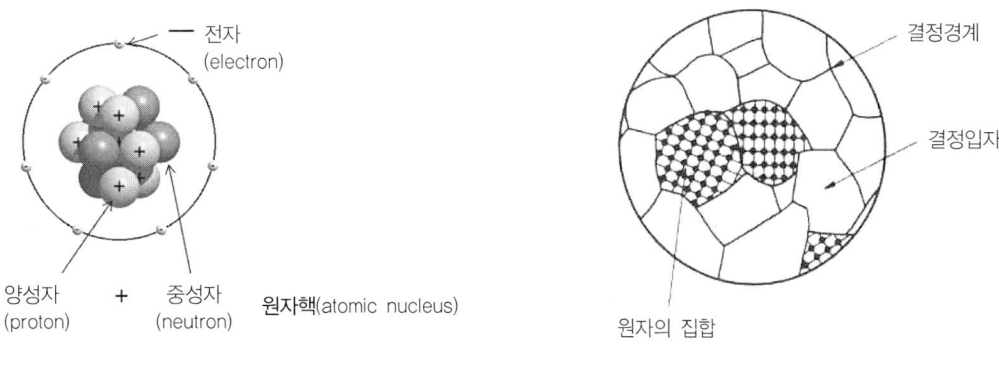

• 원자의 구성   • 결정 구조

03 금속의 결정구조

금속의 결정격자는 단위세포로 구성되어 있으며, 금속의 단위세포 중에 있는 원자를 볼(Ball)로 표시하고 그 배열의 특징을 나타내는데 필요한 최소한도의 원자수로 표시한다.

공업용 금속을 구성하는 결정격자는 **체심입방격자**(BCC), **면심입방격자**(FCC), **조밀육방격자**(HCP) 3개 중의 어느 하나에 속한다.

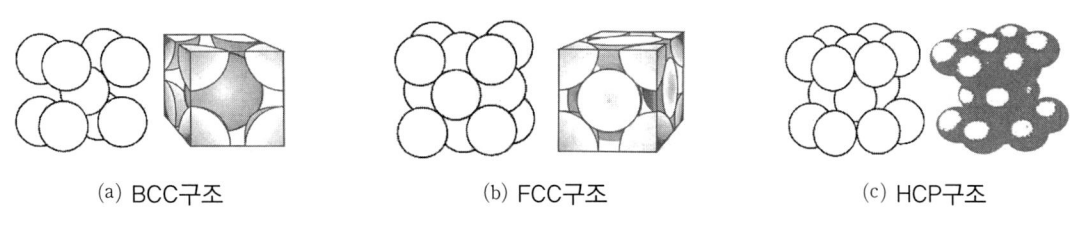

(a) BCC구조   (b) FCC구조   (c) HCP구조

• 금속의 결정격자의 모형

1 체심입방격자 (Body centered lattice : BCC)

입방체의 각 정점과 결정의 중심에 각 1개의 원자가 배열된 매우 간단한 결정구조로 상온의 철(Fe)과 텅스텐(W) 몰리브덴(Mo) 바나듐(V) 등이 있고 유연성은 떨어지나 강하며, 한 변의 길이가 "a"인 체심입방격자 속에는 2개의 원자가 존재한다.

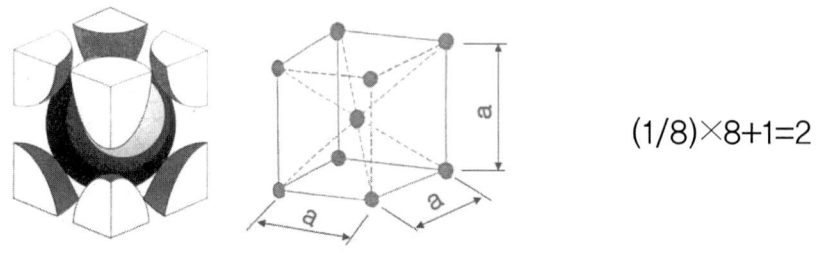

$$(1/8)\times 8+1=2$$

∴ 체심입방격자

2 면심입방격자 (Face centered lattice : FCC)

입방체의 각 정점과 면의 중심에 1개의 원자가 배열된 구조로 알루미늄(Al), 구리(Cu), 납(Pb) 등이 있으면 전연성 및 가공성이 좋으며, 입방체 속에는 4개의 원자가 존재하는 것과 같다

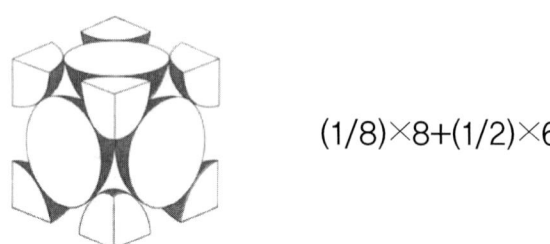

$$(1/8)\times 8+(1/2)\times 6=4$$

∴ 면심입방격자

3 조밀육방격자 (Hexagonal close packedcubic lattice : HCP)

6각 기둥의 상·하 면의 각 모서리와 그 중심에 1개의 원자와 6각 기둥을 이루는 것으로 아연(Zn), 마그네슘(Mg), 코발트(Co), 티타늄(Ti) 등이 있고 취약하고 전연성이 적으며, 입방체 속에는 2개의 원자가 존재하는 것과 같다.

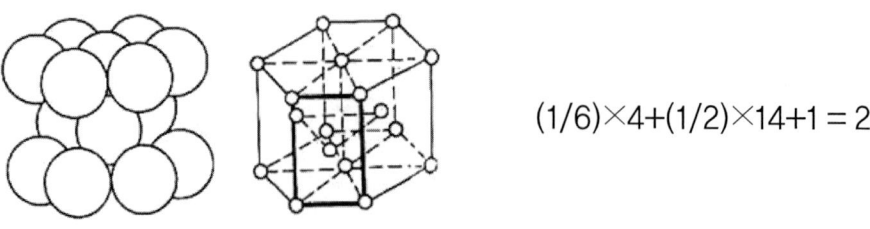

$$(1/6)\times 4+(1/2)\times 14+1=2$$

∴ 조밀육방격자

04 금속의 변태

온도가 상승함에 따라 고체상태의 물질이 액체나 기체로 변화하는 것, 즉 같은 물질이 한 결정구조에서 다른 결정구조로 그 상이 변하는 것을 **변태**(Transformation)라 하며, 그 변태가 일어나는 온도를 **변태점**이라 한다.

1 동소변태

동일한 원소가 온도에 따라 여러 가지 원자배열을 하는 경우 동소체라 하며 이런 변태를 **동소변태**(Allotropic Transformation)라 한다.

예를 들면 순철에는 α, γ, δ 의 3개의 동소체가 있다.

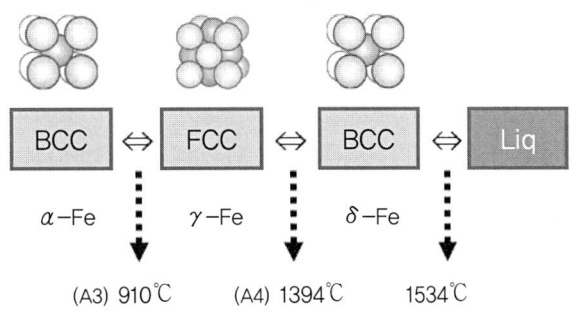

∴ 순철의 동소변태

2 자기 변태

철(Fe) 코발트(Co) 니켈(Ni) 등과 같이 강자성체인 금속을 가열하면, 어느 일정한 온도 이상에서 금속의 결정구조는 변하지 않으나 자성을 잃어 상자성체로 변하는데, 이와 같이 자성이 변하는 변태를 **자기 변태**라 하고 이변태의 온도를 **자기변태점**(Curie Point)이라고 한다.

순철은 768°C(A3) 부근에서는 급격히 자기의 크기에 변화를 일으킨다.

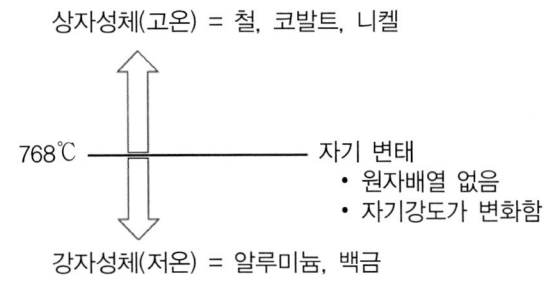

∴ 자기변태

표 변태 종류

변태의 종류	변태의 내용	변태온도(℃)
A4(동소변태)	δ-Fe(BCC) $\underset{냉각}{\overset{가열}{\rightleftarrows}}$ γ-Fe(FCC)	1394
A3(동소변태)	γ-Fe(FCC) $\rightleftarrows$ α-Fe(BCC)	910
A2(자기변태)	α-Fe(상자성) $\rightleftarrows$ α-Fe(강자성)	768

단원학습정리

문제 1 수상정(Dendrite)에 대하여 설명하시오.

문제 2 동소변태(Allotropic Transformation) 대하여 설명하시오.

문제 3 공업용 금속의 대표적인 3가지 결정격자에 대하여 설명하시오.

문제 3 자기변태에 대하여 아는 데로 설명하시오.

chapter 03 금속의 소성과 회복

01 소성변형과 탄성변형

① 소성변형

소성변형은 재료의 기계적 성질로서 재료에 힘을 가했을 때의 힘, 즉 외력이 작으면 재료는 원래의 형상으로 복귀하지만 외력이 어느 정도 커지면 외력을 제거해도 완전히 원래대로 복귀하지 않고 약간의 재료변형이 남는데 이러한 변형을 **소성변형**(Plastic Deformation)이라 한다.

금속은 소성가공 할수록 더 딱딱해지고, 질기게 되지만 유연하고 늘어나는 성질은 감소한다. 그러나 정밀도가 좋은 제품을 능률적으로 제조할 수 있다.

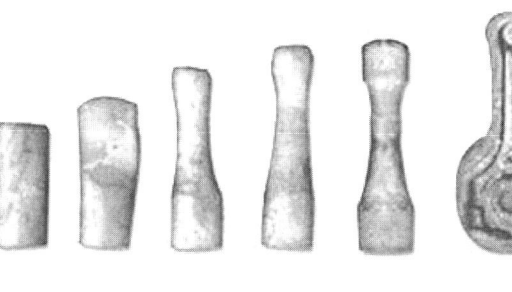
(a) 자동차용 커넥팅 로드

(b) (대장간)가위

∴ 소성가공

② 탄성변형

탄성한계 이내에서 가해진 외력을 제거하면 원래의 형상으로 되돌아가는 성질을 **탄성변형**(Elastic Deformation)이라 한다.

02 소성변형의 기구

① 슬립

금속의 결정은 원자들이 규칙적으로 질서정연하게 3차원적인 배열, 즉 입방체로 되어있다. 이런 금속의 결정에 탄성한도 이상의 힘을 가하면 결정 내의 일정면이 미끄럼을 일으켜 이동하는 것을 **슬립**(slip)이라 한다.

② 쌍정

변형전과 변형 후의 위치가 어떤 면을 경계로 하여 대칭이 되는 것과 같은 변형을 하였을 때를 **쌍정**(Twin)이라 한다.

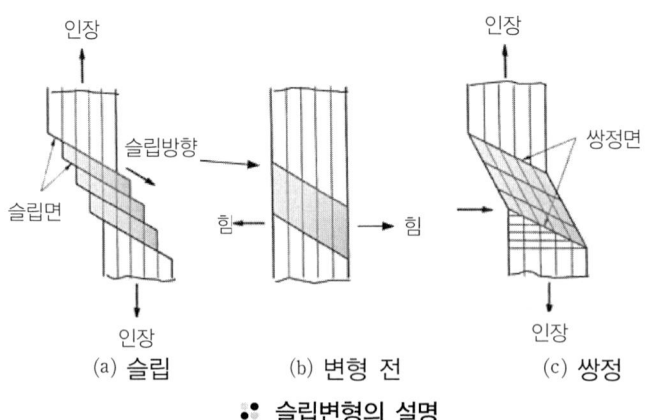

∴ 슬립변형의 설명

③ 전위

금속의 결정격자는 규칙적으로 배열되어 있는 것이 안정적이지만 불완전하거나 결함이 있을 때 외력이 작용하면 불완전한 곳이나 결함이 있는 곳에서부터 한 원자의 거리만큼 이동이 생기게 된다. 이것을 **전위**(Dislocation)라 한다. 전위는 계속 이동하여 전단변형을 일으키며, 소성변형으로 이루어진다.

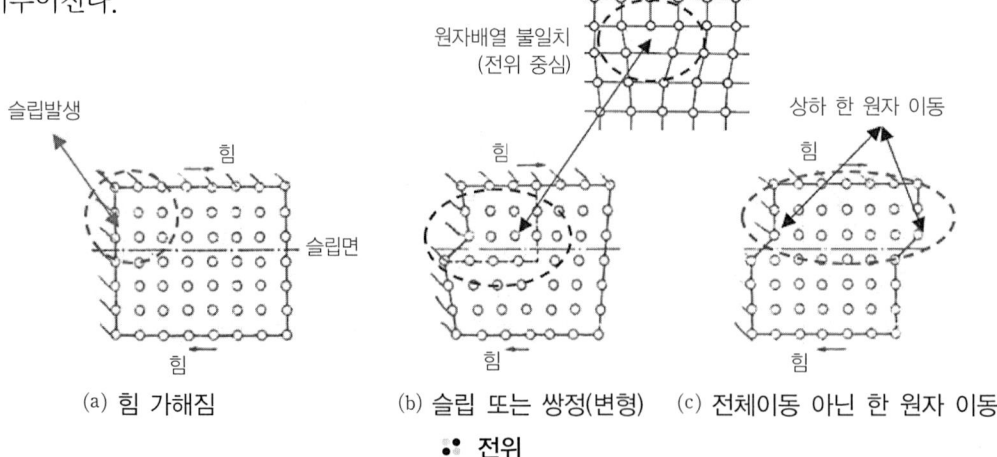

∴ 전위

03 소성가공과 성질변화

소성(연강, 구리 등)을 가진 재료에 소성변형을 주어 원하는 형상의 제품을 만드는 기술을 **소성가공**(Plastic working)이라 하며 종류에는 **단조**(Forging), **전조**(Form rolling), **압연**(Rolling), **프레스**(Press), **압출**(Extrusion), **인발**(Dr-awing) 등이 있다.

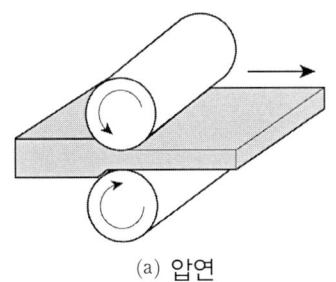
(a) 압연

(b) 단조

(c) 프레스

∴ 소성 가공

금속을 재결정 온도보다 낮은 온도(상온)에서 가공하는 것을 **냉간가공**(Cold Working)이라 하며, 재결정 온도 이하(고온)에서 가공하는 것을 **열간가공**(Hot Working)이라고 한다.

∴ 열간가공

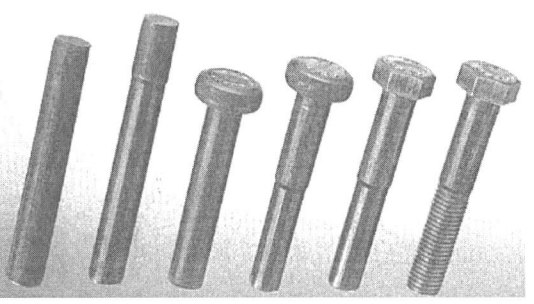
∴ 냉간단조에 의한 제품

일반적으로 열간가공은 냉간가공보다 용이하며 대체로 공업적인 소성가공은 열간가공으로 시작하여 냉간가공에서 끝나는 것이 보통이다.

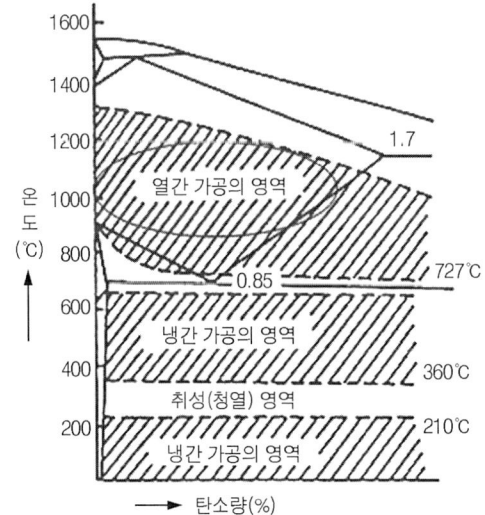
∴ 재결정 온도범위

1 가공경화

보통 금속은 수많은 작은 결정립자로 되어 있는데 외력을 받아 냉간가공(소성변형)하면 결정립들 간에 가공 방향으로 변형되면서 격자가 미끄러져(Slip) 가공경화(Work Harding)를 일으킨다.

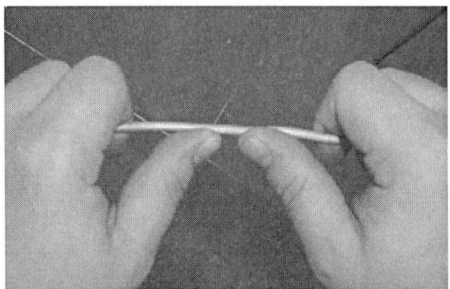
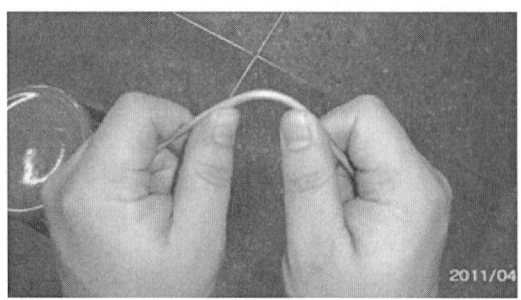

∴ 가공경화

금속은 이 가공경화로 인하여 강도와 경도가 증가하지만 전성과 연성이 감소하는 현상이 나타난다.

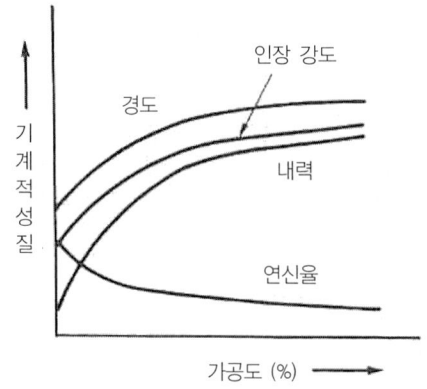

∴ 냉간가공에 따른 기계적 성질 변화

2 시효경화와 인공시효

시효경화(Age Hardening)는 어느 종류의 금속이나 합금은 가공경화 한 후부터 적당한 온도 하에 놓아두거나, 또는 일정한 시간이 경과함에 따라서 기계적 성질이 변화하여 단단해지는 현상을 말하며, **상온시효**라고도 한다.

인공시효(Artificial Aging)는 어느 정도 가열로서 시효경화를 촉진시켜 단시간 내에 완료시키는 것으로 인공적으로 시효경화를 촉진시켜 주는 현상을 말하며, **뜨임시효**라고도 한다.

04 회복과 재결정

① 회복현상

냉간가공을 하면 가공경화가 일어나며 더 이상의 냉간가공은 불가능해진다.

이것을 연화, 풀림하면 결정립은 그대로 있고, 결정 내에 잔류되었던 응력이 감소하여 가공하기 전의 상태로 접근해가는 회복(Recovery)현상이 생긴다.

일반적으로 가공한 재료를 고온으로 가열하면 다음과 같은 네 가지 현상이 일어난다.
① 내부응력의 제거
② 연화
③ 재결정
④ 결정입자의 성장

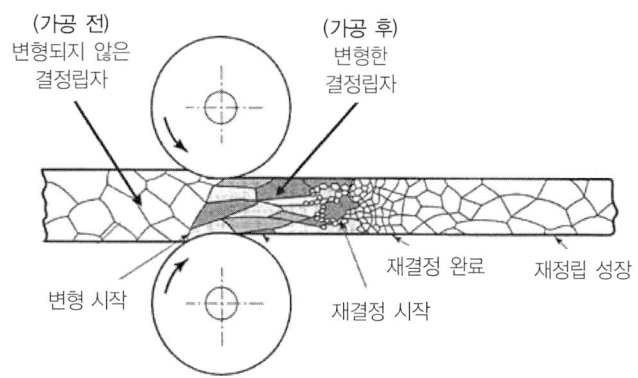

∴ 압연 전·후의 금속조직

② 재결정과 입자의 성장

냉간가공 할 금속을 재결정 온도부근에서 적당한 시간동안 가열하면 내부응력이 없는 새로운 결정이 생기게 되어 새롭고 연화된 조직을 형성하게 되는데 이때의 새 결정을 **재결정**(Recrystallization)이라 하며, 입자의 성장은 가열온도가 높아지고 시간이 경과함에 따라 압축되고 찌그러진 주변의 결정립도 새로운 결정립으로 바뀌게 된다.

재결정된 재료의 성질은 냉간가공 전의 성질에 가까워진다.

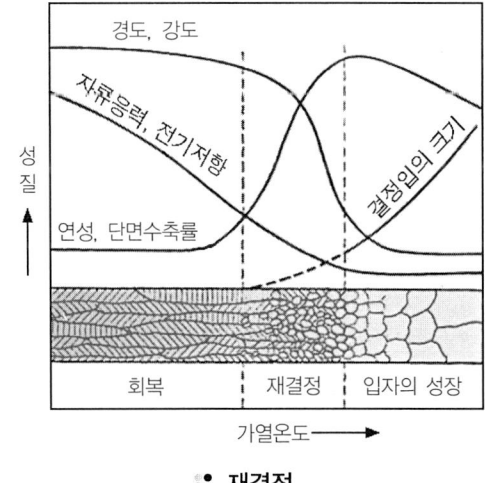

∴ 재결정

③ 재결정 온도

일반적으로 가공도가 큰 재료는 재결정이 낮은 온도에서 생기고, 가공도가 작은 재료는 재결정이 높은 온도에서 생긴다.

그림은 재결정 온도와의 관계를 나타낸 것이다.

표 재결정 온도

금 속	재결정 온도(℃)	금 속	재결정 온도(℃)
Au	약 200	Al	150~200
Ag	200	An	7~75
Cu	200~230	Sn	−7~25
Fe	330~450	Cd	7
Ni	530~660	Pb	−3
W	약 1200	Pt	약 450
Mo	900	Mg	약 150

단원학습정리

문제 1 소성변형과 탄성변형의 차이점을 설명하시오.

문제 2 소성가공에 대하여 설명하시오.

문제 3 가공경화에 대하여 설명하시오.

문제 4 재결정에 대하여 설명하시오.

금·형·재·료

제 02 장
재료시험과 조직검사

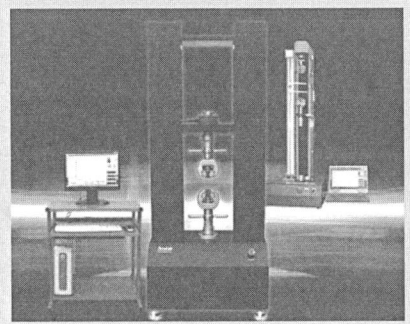
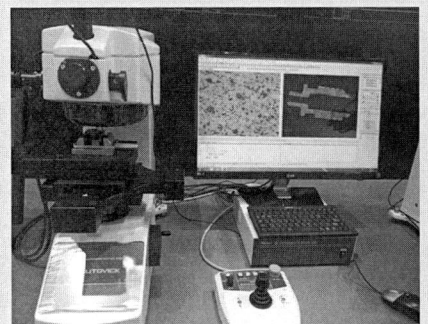

chapter 01 재료시험과 조직검사

01 재료시험

재료의 사용목적이나 조건에 적합한지를 알아보는 시험으로 일반적으로 기계적 성질을 시험하는 것을 의미하며 재료시험은 파괴시험과 비파괴시험으로 나눌 수 있다.

재료 시험의 분류

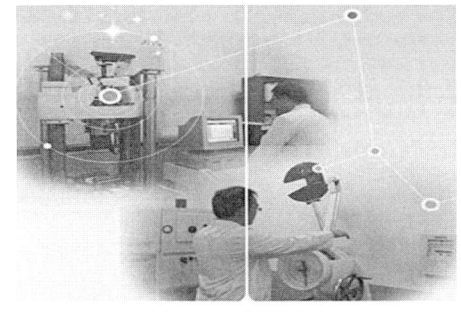
(a) 파괴시험 검사

(b) 비파괴시험 검사

• 재료 시험

① 인장시험

인장시험(Tensile)은 그림과 같은 시험편을 인장시험기의 양 끝에 고정시켜 시험편의 축(1축)방향으로 당겼을 때 시험편에 작용시킨 하중과 그 하중으로 시험편이 변형한 크기를 측정하여 그림과 같은 응력-변형 곡선을 기록하여 재료의 항복점, 탄성한도, 인장강도, 연신율 등을 측정할 수 있다.

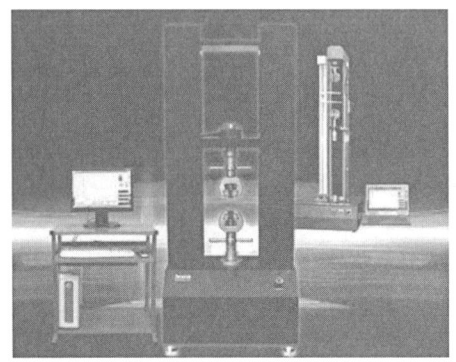

∴ 판상(좌)과 봉상(우)만능 인장시험기

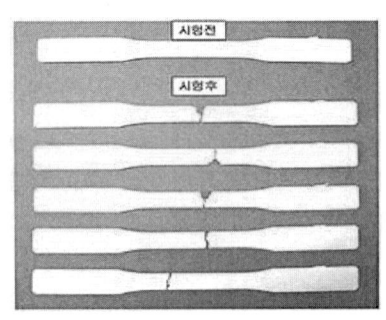
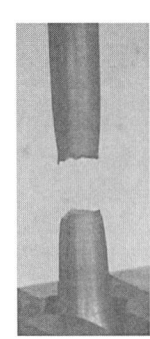

∴ 판상(좌)과 봉상(우)의 시험편 파단

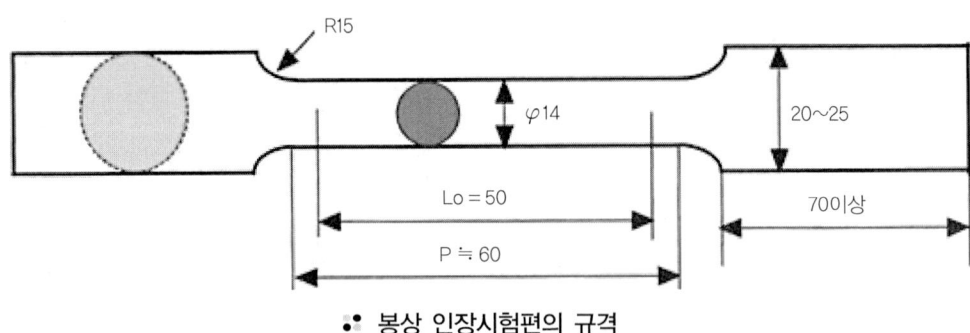

∴ 봉상 인장시험편의 규격

- **반경(R)**: 평행부의 응력을 균일하게 분포하기 위해 만든 원호부분의 반경
- **표점거리(L0)**: 평행부에 표시한 2개의 점 사이의 거리(연신율 측정에서 처음 길이에 해당되는 길이)
- **평행부(P)**: 시험편의 중앙부에서 동일 단면을 갖는 부분

- **응력**(stress : σ) : 하중을 가했을 때 단위단면적에 작용하는 하중의 크기
- **변형율**(strain : ε) : 표점거리의 변화량을 원래의 표점거리로 나눈 것.

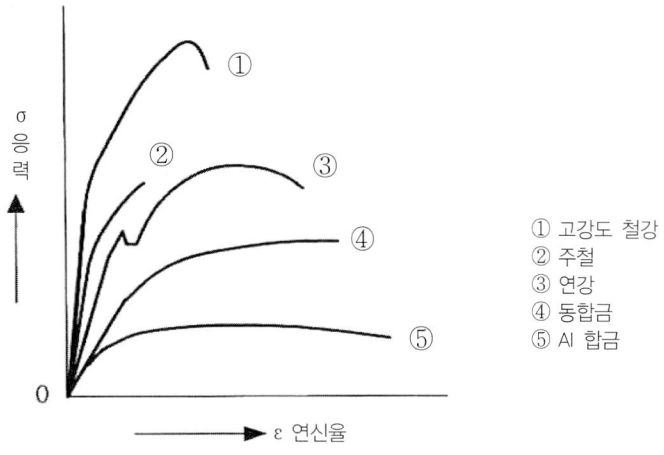

∴ 각종 재료의 인장시험의 응력-변형 곡선

(1) 인장강도

최대하중(Pmax)을 시험편의 원 단면적(A0)으로 나눈 값을 인장강도라 하며 다음 식으로 구할 수 있다.

$$\sigma t = \frac{P_{max}}{A_o}$$

(2) 연신율

시험편이 파단된 후에 다시 접촉시키고, 이 때의 표점거리를 측정한 값 l과 시험 전의 표점거리 $l0$와의 차이를 나눈 값을 %로 표시한 것을 연신율이라 하며 다음 식으로 구할 수 있다.

$$\epsilon = \frac{l - l_o}{l_0}$$

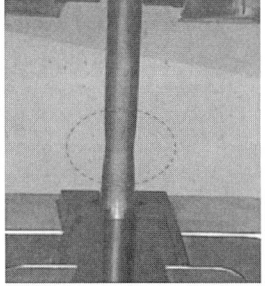 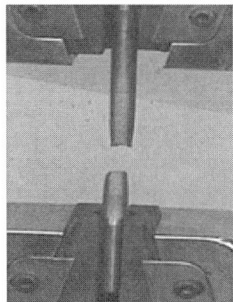 

∴ 재료의 파단과 측정준비

(3) 단면 수축율

시험편 절단부의 단면적 A(mm²)와 시험 전 시험편의 단면적 A_o(mm²)와의 차이를 AO로 나눈 값을 %로 표시한 것을 단면수축율($\emptyset$)이라 하며 다음 식으로 구할 수 있다.

$$\emptyset = \frac{A_o - A}{A_o} \times 1009 (\%)$$

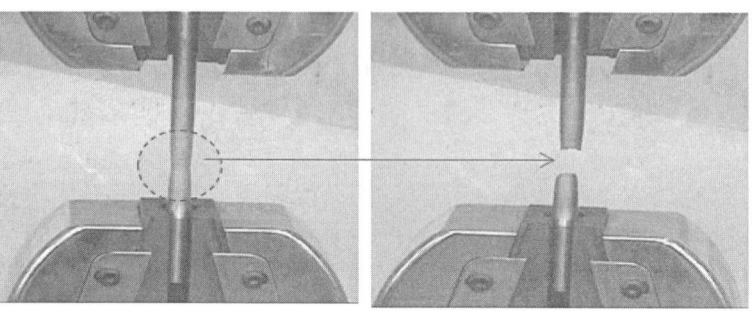

∴ 재료의 파단

② 경도시험

재료의 경도(Hardness)는 기계적 성질을 결정하는 중요한 것으로 외력에 대한 재료의 단단한 정도가 어떠한지를 나타내는 척도로서 인장강도와 함께 널리 사용된다.

(1) 브리넬 경도시험

브리넬 경도시험(Brinell hardness test - HB)은 일정한 지름D(mm)의 강구 압입체에 일정한 하중 W(kg)을 가하여 시험편 표면에 압입한 다음, 그 때 나타나는 압입 자국의 표면적 A(mm²)을 하중을 나눈 값으로 경도를 측정한다.

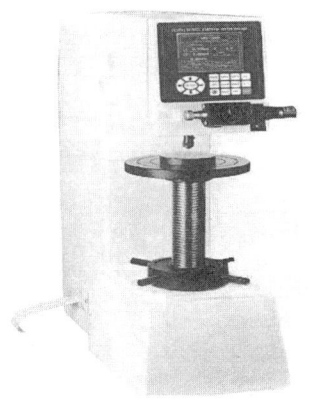

∴ 경도 시험기

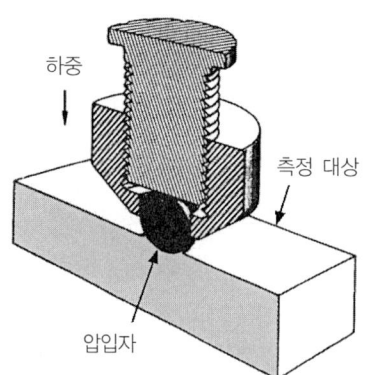

∴ 압입과 자국(10mm와 5mm)

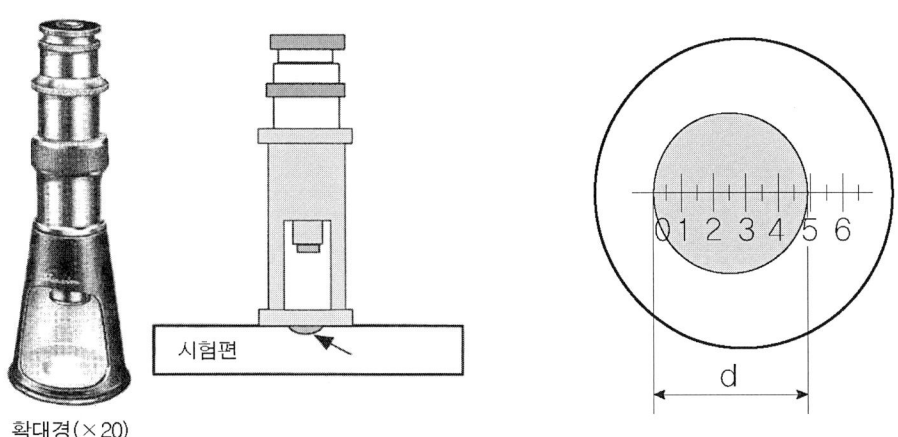

• 브리넬 확대경과 압입자국의 지름 측정용 Scale

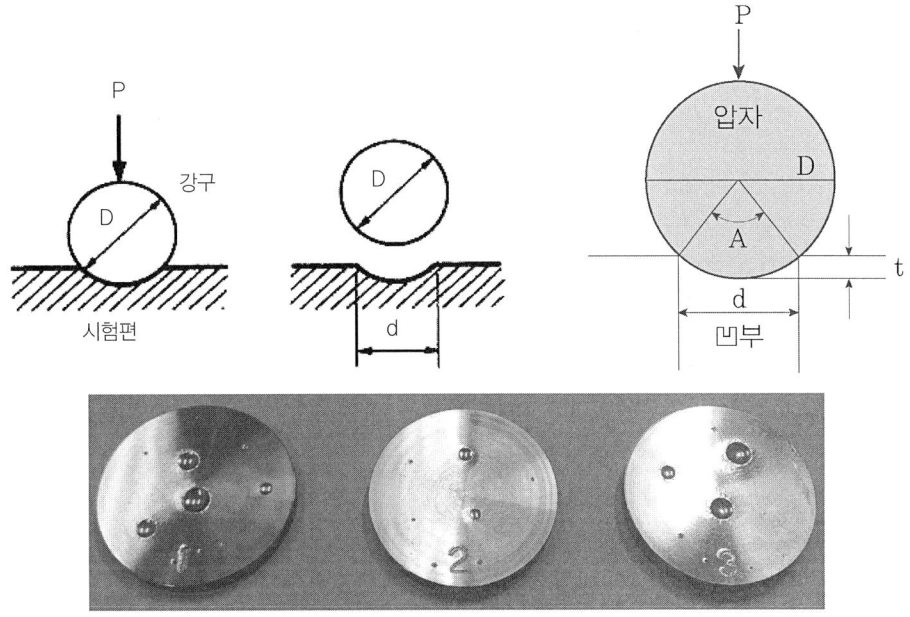

• 압입강구(10mm, 5mm)와 압입 자국의 관계

압입자 볼은 10mm, 또는 5mm의 강철 볼(Ball)을 사용하고 압입자로서 가장 많이 사용되는 직경은 10mm이다.

다음은 압입 강구와 압입자국 면적과의 관계를 나타낸 것으로 브리넬 경도값은 다음의 식으로 구할 수 있다.

브리넬경도 계산식

$$HB = \frac{P}{A} = \frac{2P}{\pi D(D - \sqrt{D^2 - d^2})} = \frac{P}{\pi D_t}$$

P: 하중(kgf)　　　　D: 강구압입체의 지름(mm)
d: 압입 자국의 지름(mm)　　t: 압입 자국의 깊이(mm)

표 압입자의 지름과 하중

D(mm)	P (Kg)			
	$30D^2$	$10D^2$	$5D^2$	$2.5D^2$
	철 강	구리합금	구리합금	연금속
10.0	3000	1000	500	250
5.0	750	250	125	62.5

(2) 로크웰 경도시험

로크웰 경도시험(Rockwell Hardness test - HR)은 일정한 기준하중(10kg)을 작용시키고 이것에 하중을 증가시켜서 시험하중(강구 : 100kg, 다이아몬드 : 150kg)으로 한 후 다시 기준하중으로 하였을 때, 기준하중과 시험하중으로 인하여 생긴 자국의 깊이차로 측정한다.

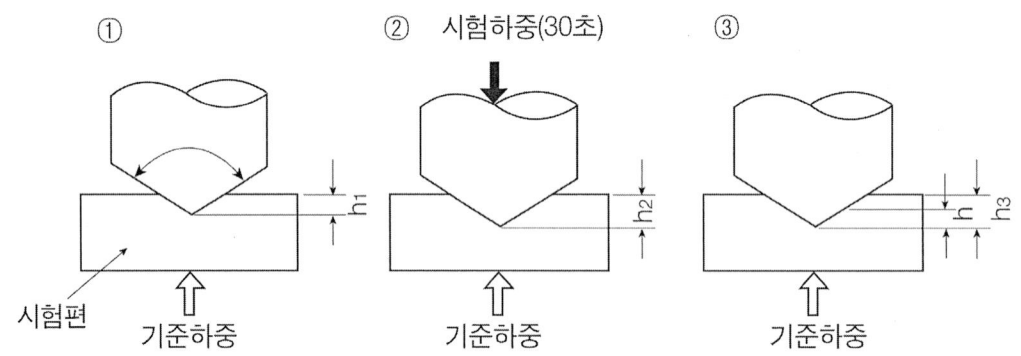

∴ C 스케일 경도시험 측정원리

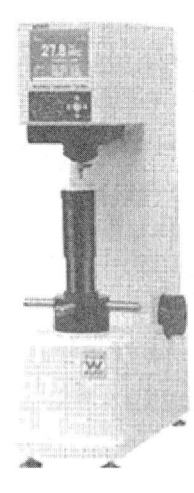

∴ 로크웰 경도시험기

열처리된 강과 같이 단단한 재료의 시험편에는 꼭지각이 120°되는 원뿔형 다이아몬드 콘(A 스케일(HRA) 또는 C 스케일(HRC))를 사용하고, 연강, 황동 이외의 연한재료에는 1.588mm의 강구(B 스케일(HRB))를 사용하며 다음과 같은 식으로 HR을 구할 수 있다.

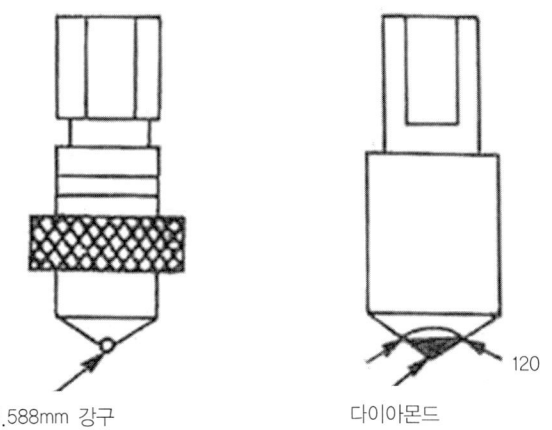

• B 스케일(좌)과 C 스케일(우)

표 B·C 스케일과 하중의 크기

스케일	압입자	기준하중(Kg)	시험하중(Kg)	HR 구하는 법	비 고
B	1.58mm 강구	10	100	HRB=130-500·h h의 단위 : mm	경도B 100 이하
C	다이아몬드 압입자	10	150	HRC=130-500·h h의 단위 : mm	경도B 100이상 C70이하

표 로크웰 경도의 각종 스케일

스케일	압입자	하중(kg)	적용 재료
H	1/8″ 강구	60	대단히 연한 재료
E	1/8″ 강구	100	대단히 연한 재료
K	1/8″ 강구	150	연한 재료
F	1/16″ 강구	60	백색합금 등의 연한재료
B	1/16″ 강구	100	강 등의 비교적 단단한 재료
G	1/16″ 강구	150	강 등의 비교적 단단한 재료
A	다이아몬드 원뿔	60	초경합금 등의 단단한 재료
D	다이아몬드 원뿔	100	초경합금 등의 단단한 재료
C	다이아몬드 원뿔	150	극히 단단한 재료

(3) 비커즈 경도시험

비커즈 경도시험(Vickers Hardness test – Hv)은 대면각 θ=136°되는 사각뿔형(피라미드형)인 다이아몬드 압입자를 시험편의 표면에 압입한 후 시험편에 작용한 하중 w(kg)를 압입자국의 표면적 A(mm²)로 나눈 값으로 경도를 측정한다.

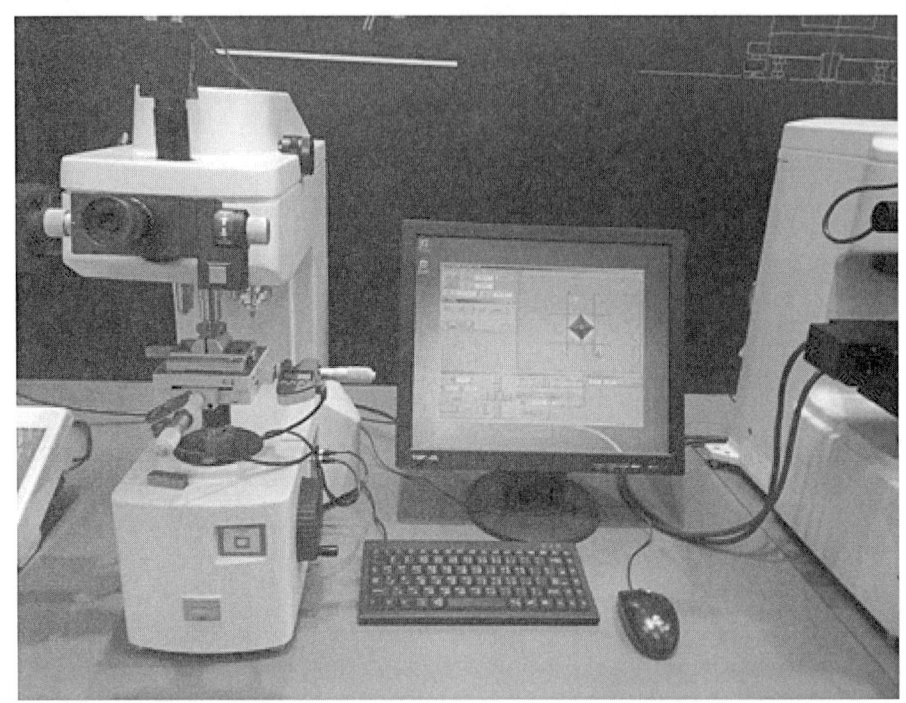

∴ 비커즈 경도시험기

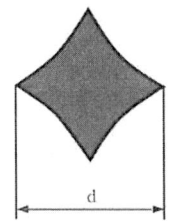 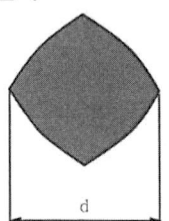

∴ 이상형상의 압입자국의 대각선 길이

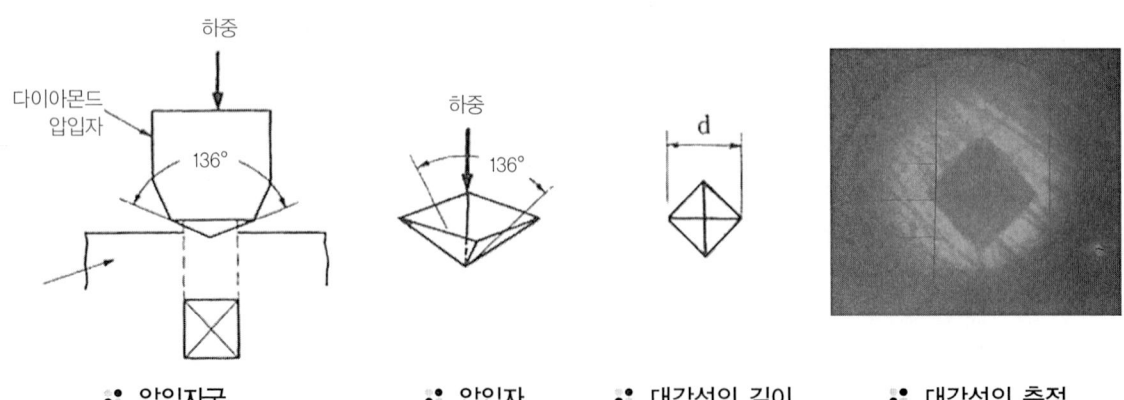

∴ 압입자국   ∴ 압입자   ∴ 대각선의 길이   ∴ 대각선의 측정

비커즈 경도는 재료의 단단한 정도에 따라 1~120kg의 하중으로 시험할 수 있으며, 압입부의 흔적이 작으므로 단단한 재료(강)나 정밀가공 부품 박판 등의 시험측정에 쓰이며, 다음의 식으로 구할 수 있다.

비커즈 경도의 계산식

$$H_V = \frac{P}{F} = \frac{2P\sin(\theta/2)}{d^2} = \frac{1.8544P}{d^2}$$

H_V : 비커즈 경도(Vickers hardness)
P : 하중(kgf)
d : 자국의 대각선의 길이의 평균(mm)
θ : 대면각(136°)

표 각종 경도의 비교

재질	브리넬 경도		비커즈 경도	로크웰 경도		쇼오 경도
	압입 구멍지름(mm)	HB	HV	HRC	HRB	HS
황동(연)	–	60	61	–	–	–
연강	5.20	131	131	–	74	20
고탄소강	3.95	235	135	22	99	34
백주철	3.00	415	437	44	114	57
질화강	2.25	745	1050	68	–	100

(4) 쇼오 경도시험

쇼오 경도시험(Shore Hardness test - HS)은 작은 다이아몬드를 선단에 고정시킨 낙하체(약 3g)를 일정한 높이 h_0에서 시험편 위에 낙하시켰을 때 반발(Rebound)하여 올라간 높이를 h라 하면 쇼오 경도는 다음 식으로 구할 수 있다.

쇼오 경도기와 계산식

$$HS = \frac{10000}{65} \times \frac{h}{h_0}$$

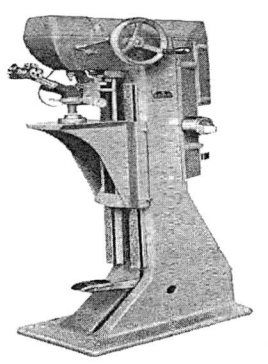

쇼오 경도의 특징은 시험편의 압입 자국을 남기지 않게 할 때나, 시험편의 형상이 불규칙하거나 클 때 비파괴적으로 측정하기 위하여 사용된다.

∴ 휴대용 경도계

③ 충격시험

재료가 충격에 대하여 저항하는 성질을 **인성**(Toughness)이라 하며, 인성과 메짐성을 알아보기 위하여 충격시험(Impact test)을 한다.

해머를 일정한 높이에서 떨어트리면 시험편에 충격이 가해져서 파단되고 나머지 힘으로는 해머가 반대쪽으로 올라가게 되는데, 이 올라가는 높이로서 재료에 대한 인성을 측정한다.

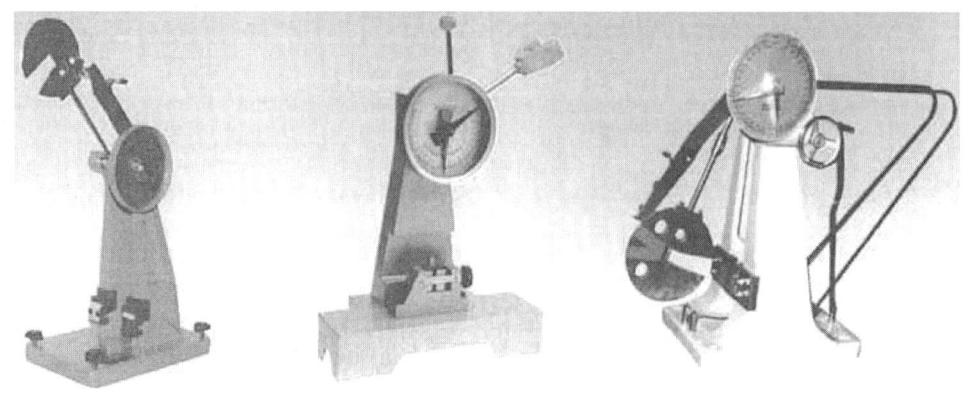

∴ 여러 종류의 충격시험기

충격적인 힘이 작용하였을 때 잘 파괴되지 않는 질긴 성질을 **인성**(Toughness)이라 하고 파괴가 쉬운 여린 성질을 **취성**(또는 메짐)이라 한다.

금속재료의 충격 시험기로 가장 많이 쓰이는 것은 샤르피 충격시험기와 아이조드 충격시험기가 있으며, 모두 일정한 중량을 가지고 있는 펜듈럼 해머를 일정한 각도로부터 내리쳐서 수직의 위치에 있는 시험편을 1회의 충격으로 부러뜨려 파괴 될 때에 소모된 에너지를 그 재료의 충격값 즉 강인성으로 나타낸다.

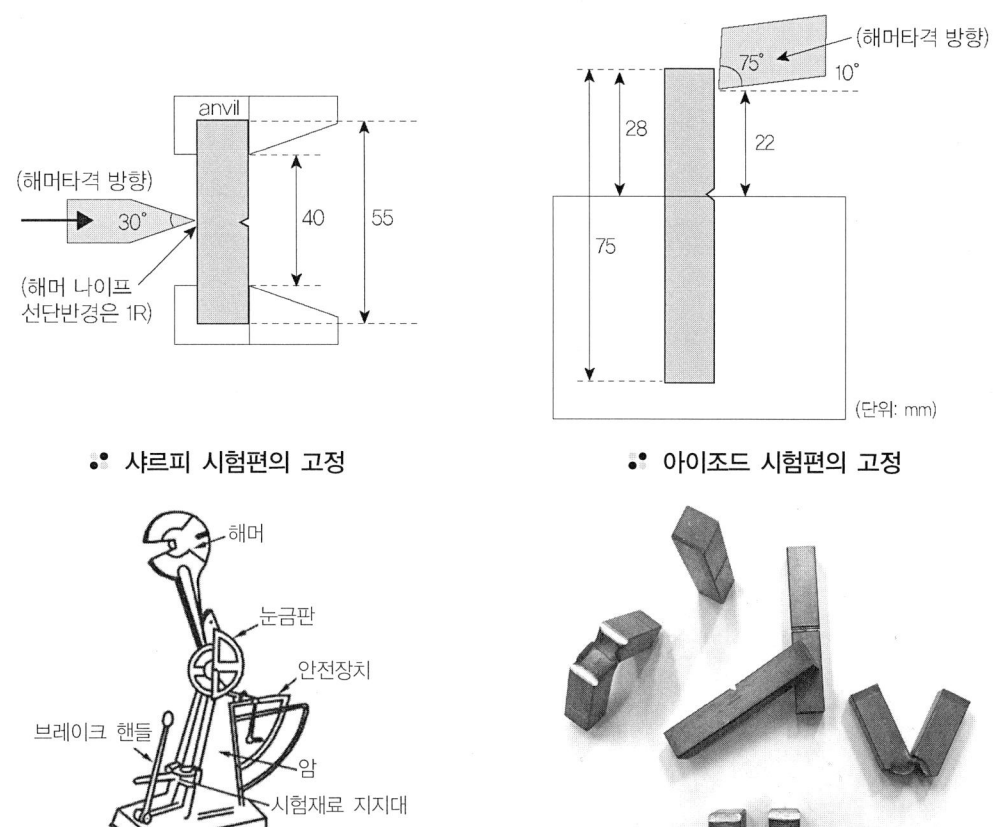

•* 샤르피 시험편의 고정   •* 아이조드 시험편의 고정

•* 샤르피 충격기와 파괴된 충격시험편

4 피로시험

피로 파괴는 크랭크 축, 차축, 스프링 등과 같이 인장과 압축을 되풀이해서 작용시켰을 때 재료가 파괴되는 현상으로서 하중이 어떤 값보다 작을 때에는 무수히 많은 반복 하중이 작용하여도 재료가 파단되지 않는다.

영구히 재료가 파단되지 않는 응력 중에서 가장 큰 것을 **피로한도**(Fatigue Limits)라고 하고, 이것을 구하는 시험을 **피로시험**이라 한다.

그림은 응력(S)과 반복횟수(N)의 관계를 나타낸 S-N곡선이다.

이 도표를 보면 어떤 한계응력 A 에서는 회전수에 관계없이 파괴가

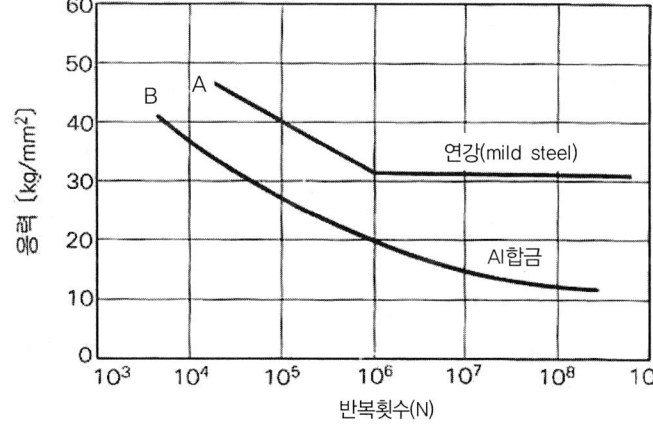

•* 연강과 알루미늄 합금의 S-N 곡선

일어나지 않음을 알 수 있다. 이 한계응력(S-N 곡선의 수평부분)을 **피로한도**라 한다. 즉, 이것은 응력의 반복에 관계없이 파괴가 일어나지 않고 견딜 수 있는 최대응력을 나타낸다.

- ▶ **연강** - 직선이 수평으로 되는 점의 반복 횟수 - 10^6
  알루미늄합금 - 10^9에서도 수평이 생기지 않음
- ▶ S가 작을수록 N값은 커지나 어느 한계의 S 이하의 응력에서 N값이 급격히 커진다 (한계응력-피로한도).
- ▶ 응력이 작으면 반복 횟수가 증가되고, 어떤 한계에서 곡선이 수평으로 된다.

5 비파괴시험(NDT)

실제로 사용할 재료 그 자체에 대한 균열, 내부기공, 재료 표면이나 그 밖의 결함을 확인하려면 제품을 파괴하지 않고 시험하는 비파괴시험을 해야 한다.

비파괴시험(NDT-Non DestrucTive inspection)은 시간 단축, 재료의 절약 완성된 제품의 검사가 가능하다.

∴ 비파괴 검사

(1) 자분(산화철) 탐상법(MT)

재료를 자화시켜 자력선의 흐트러짐으로 결함을 검출한다.

최근에는 미세 철분에 형광물질을 혼합한 다음, 이것을 자외선으로 검사하여 좋은 결과를 내고 있으며, 표면결함 등 표면과 연결되지 않은 내부 2~3mm정도까지 결함을 검출할 수 있다.

자기결함 검사 후에는 반드시 탈자작업(Dimagnetizing)을 해야 한다.

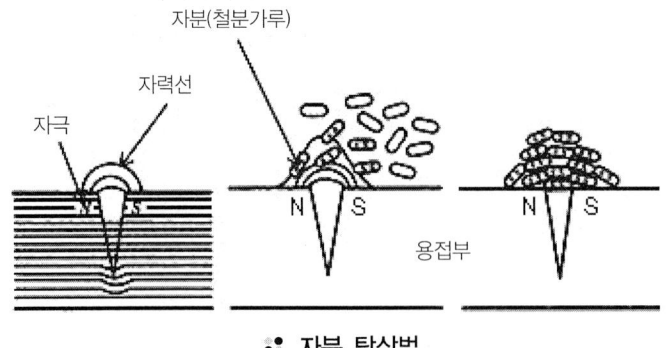

∴ 자분 탐상법

(2) 침투 탐상법

재료의 표면에 결함이 적거나 보이지 않은 곳이 있을 때, 재료표면을 깨끗이 하고 침투제(염료나 형광발생 물질)를 침투시킨 다음, 남은 것을 닦아내고 건조시킨 후 자외선으로 점거하면 결함이 있는 곳에 형광(선명한 붉은빛)빛으로 나타난다.

이 과정은 **전처리 과정-침투처리-세척처리-현상처리-판독**으로 이어진다.

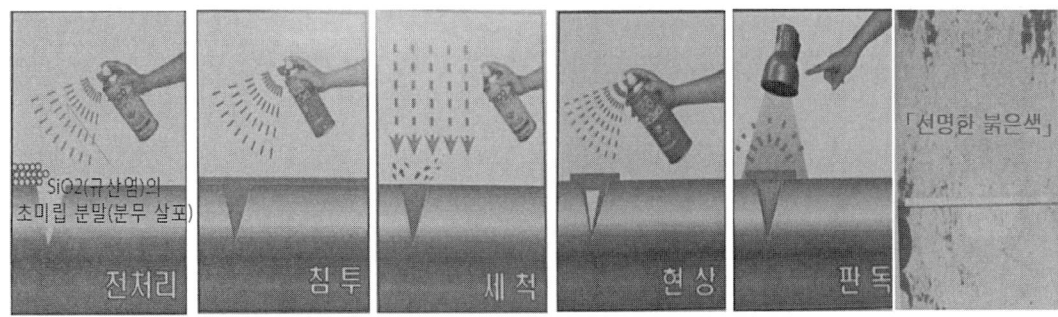

∴ 침투 탐상법

(3) 초음파 탐상법

초음파를 재료에 통과시켜 결함면이나 저면에서의 반사파의 차이로 금속 내부의 결함이나 두께를 검출한다. 초음파는 재질내부를 진행하면서 초음파에너지는 감소되며, 계면에서는 반사·투과를 하며, 이 때 반사된 빔과 투과된 양을 검출하여 분석한다.

검사 속도가 빠르고 경제적인 비파괴검사(NDT)이다.

 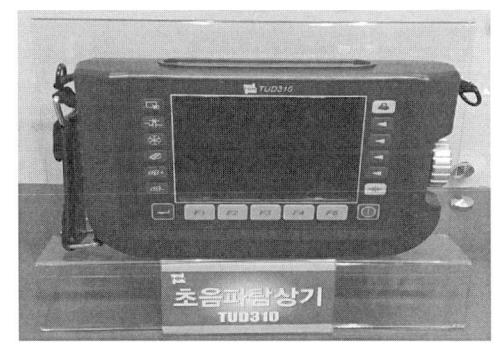

∴ 초음파 탐상기

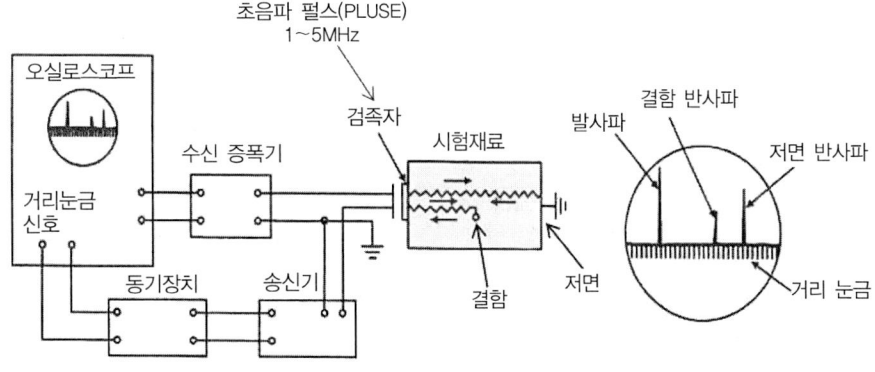

∴ 초음파(반사상식) 탐상법

(4) X선 탐상법

X선 검사법은 재료 속을 통과한 X선(또는 방사선)이 금속과 충돌할 때 결함이 존재하는 장소에서는 투과량의 차이로 검사하는 방법으로 용접부의 불량(기포), 깨진 부분 등의 내부 결함을 검출할 수 있다.

검사방법이 간단하고 신뢰성이 비교적 높아 널리 이용되고 있다.

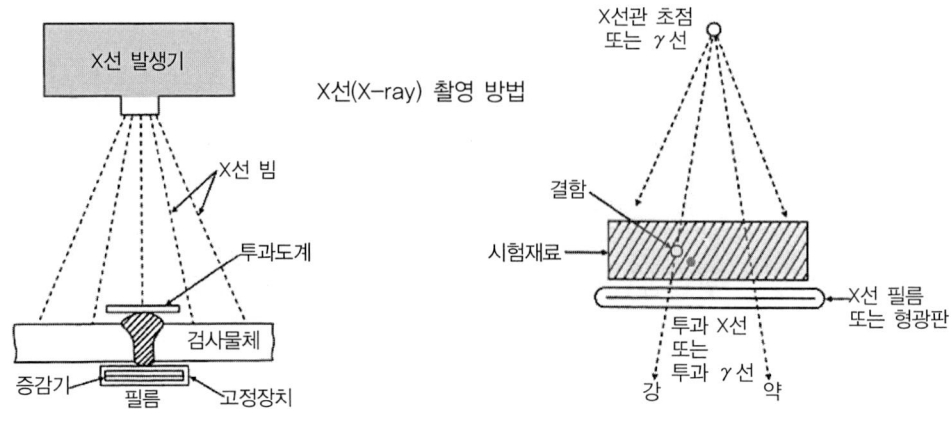

⁛ X선 탐상법

02 조직 검사

재료의 조직검사 방법에는 **매크로**(Macro) 조직검사와 **마이크로**(Micro) 조직검사가 있다.

❶ 매크로 조직검사

재료의 조직 검사에 있어서 육안으로 직접 관찰을 하든지, 또는 10배 이내의 확대경을 사용하여 금속 조직을 시험하는 것을 **매크로**(Macro)라 한다.

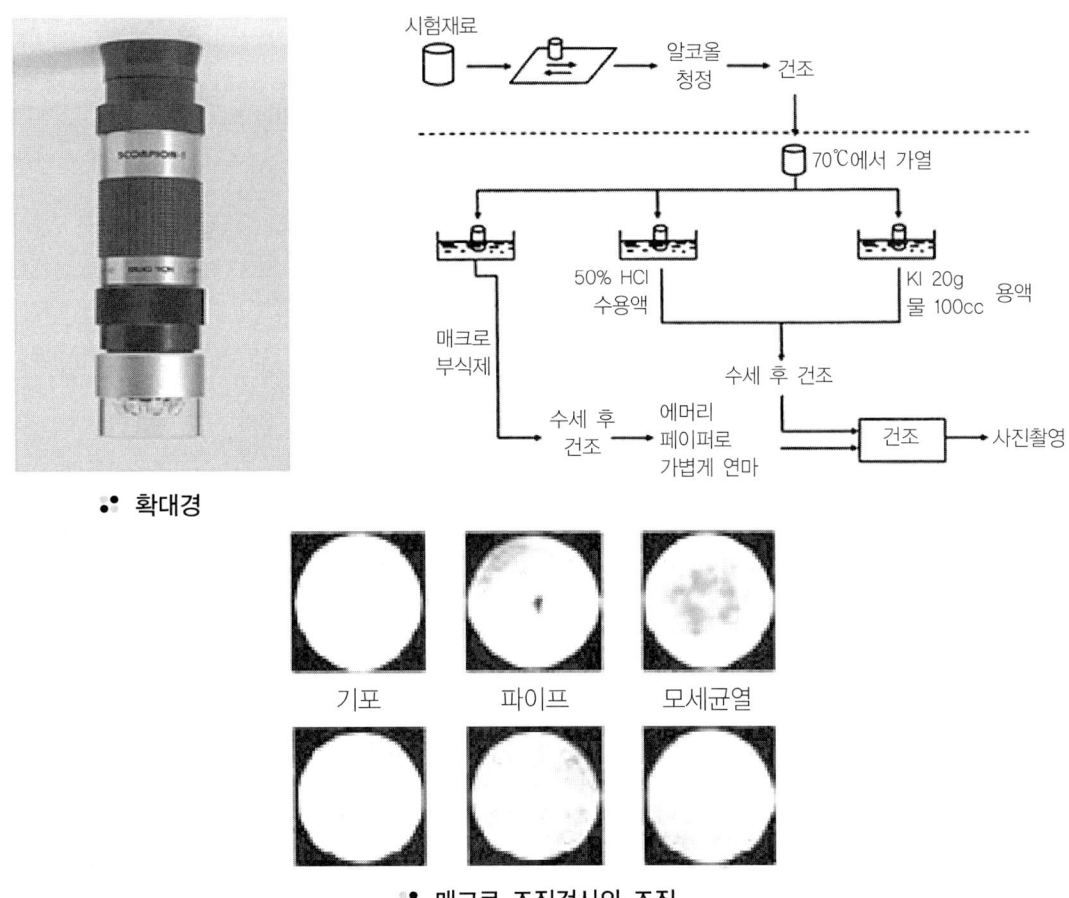

• 확대경

• 매크로 조직검사와 조직

▶ 시험법은 시험재료 **준비 – 연마 – 부식 – 현미경 조직검사**의 과정을 거친다.

② 현미경 조직검사

금속의 조직은 성분이 같더라도 응고 조건, 압연 및 단조가공과 열처리에 의하여 현저히 변하며 금속의 성질을 좌우한다. 그러므로 금속의 조직검사에는 현미경 조직 시험법이 사용된다.

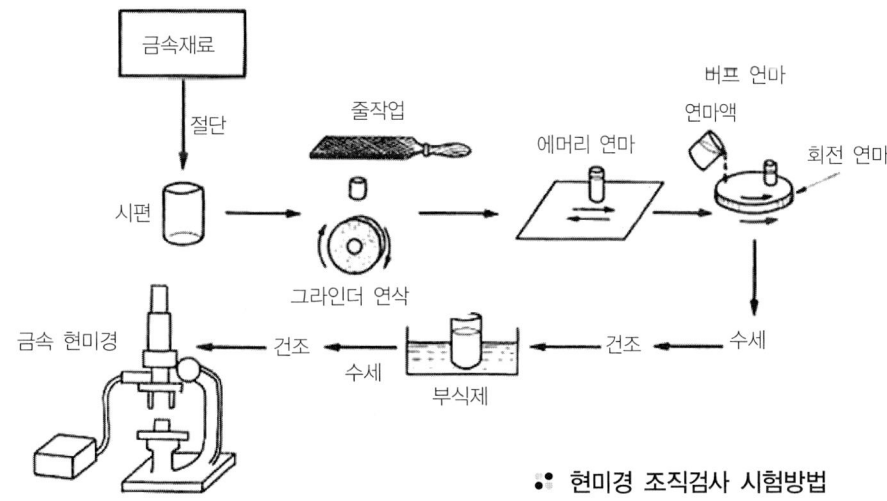

• 현미경 조직검사 시험방법

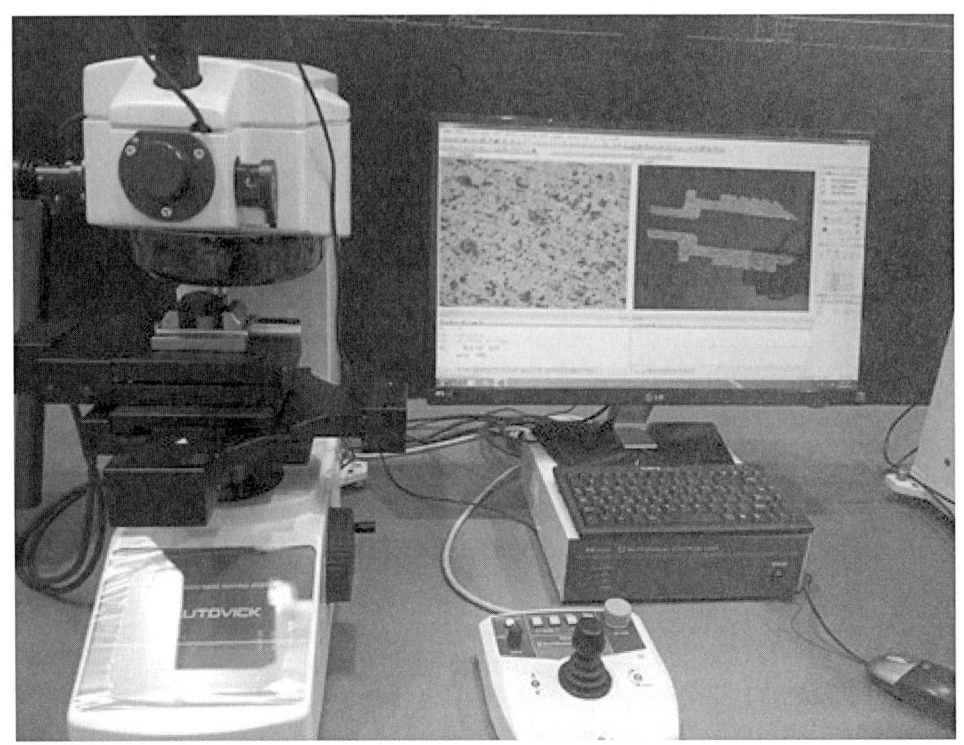

∴ 광학 현미경(좌)과 현미경조직 영상(우)

금속재료 조직을 현미경으로 시험할 때 시편의 형상이 작든가, 불규칙한 것은 그림처럼 마운팅(시험편 성형)하여 사용한다.

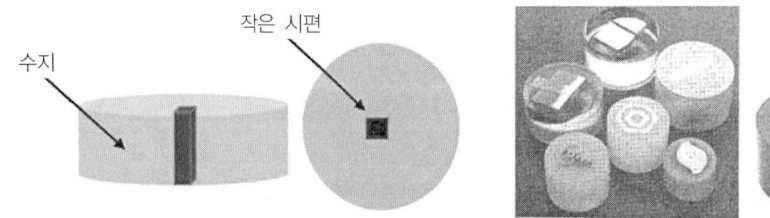

∴ 마운팅(Mounting)

금속 현미경은 시험편 표면에서 반사되는 광선을 사용하고 변압기의 출력을 조절하여 조명도를 조절하며, 다음과 같은 것들을 검사한다.
① 고온에서의 결정입자 성장
② 고온에서의 상 변화
③ 고온에서의 소성변화 및 파단 현상
④ 금속의 용해와 응고 변화 및 이것에 따르는 과냉도와 수지상 조직의 형성

단원학습정리

문제 1 인장시험은 재료의 어떤 성질을 알아보기 위한 시험법인가?

문제 2 경도와 강도와 같은 기계적 성질의 의미를 설명하시오.

문제 3 파괴와 비파괴검사란?

문제 3 현미경 조직검사방법에 대하여 설명하시오.

제 03 장
탄소강

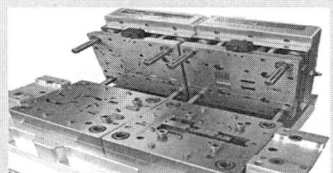
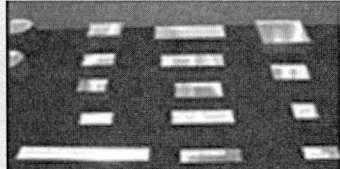
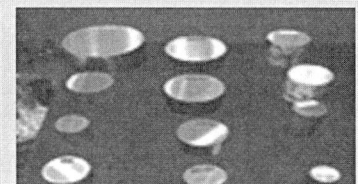

chapter 01 철과 탄소강

철과 강(Iron and Steel)은 금속재료 중에 가장 광범위하게 널리 쓰이는 기계재료이다. 이것은 철강의 가격이 저렴하고 가공성이 좋으며 열처리를 통하여 우수한 기계적 성질을 얻을 수 있기 때문에 금형재료로서 탄소강이나 특수강을 가장 많이 사용한다.

그러나 산업계의 다양한 요구에 따라 비철재료와 비금속재료도 상당 부분 쓰이고 있으며, 산업의 급속한 발달로 금형업계에도 신소재, 분말야금 재료들의 활용 폭이 점점 증가하고 있다.

01 강재의 분류와 제조

1 강재의 분류

일반적으로 철강 재료는 순철(Pure iron), 강(Steel) 및 주철(Cast iron)의 세 종류로 분류된다. 철강 재료를 탄소 함유량에 따라 분류하는 가장 좋은 방법은 다음과 같다.

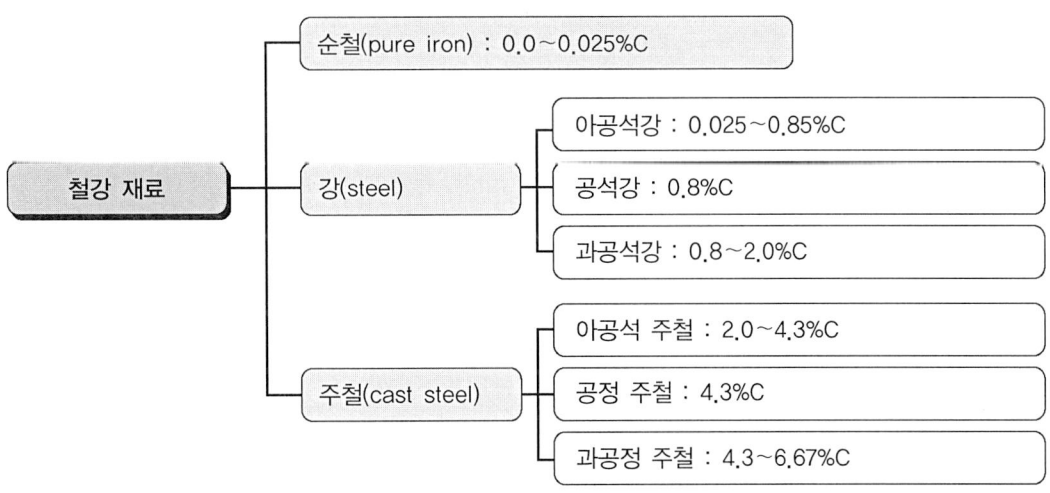

철강 재료의 분류

- 철강 재료
  - 순철(pure iron) : 0.0~0.025%C
  - 강(steel)
    - 아공석강 : 0.025~0.85%C
    - 공석강 : 0.8%C
    - 과공석강 : 0.8~2.0%C
  - 주철(cast steel)
    - 아공석 주철 : 2.0~4.3%C
    - 공정 주철 : 4.3%C
    - 과공정 주철 : 4.3~6.67%C

(1) 순철(Pure iron)

순철은 탄소함유량이 0.03% 이하이며, 순도가 99.9% 이상이다.

특징은 강도가 낮으며, 매우 유연하므로 전성과 연성이 커서 압연이 가능하고 탄소함유량이 낮아 기계재료로는 부적당하지만 전기재료는 적당하다.

전자기 재료, 촉매, 합금용 등 그 용도가 매우 제한적이다.

(2) 강(Steel)

강은 탄소강과 합금강으로 구분되는데 탄소강(Carbon Steel)은 철에 탄소(C)를 0.03%~2.0% 첨가시킨 것이며, 제조과정에서 약간의 Si(규소), Mn(망간), P(인), S(황)과 같은 원소가 포함되며, 특히 공업상 유용한 성질을 주는 것은 탄소이다.

합금강(Alloy Steel)은 탄소강에 탄소(C) 이외의 원소 Ni, Cr, Mo, W, V, Ni 등의 원소를 1종 이상 첨가하여 합금시킨 것이다.

(3) 주철(Cast iron)

주철은 탄소(C)를 2.0~6.68% 정도 함유하고 있어 경도와 취성이 크기 때문에 그대로 가공할 수 없다. 따라서 이를 용해하여 여러 가지 물품을 주조하는데 사용된다. 대체로 주조가 가능한 탄소함유량은 2.5~4.5%이다.

주철은 탄소와 규소가 함유된 보통 주철과 이 주철에 필요한 원소를 첨가시킨 합금주철과 특수주조 처리된 특수주철로 구분된다.

표 철과 강의 분류 기준

구 분	순철(Pure iron)	강철(Steel)	주철(Cast iron)
제조 방법	전기분해 방법으로 제조	제강로에서 제조	큐폴라에서 제조
화학 성분	0.03%C	0.01~1.7%C	1.7~6.67%C
열처리 경화방법	담금질 효과를 받지 않음	담금질 효과를 잘 받음	일반적으로 담금질하지 않음
가공성 및 용접성	연하고 우수함	소성 및 절삭이 가능하며, 용접도 가능	절삭은 가능하나 용접성은 불량
기계적 성질	연성이 큼	강도, 경도가 큼	연신율이 작고, 취성이 큼

② 강재의 제조

철강 재료를 제조하기 위하여 먼저 철광석을 녹여 선철을 만든다. 이 선철을 제강로에서 정련하여 강을 만들며, 용선로에서 용해하여 주철을 만든다.

▶ **선철**(Pig iron) – 철광석으로부터 직접 제조한 것.

▶ **제선** - 철광석을 환원, 제련하여 선철을 만드는 공정
▶ **제강** - 용선중에 유해한 물질(Mn, Si, P, S)을 제거할 목적으로 정련되어 강이 된다.

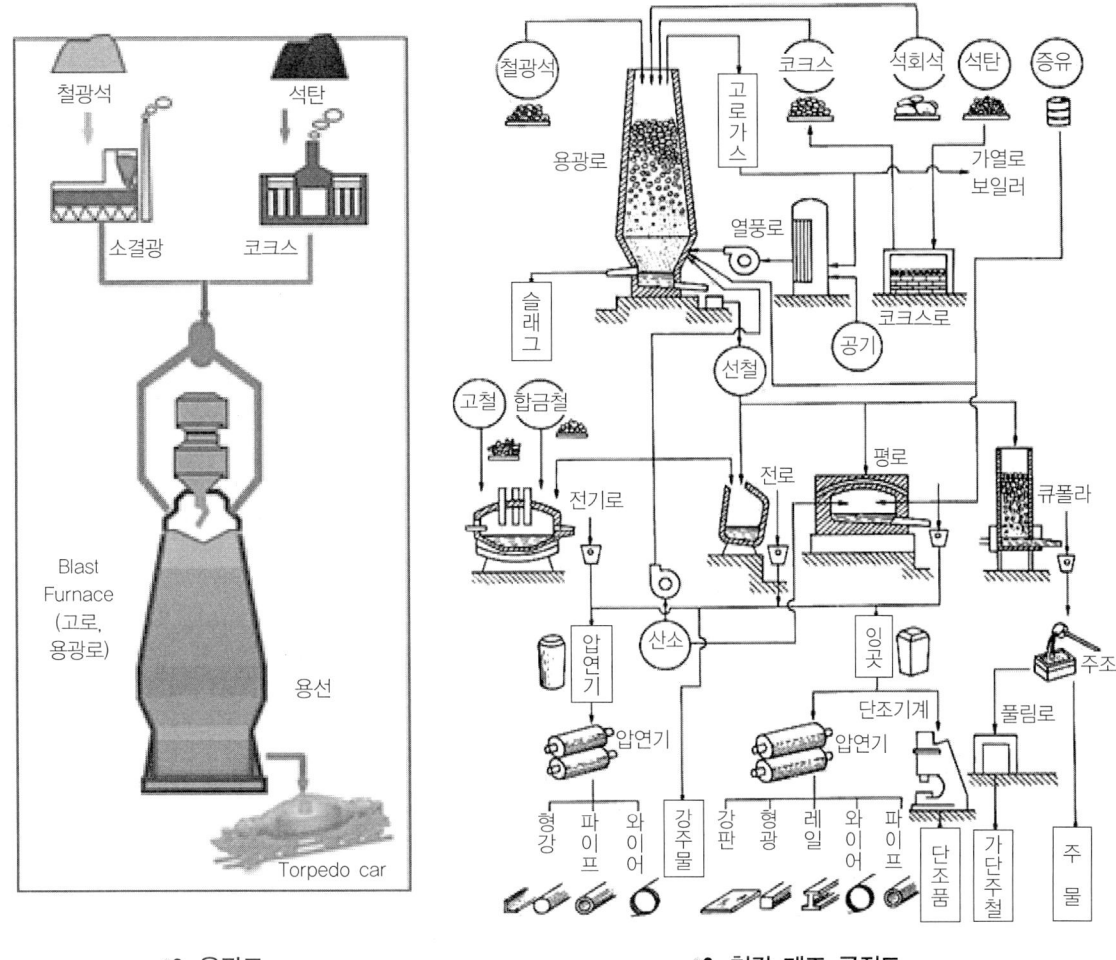

∙ 용광로   ∙ 철강 제조 공정도

(1) 선철(Pig iron)

용광로에서 철광석을 용해하여 선철을 생산하고, 이것을 다시 용해하여 사용한다. 생산된 선철의 10~15%는 용해로에서 용해하여 주철로 사용하고, 85~90%는 제강로에서 강철의 제조에 사용되고 탄소량은 2.5~4.5%C이다.

(2) 강 제조

선철은 탄소함유량이 많기 때문에 이것을 강철로 제조하기 위해서는 여러 가지 제강방법이 사용되고 있다.

제강로에는 평로, 전로, 전기로, 도가니로 등이 있으며, 도가니로는 소량의 합금강의 제조에, 전기로는 탄소강, 합금강, 주강 등의 제조에 쓰인다.

(3) 강의 응고와 주조과정

강은 잉곳(ingot)의 탈산 처리 정도에 따라 킬드강, 세미킬드강, 캡트강 및 림드강으로 분류하며 그 형상은 아래의 그림과 같다.

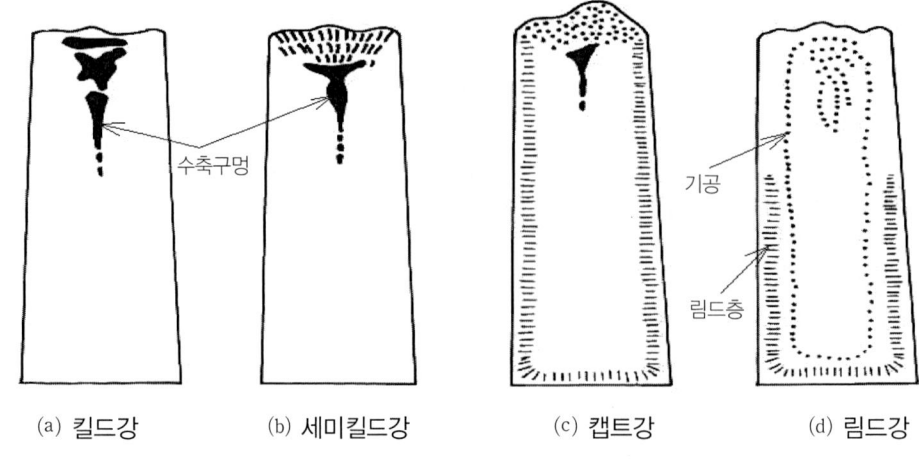

(a) 킬드강   (b) 세미킬드강   (c) 캡트강   (d) 림드강

• 각종 잉곳의 내부와 탈산도와의 관계

① **킬드강**(killed steel): 킬드강은 합금강이나 단조용강, 침탄강의 원재료로 사용된다.
② **세미킬드강**(Semikilled steel): 탈산의 정도를 적당히 하여 기포와 편석을 적게 한 강으로 보통 탄소함유량이 0.15~0.3% 정도이며 일반 구조용강, 강판의 원재료로 많이 쓰인다.
③ **캡트강**(Capped steel): 세미킬드강과 림드강의 중간 정도 수준으로 림드강과 유사하며, 보통 탄소 함유량은 0.15% 이상으로 박판, 스트립, 선재, 봉재 등의 원재료로 쓰인다.
④ **림드강**(Rimmed steel): 림드강은 기공(blow hole)이 많이 있는 강으로 보통 탄소 함유량은 0.15% 미만으로 압연용 강판에 적합하다.

02 순철과 탄소강

① 순철

보통 순철은 100% 순수한 철이 아니고 미량의 C, Si, Mn, P, S 등의 원소를 포함하고 있다.

(1) 순철(Pure iron)의 성질

탄소함유량이 0.03% 이하로 전연성이 높아 기계재료로는 부적당하지만 자기적인 성질이 양호하므로 변압기 및 발전기 철심 등의 전기재료로 많이 사용된다. 그림은 순철의 여러 가지 성질을 나타내고 있다.

비 중	7.87	인장강도(Kgf/mm^2)	18 ~ 25
용융온도(℃)	1539	연신율(%)	40 ~ 50
열전도율(Kcal/kgf·℃)	0.18	경도(HB)	60 ~ 70

표 순철의 종류

(2) 순철의 변태

순철의 변태는 A_2 (768℃), A_3 (910℃), A_4 (1400℃) 변태가 있으며 A_3, A_4 변태를 **동소변태**라 하고, A_2 변태를 **자기변태**라 한다.

순철은 변태에 따라서 α철(α-Fe), γ철(γ-Fe), δ철(δ-Fe)철의 3개 동소체가 있으며 α철(Ferrite)은 910℃ 이하에서 체심입방격자(BCC)의 원자배열이고, γ철(Austenite)은 910~1,400℃ 사이에서 면심입방격자(FCC)로 존재하며, 1,400℃ 이상에서는 δ철이 체심입방격자로 존재한다.

순철의 표준조직은 대체로 다각형 입자로 되어 있으며 상온에서는 체심입방격자 구조인 α 조직(Ferrite structure)이다.

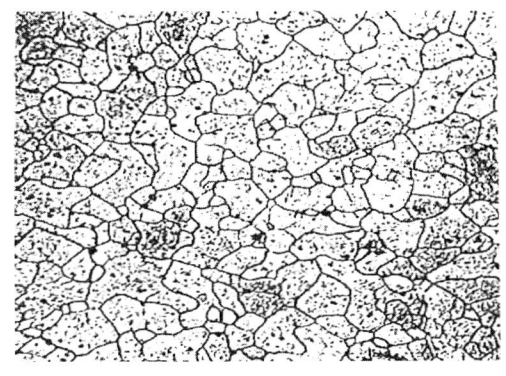
(a) 순철의 Ferrite조직

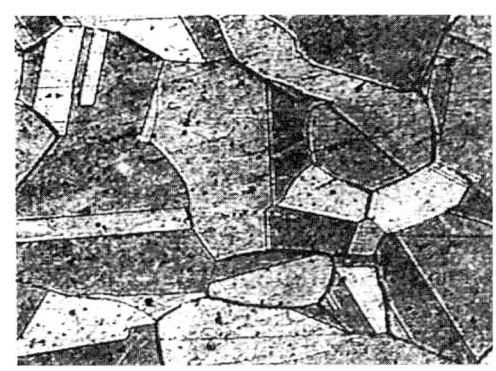
(b) Austenite조직

∴ 순철의 현미경조직

(3) 순철의 화학적 성질

순철은 높은 온도에서는 산화작용이 심하며, 산화물의 두꺼운 표피가 탈락한다. 또 습기와 산소가 있으면 상온에서도 부식이 발생하며, 바닷물, 화학약품 등에 대해 내식성이 적다.

② 탄소강

탄소강은 철(fe)과 탄소(C)의 2원 합금으로 탄소함유량 0.03~2.0%가 포함되어 있으나 실용적으로는 0.05~1.7% 포함된 것이 많다.

탄소강은 탄소함유량이 많으므로 강도, 경도는 크나 연신율과 충격값은 낮다.
따라서 담금질, 풀림, 뜨임, 불림 등의 열처리에 의하여 기계적 성질을 개선할 수 있다.

(1) Fe-C계 평형 상태도

Fe-C(철-탄소계) 평형 상태도에는 Fe-Fe₃C(Cementite)계와 Fe-C(Graphite)계의 두 개가 있다.

Fe-Fe₃C계 평형 상태도는 탄소강처럼 탄소가 유리 흑연으로 되지 않고 철과 화합하여 Fe3C 상태로 존재할 때 적용되며, 실선으로 나타낸다.

Fe-C계 평형 상태도는 주철처럼 탄소가 유리 흑연으로 존재할 때 적용되며, 점선으로 나타낸다.

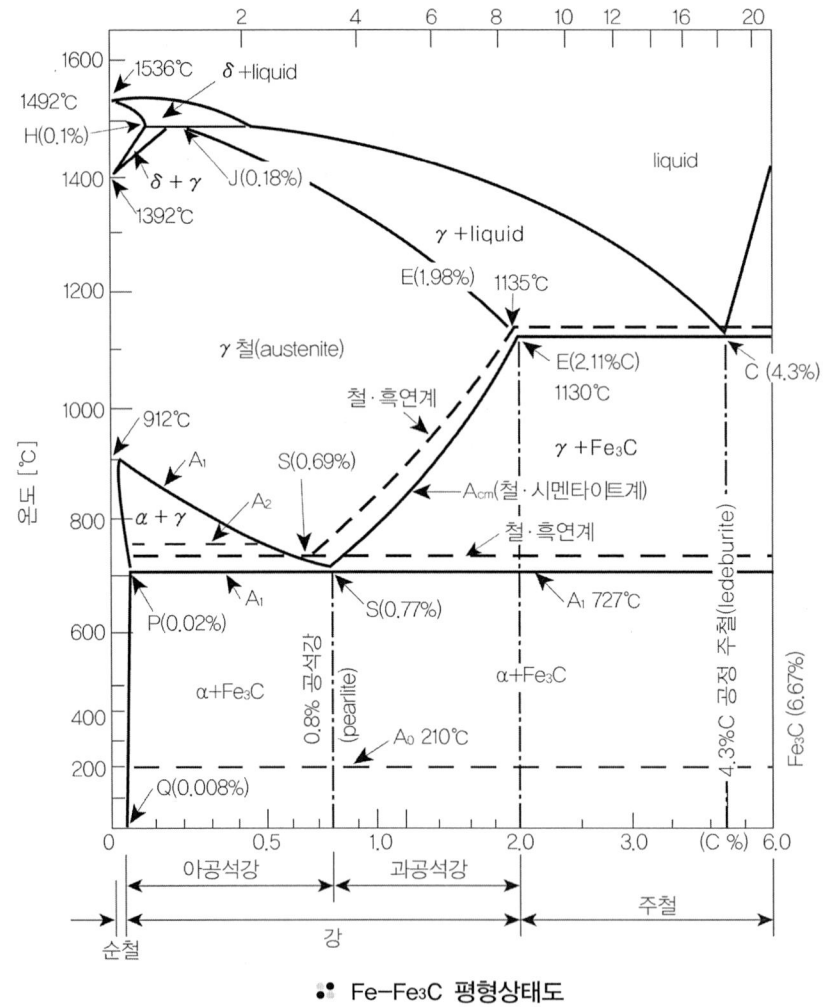

∴ Fe-Fe₃C 평형상태도

위의 그림은 철과 탄소의 2원 합금을 용융액에서부터 실온까지 매우 천천히 냉각했을 때의 탄소함유량과 온도에 따라 변태점을 연결한 Fe-Fe₃C 평형 상태도를 나타낸 것이다.

순철에는 α, γ, δ의 3가지 형태가 있으나 이들은 각각 탄소를 흡수하여 α, γ, δ 고용체를 만든다.

α 고용체의 탄소 용해도는 723℃에서 0.035%, 상온에서는 0.01% 이므로 공업적으로 거의 순철에 속한다. 이것을 **페라이트**(Ferrite)라 부른다. 그러나 γ 고용체는 위의 그림에서 E점으로 표시한 바와 같이 최대 2.11%의 탄소(C)를 포함한다.

탄소가 2.11% 이하 즉 그림에서 E점부터 왼쪽이 강철이고, 탄소가 2.11% 이상 즉 E점부터 오른쪽이 주철이다. 철의 동소체 중에서 γ-Fe가 가장 잘 탄소를 고용한다. 이 고용체를 **오스테나이트**(Austenite)라 한다.

γ-Fe에 탄소가 고용되면 A_3점은 탄소량과 함께 낮아진다.

금속 조직학적으로는 C점에 해당되는 γ-Fe + Fe_3C의 공정을 레데부라이트(Ledeburite), S점으로 표시되는 공석을 **펄라이트**(Pearlite)라 한다.

탄소함유량이 0.8%를 지닌 강철을 **공석강**, 탄소함유량이 0.8% 이하인 강을 **아공석강**, 탄소함유량이 0.85% 이상인 강철을 **과공석강**이라 한다.

① **아공석강**: 탄소함유량이 0.8% 이하이고 인장강도, 경도, 항복점 등은 탄소함유량에 따라서 증가한다. 페라이트와 펄라이트의 공석강이다.

② **공석강**: 탄소함유량이 0.8%이고 이것을 경계로 하여 인장강도, 경도의 증가, 연신율, 단면 수축률, 충격값의 감소가 완만해 지며, 펄라이트 조직이다.

③ **과공석강**: 탄소함유량이 0.8% 이상이고 인장강도가 점차 증가하여 탄소 함유량이 1.2%에서 최대가 된다. 시멘타이트와 펄라이트의 공석강이다.

(2) 탄소강의 기본 조직

강의 성질은 탄소함유량과 냉각속도 등에 따라 현저히 달라지며 이들 가운데 다음을 기본조직으로 한다.

① **페라이트**(Ferrite): α-Fe에 탄소가 최대 0.025% 고용된 α 고용체로 현미경으로 보면 흰색의 입상으로 나타나며 대단히 연한성질을 가지고 있어 전연성이 크며, A_2점 이하에서는 강자성체이다.

② **오스테나이트**(Austenite): γ-Fe에 탄소가 최대 2.11% 고용된 γ 고용체로 A_1점 이상에서는 안정적으로 존재하나 실온에서는 존재하기 어려운 조직으로 인성이 크며 상자성체이다.

③ **시멘타이트**(Cementite): 철에 탄소가 최대 6.67% 화합된 철의 금속간 화합물(Fe_3C)로 대단히 단단하며 부스러지기 쉽다.

④ **펄라이트**(Pearlite): 0.8% C의 오스테나이트가 A_1 (727℃)점 이하로 천천히 냉각될 때 0.025% C의 페라이트와 0.67%C의 시멘타이트로 석출되어 생긴 공석강으로 페라이트와 시멘타이트가 층상으로 나타나는 조직이다.

⑤ **레데부라이트**(Ledeburite): 4.3%C의 용융철이 냉각될 때 1147℃ 이하로 냉각될 때 2.11%C의 오스테나이트와 6.67%C의 시멘타이트로 정출되어 생긴 공정주철로 A_1

(727℃)점 이상에서는 안정적으로 존재하는 조직을 경도는 크나 메짐성이 있다.

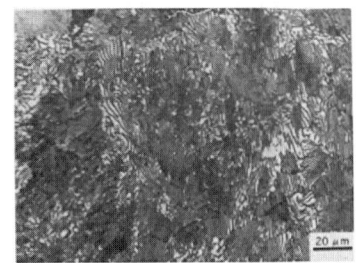
(a) 펄라이트

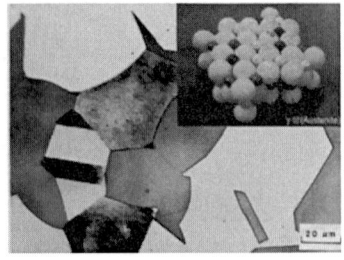
(b) 오스테나이트

(c) 마르텐사이트와 페라이트

∴ 탄소강 조직

(3) 탄소강의 성질

함유원소, 가공, 열처리 방법 등에 따라 다르나 표준상태에서는 주로 탄소함유량에 따라 결정된다.

1) 강철의 상온에서의 기계적 성질

그림은 탄소함유량과 탄소강의 기계적 성질 및 현미경 조직관계를 나타낸 것으로 표준상태에서는 탄소가 많을수록 인장강도, 경도는 증가하다가 공석조직에서 최대가 되나 연신율과 충격값은 감소한다.

아공석강에서 기계적 성질이 탄소함유량에 비례하여 대략 직선으로 변화하고 과 공석강에서는 시멘타이트가 망(網)모양으로 나타내므로 인장강도는 탄소가 증가하여도 감소되지만 경도는 조금 증가된다.

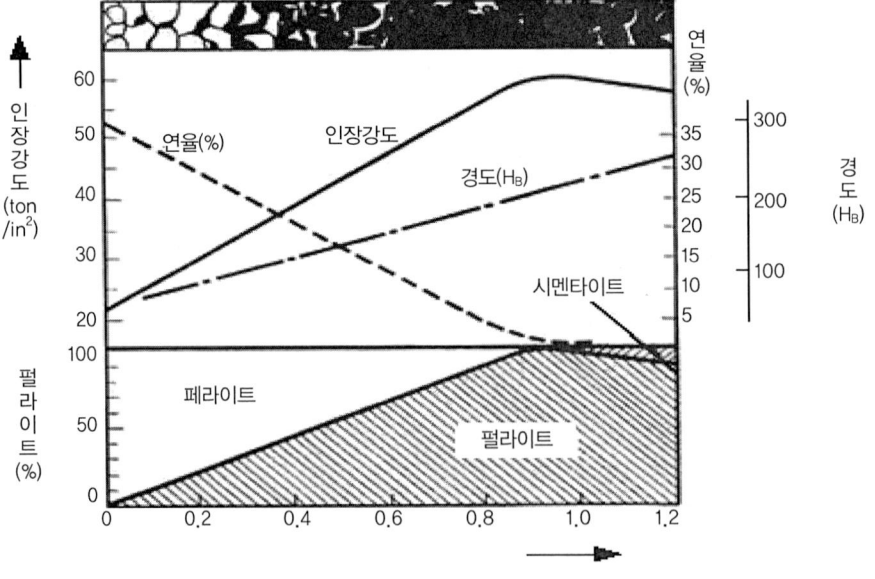

∴ 탄소강의 기계적 성질과 조직관계

페라이트는 인장강도가 35kgf/mm² 정도이고, 연신율은 40%, 브리넬경도 80이며, 강자성이고 전기전도성은 좋으나 경화능력이 없다. 그러나 펄라이트는 페라이트보다 훨씬 강하고 인장강도 90kgf/mm², 연신율 10%, 브리넬 경도 200이다.

즉 강인한 대신 잘 늘어나지 않으며, 자성을 지니며, 매우 큰 경화능력을 가지고 있다.

시멘타이트는 인장강도가 작고 연신율의 거의 없으며, 취성이 매우 크고, 브리넬 경도(HB)가 800이며, 자성은 지니고 있으나 경화능력이 없다.

다음은 탄소강의 기본조직에 대한 기계적 성질을 나타내었다.

표 탄소강의 기본조직과 기계적 성질

성질 \ 조직	페라이트 (Ferrite)	펄라이트 (Pearlite)	시멘타이트 (Cementite)
인장강도(kg/mm²)	35	90	3.5
연신율(%)	45	10	0
브리넬경도(HB)	80	200	800
결정구조	BCC	α와 Fe₃C의 혼합	금속간 화합물

그림은 상온에서의 탄소강의 기계적 성질을 나타낸 것이다.

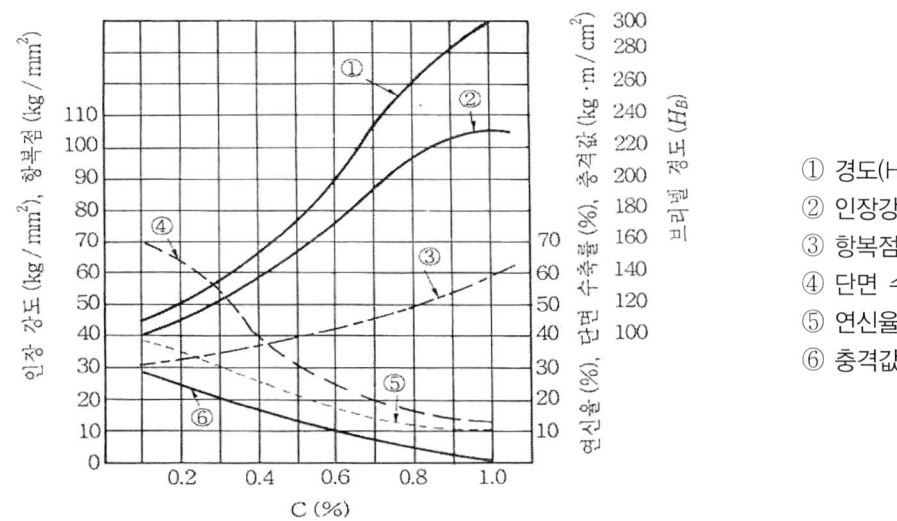

• 상온에서의 탄소강의 기계적 성질

다음 그림은 고온에서의 탄소강의 기계적 성질을 나타낸 것으로 탄소강은 20~300℃에서 상온일 때보다 더 메지게 되는데 이를 탄소강의 **청열 메짐**(Blue shortness)이라 하고, 황을 많이 함유한 탄소강은 약 950℃에서 메지게 되는데 이를 탄소강의 **적열 메짐**(Red shortness)이라 한다.

또한 온도가 상온 이하로 내려갈수록 강도와 경도가 증가하지만 충격값이 크게 감소되어 메지게 되는데 이를 탄소강의 **저온 메짐**(Cold shortness)이라 한다.

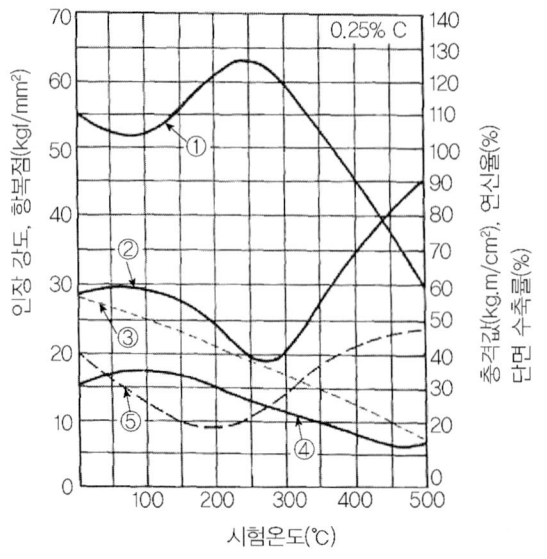

• 고온에서의 탄소강의 기계적 성질

2) 탄소강의 가공성질

탄소강의 가공방법에는 고온가공과 상온가공이 있다. 고온가공은 탄소함유량에 따라 1,050~1,200℃에서 시작하여 850~900℃에서 완료한다.

일반적으로 높은 온도에서는 결정입자가 커지게 되며 이에 따라 재질이 약화된다.

고온가공에서는 잉곳중의 기공이 압착되고, 재료의 편석에 의한 불균일한 부분이 균일한 재질로 되며, 결정은 미세화되어 강철의 성질이 개선되고, 상온가공에서보다 가공률을 크게 할 수 있어 작은 힘으로도 많은 가공을 할 수 있다는 이점이 있다.

상온가공을 한 조직은 섬유상으로 신연되어 강도와 경도가 매우 증가되지만 취성이 있고, 연신율이 감소한다.

그림은 탄소함유량이 0.1%의 강철을 상온가공 한 것의 기계적 성질을 나타낸 것으로 인장강도와 경도는 상승하지만 연신율 및 단면수축률은 감소함을 알 수 있다.

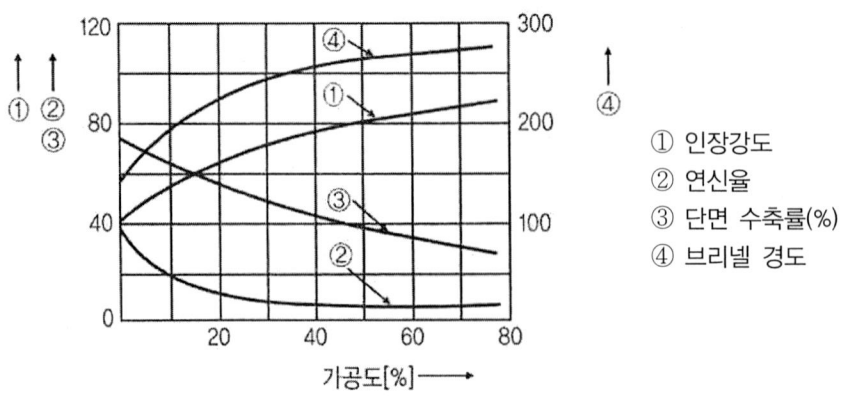

• 상온 가공된 C0.1% 강철의 기계적 성질

(4) 탄소강 중의 타 원소 영향

탄소 이외에 P, Mn, Si, S, Cu등과 질소(N_2), 수소(H_2), 산소(O_2)의 가스가 함유되어 탄소강의 성질에 적지 않은 영향을 준다.

① **P의 영향** : 강도, 경도를 증가시키고 가공 시 균열을 일으키며 상온메짐의 원인이 된다.

② **Mn의 영향** : 강도와 고온 가공성을 증가시키고 연신율의 감소를 억제시키며 주조성과 담금질 효과를 향상시킨다. 특히 황과 화합하여 황하망간(MnS)을 만드는데 적열 메짐의 원인이 되는 황화철(FeS)의 생성을 방해한다.

③ **Si의 영향** : 인장강도. 탄성한도, 경도 등이 높아지나 단접성, 냉간 가공성, 연신율, 충격값은 감소한다.

④ **S의 영향** : 적열 상태에서는 메짐성이 커지며 인장강도, 연신율, 충격값을 감소시킨다. 그러나 S은 절삭성을 향상시키기 때문에 황을 0.25%정도 함유한 쾌삭강이 사용된다.

⑤ **Cu의 영향** : 인장강도, 탄성한도 및 내식성을 증가시키나, 압연 시 균열의 원인이 된다.

⑥ **Gas의 영향** : 가스에는 질소, 수소, 산소 등이 있으며, 산소는 적열취성을 일으키고 질소는 강도와 경도를 증가시키며, 수소는 헤어 크랙(Hair crack : 균열)의 원인이 된다.

(5) 탄소강의 종류와 용도

탄소강은 가공변형이 쉽고 기계적 성질이 우수하여 기계재료로 가장 많이 쓰이는 강으로 그림은 탄소 함유량에 따른 탄소강의 분류를 나타낸 것이다.

표 탄소 함유량에 따른 탄소강의 분류

종 별	C (%)	인장강도 (kgf/mm²)	연신율 (%)	용 도
극 연강	<0.12	<38	25	강판, 강선, 못, 강관, 리벳
연강	0.13~0.20	38~44	22	강관, 강봉, 강판, 볼트, 리벳
반 연강	0.20~0.30	44~50	20~18	기어, 레버, 강판, 볼트, 너트, 강관
반 경강	0.30~0.40	50~55	18~14	강판, 차축
경강	0.40~0.50	55~60	14~10	차축, 기어, 캠, 레일
최 경강	0.50~0.70	60~70	10~7	축, 기어, 레일, 스프링, 피아노선
탄소공구강	0.60~1.50	70~50	7~2	목공구, 석공구, 절삭공구, 게이지
표면경화용강	0.08~0.2	40~45	15~20	기어, 캠, 축

단원학습정리

문제 1 철강재료의 탄소 함유량에 따라 분류하시오.

문제 2 순철에는 어떤 변태점이 있으며 그 온도는 몇 도인가?

문제 3 청열 메짐과 적열 메짐에 대해 설명하시오.

문제 4 탄소강 중에서 P(인), S(황)은 어떤 해로운 작용을 하는지 설명하시오.

금·형·재료

제 04 장
주철과 주강

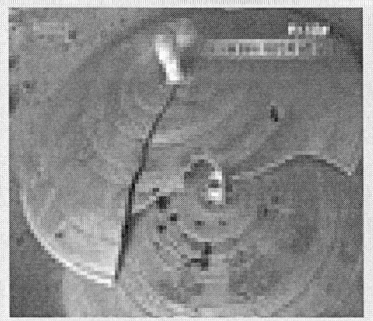
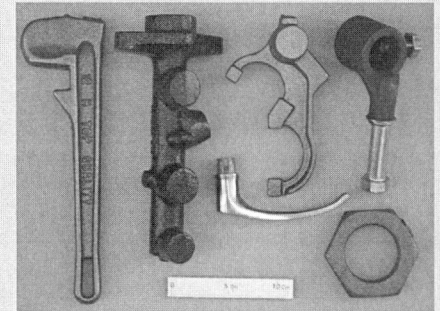

chapter 01 주철과 주강

01 주 철

1 주철의 개요

주철(Cast iron)은 성분상으로 탄소 함유량이 2.0~6.67%인 철과 탄소의 합금이며 용융점은 1250℃, 비중은 7.1~7.3이다.

주철은 강에 비하여 취성이 크며 고온에서 소성변형이 되지 않는 결점이 있으나 주조성이 우수하여 복잡한 형상의 부품도 쉽게 주조되고 되기 때문에 고체상태의 기계적 가공보다는 원하는 모양의 주조(Casting)를 하여 사용하며, 또한 가격이 저렴하기 때문에 널리 이용되고 있다.

주철의 주조성능은 탄소함유량과 그 밖의 성분의 양에 따라 달라지며, 실용되는 주철의 성분은 탄소(C) 2.5~4.5%, 규소(Si) 0.5~3.0%, 망간(Mn) 0.5~1.5%, 인(P) 0.05~1.0%, 황(S) 0.05~0.15% 범위이다.

주철의 분류와 주강의 차이는 다음과 같다.

주철의 분류

- 주 철
  - 회주철
    - 보통주철(인장강도 30kg/mm² 이하인 것)
    - 강인주철(인장강도 30kg/mm² 이상인 것)
    - 합금주철
  - 구상흑연주철
  - 가단주철
    - 흑심가단주철
    - 백심가단주철
  - 칠드주철

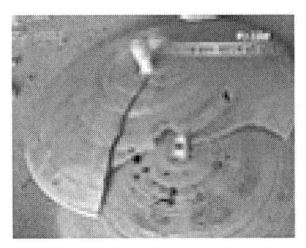 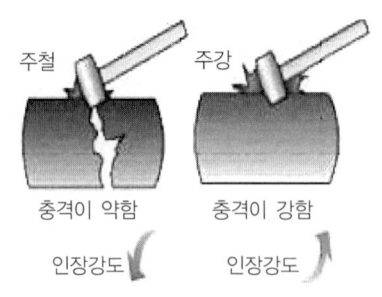 

∴ 주철과 주강의 차이

② 주철의 조직과 상태도

주철(Cast iron) 중에 함유된 탄소함유량의 일부분은 유리탄소(Free Carbon) 상태인 흑연(Graphite)으로 존재하고 다른 일부분은 화합탄소로 펄라이트 또는 시멘타이트(Fe_3C)로 존재한다.

주철에 함유되는 탄소량은 흑연과 화합탄소로 나타내며, 주철의 성분과 냉각속도(급랭-시멘타이트로, 서냉-흑연으로 석출)등에 의하여 뚜렷하게 달라지며 주철의 성질에 큰 영향을 준다.

즉 흑연이 많은 경우에는 주철의 파단면이 회색을 띠는 **회주철**(Gray Cast iron)이 되며, 흑연의 양이 적고 대부분이 탄소가 시멘타이트의 화합탄소로 존재할 경우에는 그 파단면이 흰색을 띠는 **백주철**(White Cast iron)로 되는 것이다.

일반적으로 주철이라 하면 회주철(보통주철)을 말하며 금형재료로서 많이 이용된다. 회주철과 백주철의 혼합된 조직의 주철을 **반주철**이라고 한다.

KS기호에서는 회주철(GC), 구상흑연주철(DC), 흑심가단주철(BMC), 백심가단주철(WMC)로 나타낸다.

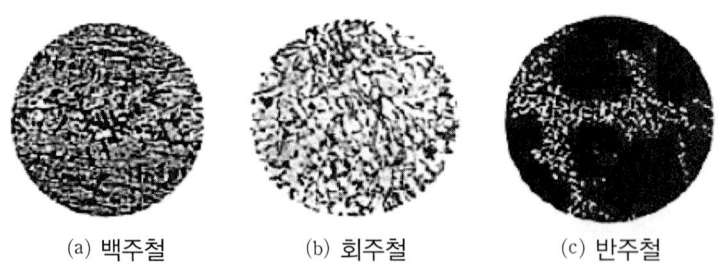

(a) 백주철　　(b) 회주철　　(c) 반주철

∴ 탄소 및 파단면의 색깔에 의한 분류

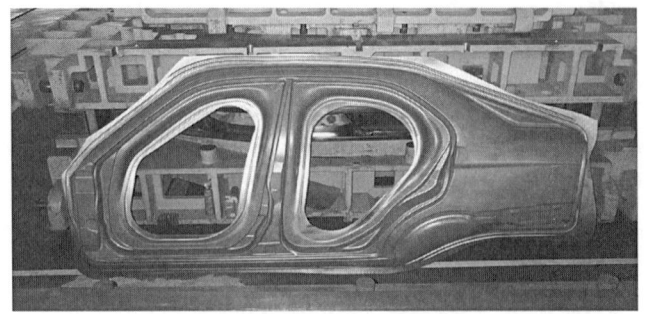

∴ 자동차 금형(회주철-GC30)

주철은 강에 비하여 다음과 같은 장·단점이 있다.

장점	단점
- 용융점이 낮고 유동성이 양호하다. - 마찰저항이 좋다. - 가격이 저렴하다. - 절삭가공이 쉽다. - 인장강도, 굽힘강도, 충격값은 작으나 압축강도는 크다.	- 인장강도 및 충격값이 대단히 적다. - 취성(메짐)이 매우 소성가공이 어렵다. - 담금질, 단련, 뜨임 등이 불가능하다.

(1) Fe-C 평형 상태도

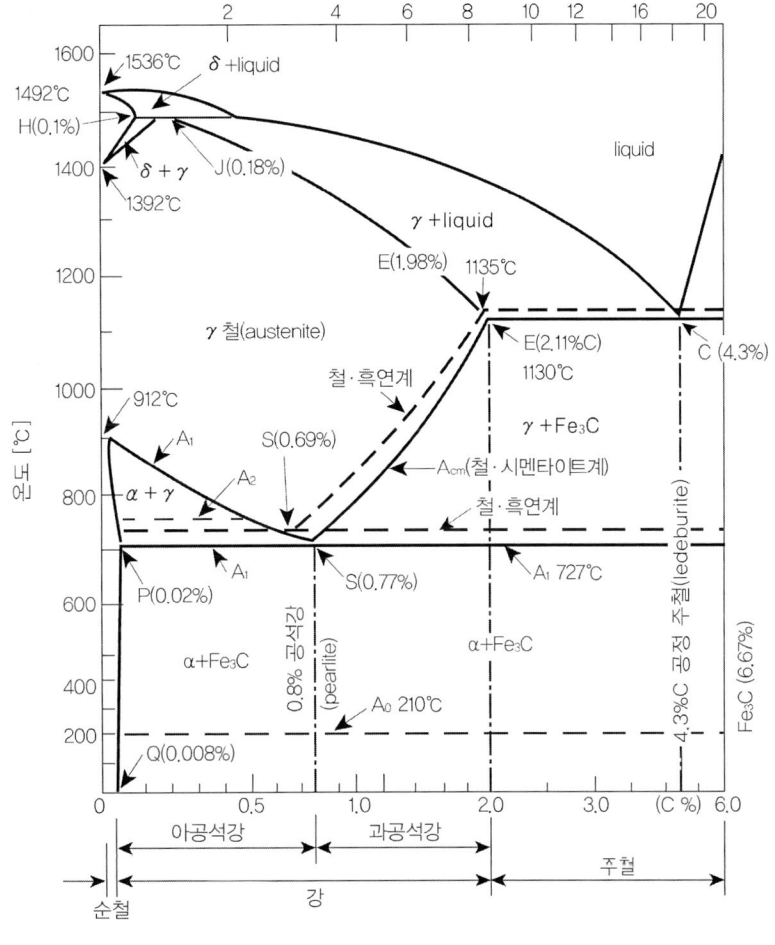

∴ Fe-Fe₃C 평형 상태도

위의 평행 상태도에서 C점은 **공정점**(1130℃)이며 4.3%의 탄소(C)를 함유한 주철을 **공정주철**(Eutectic Cast iron)이라 한다.

따라서 C점 왼쪽 탄소함유량은 1.7~4.3%를 함유한 주철을 **아공정 주철**이라 하고 C점의 오른쪽 탄소함유량 4.3% 이상의 주철을 **과공정 주철**이라 한다.

용융된 주철은 철(Fe)과 시멘타이트(Fe_3C)로 되어 있다.

(2) Fe-C 평형 상태도 백주철

주철의 조직과 흑연형상은 매우 밀접한 관계를 지니며, 화학성분, 주철의 종류, 주입온도, 냉각속도 등에 따라 다르게 변한다.

편상흑연이라도 그 크기와 모양 및 분포상태가 용융 조성과 조건 등에 의하여 여러 형태로 변화한다.

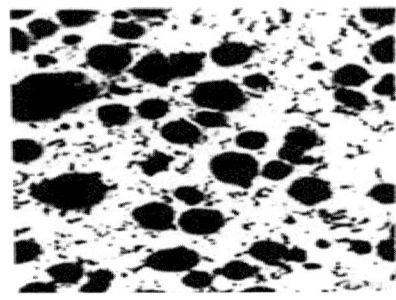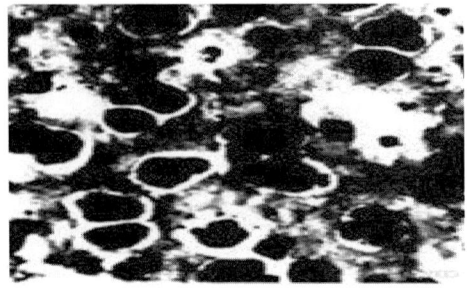

∴ 백주철의 구상화조직

주철 중의 흑연(Graphite)은 형상에 따라 그림과 같이 6종류로 나누어지며 이중 편상, 괴상, 구상의 흑연 모양이 대체로 주를 이루고 있다.

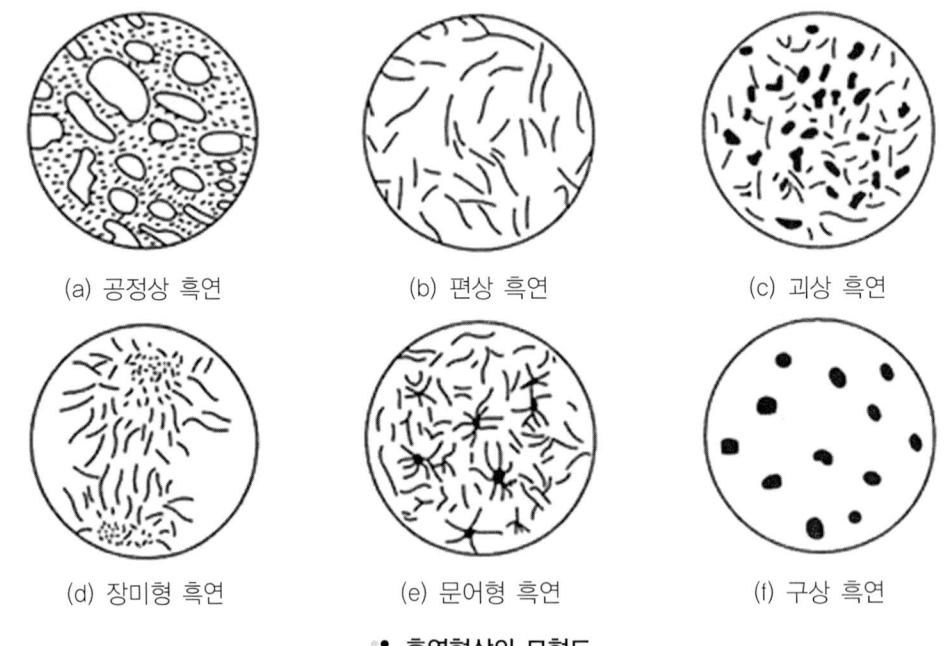

(a) 공정상 흑연 (b) 편상 흑연 (c) 괴상 흑연

(d) 장미형 흑연 (e) 문어형 흑연 (f) 구상 흑연

∴ 흑연형상의 모형도

(3) 주철의 조직도

주철의 조직은 냉각속도 및 C와 Si의 양에 의하여 정해지며 이들의 조직관계를 나타낸 것이 조직도이다. 특히 C와 Si는 주철의 조직 및 성질에 중요한 영향을 미치는 성분이며 Si는 흑연의 정출 또는 석출에 큰 영향을 준다.

그림은 C와 Si양에 따른 주철의 조직관계를 표신한 대표적인 조직도이며 이것을 **마우러(Maurer)의 조직도**라 한다.

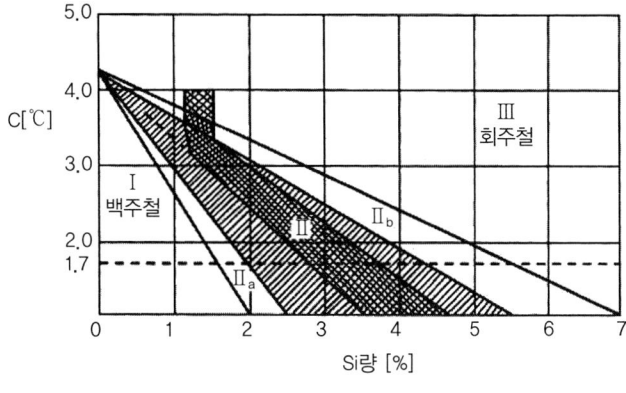

Ⅱ : 펄라이트 주철
Ⅱa : 반주철
Ⅱb : Ⅱ와 Ⅲ의 중간 주철

· 마우러의 조직도

표 주철의 종류와 조직

구 분	탄소 조직	기지 조직	파 면	특 징
회주철	편상흑연	펄라이트	회색	절삭성 우수
백주철	Fe_3C	펄라이트+마르텐사이트	백색	경도, 내마모성 우수
반주철	편상흑연+Fe_3C	펄라이트	회백얼룩색	경도, 내마모성 보통
구상흑연 주철	구상흑연	페라이트+펄라이트+오스테나이트	회백색	강인성, 내열성, 불변성 우수
가단 주철	템퍼 흑연	페라이크+펄라이트	회백색	연성, 인성 풍부
CV주철	연층상 흑연	페라이트+펄라이트	회색	가공성, 강인성 양호

02 주철의 성질

① 물리적·화학적 성질

주철의 물리적 성질은 화학조성과 조직에 따라 크게 달라지며, 비중은 탄소와 규소가 많을수록 작아지며 용융점도 낮아진다.

화학적 성질에 있어 주철은 염산, 질산 등의 산에는 약하지만 알칼리에는 강하다.

(1) 탄소(C)의 영향

주철 중에 있는 탄소는 시멘타이트와 흑연의 형태로 존재하며 탄소 함유량이 4.3%까지의 범위 안에서는 탄소 함유량의 증가와 더불어 용융점이 저하되며 주조성이 좋아진다.

흑연은 냉각속도가 늦을수록 또는 규소(Si)의 양이 많을수록 많아지며 또한 흑연의 양이 많아지면 주철은 무르고 강도가 낮으나 그 분포상태 및 형상이 미세할수록 강도가 높아진다.

(2) 망간(Mn)의 영향

Mn은 S와 친화력이 크기 때문에 용선 중의 FeS와 결합하여 MnS의 슬래그로 되어 분리하므로 S의 해를 제거할 수 있다. 그러나 흑연의 생성을 방해하는 원소이므로 0.4~1.0% 정도로 소량 첨가한다.

(3) 규소(Si)의 영향

주철에는 Si가 C 다음으로 중요한 성분이며 흑연의 생성촉진 원소이며 주물은 두께가 얇을수록 냉각속도가 빠르고 C가 시멘타이트로 되기 쉬우므로 얇은 주물일수록 Si를 다량 첨가해야 한다.

(4) 인(P)의 영향

P가 첨가되면 주철의 용융점이 낮아져 유동성이 매우 좋아지므로 두께가 얇은 주물이나 깨끗한 표면을 요하는 미술품 등에는 P의 함유량을 높인다.

(5) 황(S)의 영향

S은 주물의 유동성을 나쁘게 하고 흑연의 생성을 방해하며 수축률을 크게 하므로 될 수 있는 한 0.1%이하로 제한하는 것이 좋다.

2 주철의 주조성

(1) 주철의 유동성

유동성이란 용융금속이 주형(Mold) 내로 흘러들어가는 성질을 말하며, 화학성분이 일정할 때에는 용해와 주입온도가 높을수록 유동성은 좋으나 불필요한 고온용해는 피해야 한다. P, Si, C, Mn 등의 함유량이 많을수록 유동성은 좋아지나 S은 유동성을 나쁘게 한다.

(2) 수축

주철도 냉각 응고 시에는 부피의 변화가 나타나며 응고 후에도 온도의 강하에 따라 수축된다. 수축에 의하여 내부응력이 생기고, 이것 때문에 균열과 수축구멍 등의 결함이 생긴다. 주철은 약 1%의 수축을 나타낸다.

03 주철의 종류

1 일반 주철

(1) 보통 주철(GC=FC)

보통주철은 회주철이 대표적이며 인장강도가 10~25kgf/mm²(98~196MPa) 정도이다. 조직은 주로 편상흑연과 페라이트로 되어 있는데 약간의 펄라이트를 함유하고 있다.

주조가 쉽고 기계가공성도 좋다. 값이 저렴하여 일반기계부품, 수도관, 난방용품, 가정용품 등에 주로 사용된다.

성분은 C: 3.2~3.8%, Si: 1.4~2.5%, Mn: 0.4~1.0%, P: 0.3~0.8%, S: 0.05~0.12% 정도이다.

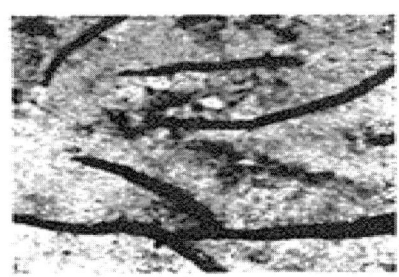

∴ 회주철(편상흑연)

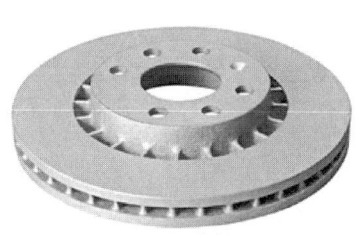

∴ 브레이크 디스크(GC200)

∴ 휠 실린더(GC30)

(2) 고급 주철(강인 주철)

편상흑연 주철 중에서 인장강도가 25kgf/mm²(245MPa) 정도 이상인 주철을 말한다. 이 주철의 조직은 흑연이 미세하고 활 모양으로 구부러져 고르게 분포되어 있고, 그 바탕이 펄라이트 조직이므로 이를 **펄라이트**(Pearlite) **주철**이라고도 한다.

가장 널리 알려진 고급주철에는 미하나이트(Meehanite) 주철로 연성과 인성이 매우 크고, 두께 차이에 의한 성질변화가 매우 작은 특징을 지니고 있다. 따라서 공작기계의 안내면, 내연기관의 실린다, 피스톤 링 등에 쓰이며 담금질이 가능하다.

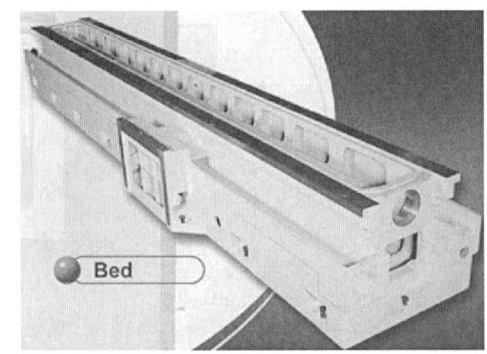

∙∙ 실린더 블록과 공작기계 베드(미하나이트 주철)

② 합금 주철

합금주철(Allot Cast iron)은 합금강의 경우와 같이 주철에 특수원소를 첨가하여 보통 주철보다 기계적 성질과 내식성, 내열성, 내충격성 등의 특성을 갖도록 하기 위하여 보통주철에 NI, Cr, Mo, Si, Al, Ti, V, Cu 등의 합금원소를 첨가한 주철을 말한다.

(1) 고력 합금 주철

일반 공작기계 및 자동차 주물에는 보통 주철에 Ni 0.5~2.0%을 첨가하거나 여기에 약간의 Cr, Mo을 배합하여 강도를 높인 것도 있다.

보통 주철에 Ni을 첨가하면 흑연화를 돕고 칠(Chill)을 방지하며 절삭성을 좋게 할 뿐만 아니라 펄라이트의 흑연을 미세화 한다.

(2) 내 마모성 주철

주철에 Ni, Cr을 첨가한 Ni-Cr 주철은 기계 구조용으로 사용되고 있으며 애시큘러(Acicular) 주철은 Mo, Ni을 첨가하고 별도로 Cu, Cr을 소량 첨가한 것으로 흑연과 베이나이트 조직으로 된 내마모용 주철이다.

(3) 내열 주철

내열주철은 내산화성, 내식성 및 고온강도 등을 개선한 것으로 니크로실랄(Nicrosilal) 주철, 니레지스트(Niresist) 주철, 고크롬 주철 등이 있다.

③ 특수 주철

보통 주철이나 합금 주철에 비하여 기계적인 성질이 뛰어난 주철을 얻기 위하여 배합성분이나 주조처리 및 열처리 등에 특별한 방법으로 제조되는 주철을 **특수주철**이라 한다.

특수주철에는 구상흑연주철, 칠드주철 및 가단주철 등이 있다.

(1) 구상흑연 주철(Nodular Cast iron)

구상흑연 주철은 주조상태에서 흑연을 구상화한 주철로서 노듈러 주철, 덕타일(Ductile) 주철이라고도 한다.

구상흑연 주철은 주조성능, 가공성능 및 내마모성이 우수할 뿐 아니라 인장강도가 주철의 종류 중에서 가장 높고 인성, 연성, 가공성능 및 경화성능이 강철의 성질과 비슷하여 회주철과 더불어 금형재료로서 많이 사용된다.

GCD(=FCD)로 표기하며 뒤의 숫자가 클수록 기계적 성질이 크다.

GCD50K는 구상흑연 주철로서 자동차 허브베어링이 압입되는 부품으로 사용되며 탄소(C)가 2.5%이상을 함유한다.

∙∙ 자동차 캘리퍼 하우징(GCD45)과 너클(GCD50K)

(2) 칠드주철(Chilled cast iron : 냉경 주철)

보통주철보다 규소(Si) 함유량을 적게 하고, 적당한 양의 망간 쇳물을 금형(Mold)이나 칠 메탈(Chill metal)이 붙어 있는 모래형에 주입하여 필요한 부분만 급랭시킨다.

이에 따라 표면만 단단하게 되고 내부는 회주철이 되므로 강인한 성질을 지니게 된다. 칠드(Chill)된 부분은 내마모성이 크고 내열성이 좋으며, 높은 온도에서 오랫동안 사용하여도 경도가 크게 저하되지 않으므로 각종 롤(roller), 기차바퀴 등에 사용된다.

(3) 가단주철(Malleable Cast iron)

가단주철이란, 철과 탄소의 합금인 주철에 적당한 열을 가해 가단성(충격에 깨지지 않고 늘어나는 성질)을 부여한 것으로 주조성과 절삭성이 뛰어나기 때문에 주강을 사용하기엔 너무 작거나 구조가 복잡하고, 주철을 사용하기엔 큰 강도와 연성이 필요한 부품(충격에 잘 견딤)에 사용된다.

종류에는 백심(白心)가단주철, 흑심(黑心)가단주철, 펄라이트가단주철 등이 있다.

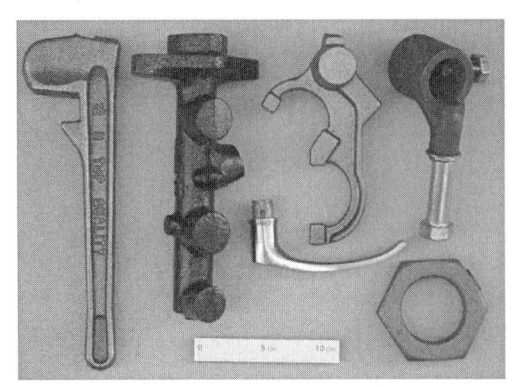

∴ 가단주철로 만든 제품

1) 백심가단주철

백심가단주철은 가단주철 중 역사가 가장 오래된 것으로 자전거, 자동차 부속품, 방직기 부속품 등 두께가 얇고 무게가 적은 작은 부품에 쓰인다.

2) 흑심가단주철(FCMB)

흑심가단주철은 재질적으로 높은 강도가 요구되기 때문에 탄소 함량은 2~2.6%를 유지하는 것이 보통이다. 자동차 부품, 관 이음쇠, 차량 부품, 자전거 부품, 밸브, 등을 만드는 데 사용된다.

3) 펄라이트 가단주철(FCMP)

입상흑연과 입상 펄라이트 조직으로 기어, 밸브, 공구 등 내마모성이 요구되는 곳에 쓰인다.

표 종류에 따른 함유량 및 기계적 성질(%, kgf)

종류	C	Si	Mn	인장강도	내력	연신율	경도
백심 가단주철	2.6~3.2	0.6~1.2	0.5~0.6	34~55	17~35	3~8	141~24
흑심 가단주철	2.3~2.8	0.8~1.1	0.5	28~37	17~21	5~14	11~145
펄라이트 가단주철	2~2.6	1~1.5	0.2~1	45~70	25~52	2~6	149!285

∴ 주철의 자동차금형과 기계가공

04 주강

용융한 탄소강 또는 합금강을 주조 방법에 의하여 만든 제품을 **주강품**(Steel Casting) 또는 **주강물**이라 하며, 그 재질을 **주강**(Cast steel)이라 한다.

주강은 주철에 비하여 기계적 성질이 월등하고 용접에 의한 보수가 용이하므로 형상이 크거나 복잡하여 단조품으로 만들기가 곤란하거나 주철로서는 강도가 부족할 경우에 사용한다.

그러나 주철에 비하여 용융점이 1,600℃ 정도의 고온이고 수축률이 크기 때문에 주조하기가 어렵다.

(a) 실린더커버   (b) Piston crown   (c) Chain wheel

•* 선박용 엔진에 사용된 주강품

(1) 보통 주강

이것은 탄소강 주강(Carbon Cast steel)이라고도 부르며, 탄소의 함유량에 따라 저탄소강 주강, 중탄소강 주강, 고탄소강 주강으로 구분한다.

① **저탄소강 주강**(C : 0.2% 이하): 철도차량, 자동차 부품, 용접구조물 외에 표면경화용 기어 등에 사용한다.

② **중탄소강 주강**(C : 0.2~0.5%): 열처리에 의해 기계적 성질이 얻어지는 것과 용접성이 비교적 양호한 이점을 가지고 있다. 선박, 철도, 공작기계 및 건축구조물 등 모든 분야에 사용되고 있다.

③ **고탄소강 주강**(C : 0.5% 이상): 주로 내마모용으로 사용되며 금속가공용 다이스, 공구 등으로 사용되고 있다.

•* 록 암(S45C)과 허브 스핀들(S70C)

표 탄소강 주강품의 용도 예

	강 종	강 도	내마모성	용접성	용 도
탄소강 주강품	SC 37	–	–	O	– 전동기 부품
	SC 42	–	–	O	– 용접용 구조물
	SC 46	O	–	–	– 철도 수송용(대차연결기, 하우징) – 일반 구조용 부품 – 발전소 기기 – 제철 설비용품
	SC 49	O	O	–	
용접구종용 주강품	SCW 42	–	–	O	– 선박용 부품
	SCW 49	O	–	O	– 건설기계, 용접 구조부품
	SCW 55	O	O	O	– 고장력 강판과의 용접 일체구조로 되는 고강도부품(불도져, blade, 콘넥터, 브라켓트 등)
	SCW 63	O	O	O	

(2) 합금 주강

합금 주강(Alloy Cast steel)은 보통 주강에 강도 또는 내식성, 내열성 및 내마멸성 등을 주기 위하여 Ni, Cu, Mo, Mn, V 등의 원소를 1종 또는 2종 이상 배합한 것이다.

1) 저합금강 주강

저합금강 주강은 기계적 성능 및 물리적 성질 그리고 내식성 등의 개선을 위하여 Carbon이외에 합금원소를 의도적으로 첨가한 것으로 합금원소 첨가량의 범위는 다음과 같다.

표 합금원소의 첨가범위

Mn	1.65% 이상
Si	0.6% 이상
Cu	0.6% 이상
Al	~ 3.99%
Cr	~ 3.99%

표 구조용 저합금강 주강품의 용도

강 종	규격(JIS)	고강도	내마모성	인성	내식성	주요 용도
Si-Mn주강	SCSiMn2	O	O	–	–	– 건설, 광산기계부품(Sprocket Roller, track Shoe 등) 용접 구조용 고강도 부품
Mn-Cr주강	SCMnCr 2,3,4	O	–	O	O	대형치차, 차륜, 굴삭부품, 건설기계용
Mn-Cr-Mo주강	SCMnCrM 2,3	O	O	O	O	브레카용 Chisel, 분쇄기용, 해머, 치차, 캠

2) 고합금 내마모 주강

재료가 내마모성을 목적으로 사용되는 경우 일반적으로 내마모성은 사용하는 재료의 경도와 관계가 있으며 경도가 증가할수록 마모성은 좋아진다. 그러나 경도증가와 함께 인성이 저하되므로 재질의 선정 시에는 반드시 사용조건을 충분히 검토하여 화학성분과 열처리 조건을 결정해야 한다.

3) 내식 주강

내식주강의 분류는 통상적인 조직의 구성으로 보면 Martensite계, Ferrite계, Ferrite-Austenite계, Austenite계, 석출경화계로 구분된다. 그러나 이러한 분류법은 편의상 구분하는 것도 있다는 것에 유의할 필요가 있다.

표 내식주강의 종류

강 종	조 직	대표 강종
Cr계 또는 이것에 다른 원소가 약간 첨가된 것	마르텐사이트 페라이트	13Cr 18Cr
Cr-Ni계 또는 이것에 다른 원소가 약간 첨가된 것	페라이트-오스테나이트, 오스테나이트	25Cr - 5Ni 18Cr - 8Ni

(a) Globe valve

(b) trainer

∴ 초저온(주강) 부품

4) 내열 주강

약 650℃이상에서 사용되는 고 Cr계 및 고 Cr-Ni계의 고합금강주강을 내열주강이라고 부른다. Stainless주강과 거의 동일한 Cr, Ni 함유량인 것도 있는데, 모두 C 및 Si 함유량이 높고 Creep강도와 내산화성의 개선을 목적으로 하는 점이 다르다.

① **Fe-Cr계**: Cr 8~30%, Ni<10% (대표성분 : 28Cr-5Mo, 28Cr)
② **Fe-Cr-Ni계**: Cr≥18%, Ni≥8% (대표성분 : 28Cr-10Ni, 2Cr-12Ni)
③ **Fe-Ni-Cr계**: Cr≥10%, Ni≥23%

05. 자동차 금형재료 일반

1 자동차 금형의 주요 재질

자동차금형의 주요 재질의 구비조건으로는 기계적 가공성, 열처리 성질, 변형정도, 가격, 시장성 등이 요구 된다.

C(탄소)함량이 2%이상인 주철은 **금형본체**에 주로 사용하고,
C(탄소)함량이 2%이하인 주강재료는 Insert Steel로 사용한다.

1) 주철은 충격에 약하며, 압축강도는 인장강도의 3배 이상이 된다.

회주철(FC300), 구상흑연화주철(FCD550), 특수합금주철(GM421, HC891, HD700), DRAW DIE의 경우 소재를 2매 이상 투입 시 상형 DIE 파손됨은 이와 같은 재질의 특성으로 인한 것이다.

2) 주강은 용접 및 절삭성 우수하고, 열처리가 가능하다.

합금화주강(HK600) : GM190M, KY870 대체, 고합금 주강(HK700) : SKD11을 대체한다.

2 자동차 금형 재료의 종류

(1) FC300(GG30, GM238M) : 회주철(FERRUM CATING)

1) 특성

- 저렴하며 주조성이 우수함.
- 피삭성이 우수.
- 열전도율이 우수함.
- 압축강도가 인장강도의 3~4배
- 내마모성이 우수
- 단점 : 충격에 약함.

2) 용도- 일반적인 금형 본체

CHEMICAL COMPOSITION(%)

C:3.5 – 3.9
Si:2.4 – 3.1
Mn:0.5 – 0.9
P:0.3 – 0.6
S :< 0.15
Cr:< 0.4
Cu:< 0.5wpt

편상흑연상태
Optical Microscope (FC300, ×500)

(2) FCD550(GGG60): 구상흑연화주철(FERRUM CASTING DUCTILE)

1) 특성
- 인장강도가 높음
- 경도에 비해 절삭성이 우수함.
- 화염 열처리 가능함.

2) 용도 : 다소 높은 인장력을 요구하는 금형의 본체에 사용함.

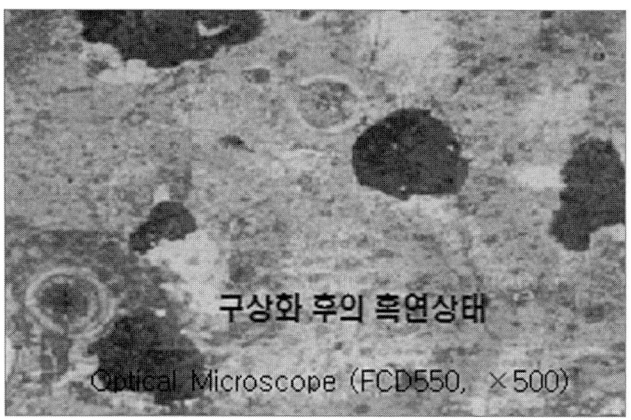

(3) HK600(ICD1, SG-7): 합금 주조용 공구강(0.5 Carbon 1.5 Chrome Tool Steel Casting)

1) 특성 :
- 주조가능
- 가공시간 단축·용접성
- 절삭성 양호
- Steel 일체형 가능
- 화염열처리 가능

2) 용도 :
- TRIM DIE, CAM DIE의 날부에 주로 사용 함.

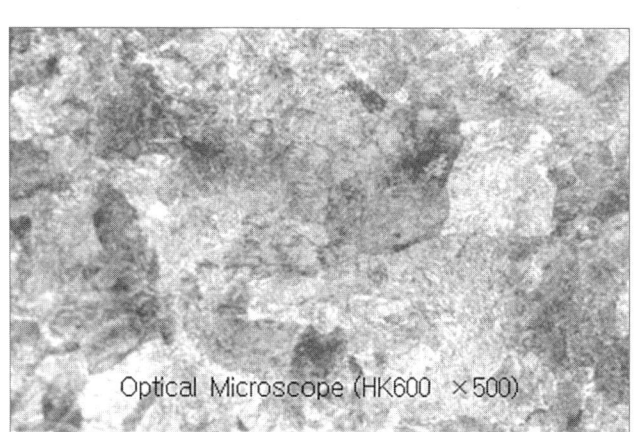

(4) HK700(W2601, SG-2): 합금 주조용 공구강(2Carbon 12Crome Tool Steel Casting)

1) 특성
- SKD11을 주조용으로 개발.
- 주조가 가능하여 가공량 적음.
- F/H, 진공 열처리 가능.
- 단점:조직이 조대함.

2) 용도 : SKD11과 동일.
- 가공이 많은 형상에 가공량을 줄이기 위해 적용.

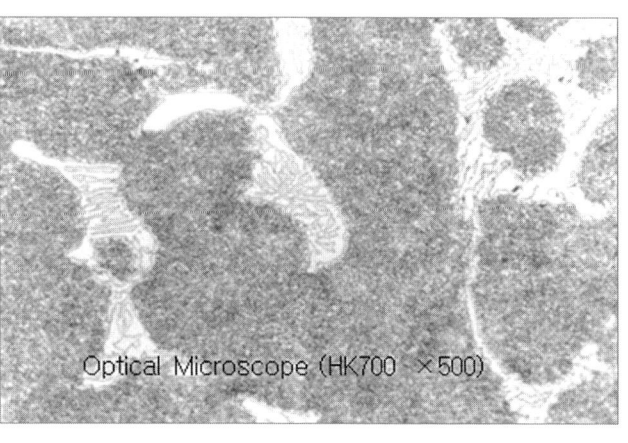

(5) 23F85(GM159M, 1.2333) : 화염경화강(High Strength Cold work Steel)

1) 특성
- 화염열처리 가능(화염열처리 전용강)
- 주강에 비해 강성이 높음
- 형상의 높낮이가 거의 없는 경우 재료비가 절감.
- 단점 : 크기의 제약(15kg/개), 수량이 많을 경우 가공비가 비싸다.

2) 용도
- TR, FL, RE 용 Steel로 사용,

단원학습정리

문제 1 금형재료로 많이 쓰이는 주철은?

문제 2 주철이 기계 구조물의 몸체에 많이 쓰이는 이유를 설명하시오.

문제 3 주강과 용도에 대하여 설명하시오.

문제 4 자동차 금형의 주요 재질에 대하여 설명하시오.

제 05 장
특수강

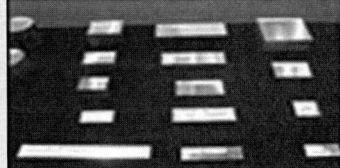
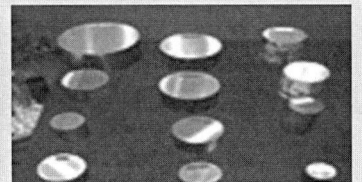

chapter 01 특수강

01 특수강

1 특수강의 개요

특수강(Special Steel)이란 탄소강에 하나 또는 둘 이상의 다른 원소를 첨가하여 기계적 성질이나 특수한 성질을 부여한 것으로 **합금강**(Alloy Steel)이라고도 한다. 첨가원소로는 Ni, Cr, Mn, W, Mo, Co, S, Al 등이 있다.

특수강을 용도에 따라 분류하면 다음과 같다.

표 용도별 특수강의 종류

분류	종류
구조용 특수강	강인강, 표면경화용 강(침탄강, 질화강), 스프링강, 쾌삭강
공구용 특수강	합금공구강, 고속도강, 다이스강, 비철합금 공구재료
특수용도 특수강	내식용 특수강, 내열용 특수강, 전기용 특수강, 베어링강, 불변강

∴ 특수강

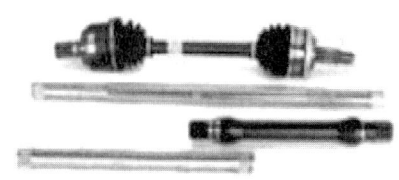

∴ Drive shaft의 사용

2 합금원소의 영향

탄소강에 여러 가지 목적으로 합금원소를 첨가하는데 그 중에서 중요한 목적은 다음과 같다.

① 강철을 경화시킬 수 깊이를 증가시켜 기계적 성질을 개선하기 위해
② 높은 강도와 연성을 유지하기 위해
③ 높은 온도와 낮은 온도에서의 기계적 성질을 개선하기 위해
④ 내식성, 내고온성, 내산화성 등을 개선하기 위해
⑤ 내마모성 및 피로 특성 등의 특수한 성질을 개선하기 위해

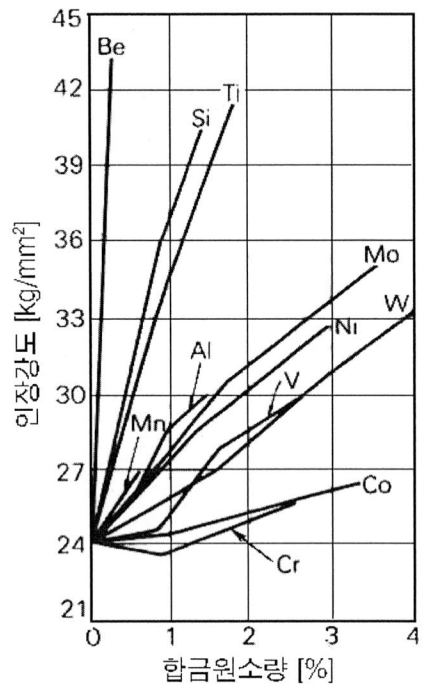

∴ 합금 원소량에 따른 기계적 성질   ∴ 탄소합금강- 자동차 재료

그리고 특수강에 합금되는 원소의 특성은 다음과 같다.

표 합금원소의 영향

특 수 성 질	합 금 원 소
인장강도 증대	Si, Ti, Mn, Al, Mo, Ni 등
내마모성 향상	V, Mo, W, Cr 등
소입성 향상	Mn, Mo, Cr, Si, Ni, Ti, V 등
내열성 향상	Cr, Ni, Si, Mo, Co, W 등
내식성 향상	Cr, Ni, Mo 등
피삭성 향상	Pb, S, Ca 등

02 특수강의 종류

① 구조용 특수강

탄소강보다 큰 강도 및 우수한 기계적 성질이 요구될 때 사용되며 탄소강에 Ni, Cr, Mo, Mn, Si 등을 첨가하며 주조성, 단조성, 절삭성 등의 가공성도 좋아야 한다.

(1) 강인강

① **니켈강**(Ni steel): 강인성과 열처리성, 내마모 및 내식성을 향상시키기 위해 탄소강에 Ni(1.5~5%)을 첨가시킨 특수강으로 기어, 스핀들, 크랭크축, 추진축 등에 사용된다.

② **크롬강**(Cr steel): 담금질성과 뜨임 효과를 크게 하여 기계적 성질을 개선하고자 0.13~0.28%C의 탄소강에 Cr을 0.9~1.2% 첨가시킨 특수강으로 Roller, 볼트, 너트 및 캠축 등으로 이용되고 SCr415 및 420강은 침탄용강으로 사용된다.

∴ SCr420 - Gear Cluster Main Shaft

③ **니켈-크롬강**(Ni-Cr steel : SNC): 가장 널리 쓰이는 구조용강으로 Ni강과 Cr강의 장점을 조합해서 만든 특수강으로 강성과 인성이 있으며, 연신률 및 단면수축률이 크게 감소되지 않고 강도가 큰 특성이 있는 대표적인 구조용 강철이다.

④ **니켈-크롬-몰리브덴강**(Ni-Cr-Mo steel): 가장 우수한 구조용강으로 SNC에 0.15~0.3% Mo첨가로 내열성, 담금질성을 증가시켜 엔진의 크랭크축, 강력 볼트, 기어 등에 사용한다.

∴ 이용 제품

⑤ **크롬-몰리브덴강**(Cr-Mo steel : SCM): 니켈-크롬강에서 니켈 대신 몰리브덴(Mo)을 적은 양 첨가로 뜨임 취성이 없고 용접성도 좋고 고온 가공성도 좋아 얇은 철판이나 파이프 제조에 많이 이용된다.

⑥ **망간강**(Mn steel): 망간은 탄소강에 자경성을 주며 많은 양을 첨가한 망간강은 공기 중에서 냉각하여도 쉽게 마르텐사이트나 오스테나이트 조직으로 된다.

저망간강(또는 듀코올강)과 고망간강(또는 하드필드강)이 있다.

표 구조용 합금강의 종류와 용도

분 류	강의 종류	용 도
구조용 합금강	-강인강(Ni강, Mn강, Ni-Cr강, Ni-Cr-Mo강, Cr-Mo강) -표면 경화용강 　• 침탄강(Ni강, Ni-Cr강, Cr-Mn-Mo강) 　• 질화강(Al-Cr강, Cr-Mo강, Al-Cr-Mo강)	크랭크 축, 기어, 볼트, 키, 축 등 기어축, 피스톤 핀, 스플라인축 등

∴ 링 기어(QS4119FO)

∴ 볼 스터드(SCM415)

(2) 표면 경화용강

① **침탄용 강**: 저탄소강 및 저탄소 특수강이 사용되며 침탄용강은 Ni, Cr, Mo을 함유하는 특수강을 사용한다.

② **질화용 강**: 질화법에 사용되는 표면경화용강으로 Al, Cr, Mo, W 등을 함유하는 특수강을 사용한다.

(3) 스프링강(SPS)

탄성한계, 항복점이 높은 Si-Mn강이 사용되며 반복응력에도 잘 견디어 주로 스프링을 만드는데 사용한다. 정밀, 고급품에는 Cr-V강이 소형 스프링 재료로 사용된다.

∴ 여러 종류의 스프링

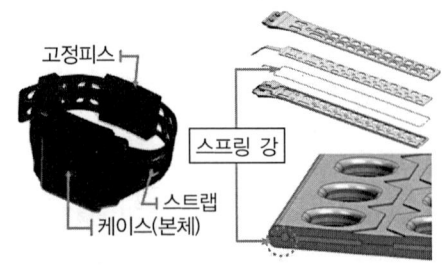

∴ 전자발찌에 사용된 스프링강

2 공구용 특수강

금속재료를 절삭하거나 소성가공 할 때 사용되는 바이트(Bite), 드릴(Drill), 줄(File), 커터(Cutter) 등을 **공구강**이라 하며 공구재료의 구비조건은 다음과 같다.

① 상온 및 고온경도가 클 것
② 내마모성과 강인성이 클 것
③ 가공이 용이하고 열처리에 의한 변형이 적을 것
④ 가격이 저렴할 것

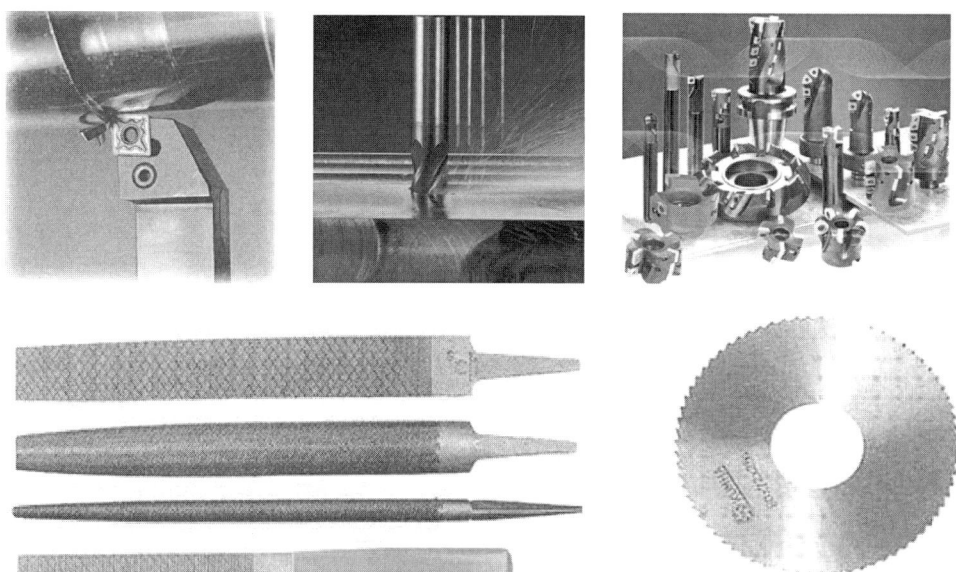

∙• 절삭공구에 의한 작업과 공구 종류

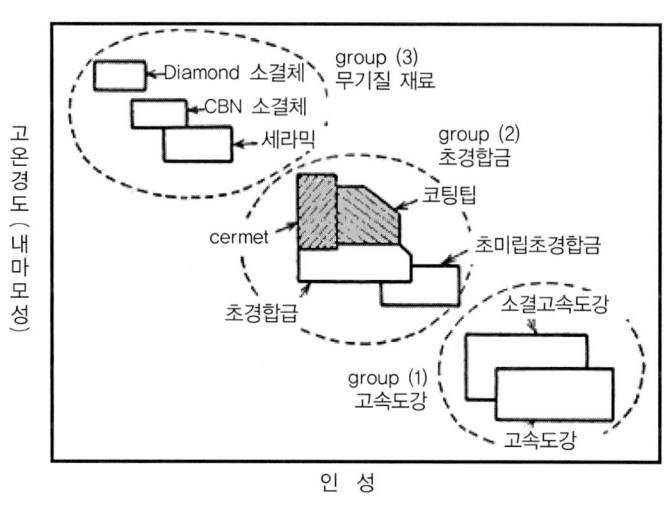

∙• 공구재료의 종류와 특성

(1) 합금공구강(STS)

탄소강은 높은 온도에서의 경도가 낮고 고속절삭과 강력 절삭공구 또는 단조, 주조 등에 부적당하다.

이와 같은 결점을 보완하기 위해 탄소공구강에 Cr, Ni, Mn, W, V, Mo 등을 첨가하여 만든 것을 **합금공구강**(Alloy Tool-Steel)이라 한다.

표 공구용 합금강의 종류와 용도

공구용 합금강	-합금공구강(W강, W-Cr강Cr-Mn강)	절삭공구, 프레스 금형, 정펀치 등
	-고속도공구강(W-Cr-V강, W-Cr-Co강)	고속절삭공구 등

① **절삭공구용 합금공구강(STS2, STS11)**
  - 탭, 드릴, 다이스 등의 절삭공구에 사용한다.

② **내충격용 합금공구강(STS4, STS41~44)**
  - 정, 펀치, 에어해머, 피스톤 등의 용도로 사용한다.

③ **냉간금형용 합금공구강(1%Mn-Cr강, 1%Mn-Cr-W강과 고C-고Cr강)**
  - 다이스강 : 내마모성이 뛰어나기 때문에 선뽑기용 다이스, 인발금형에 사용한다.

④ **열간금형용 합금공구강**
  - 단조형, 다이캐스팅용, 압출형 등 고온에서 사용되는 금형용 재료이다.

(2) 고속도강(SKH)

고속도강(High Speed Steel)은 절삭 공구강의 대표적인 강으로 **하이스**(HSS)라고도 한다. 사용온도가 500~600℃까지는 경도가 저하되지 않고 고속 절삭하여도 경도의 감소가 적은 것이 특징이다.

W계 고속도강은 표준형으로 가장 널리 사용되고 있으며 대표적인 것으로는 W(18%) - Cr(4%) - V(1%)와 W(14%) - Cr(4%) - V(1%)형이 있다.

(3) 초경합금

초경합금은 Wc, TiC, TaC 등의 금속탄화물을 결합제(Co)와 혼합한 후 프레스로 성형한 다음 소결하여 만든 합금으로 초경합금이라 한다.

초경합금은 Wc-Co과 Wc-TiC(TaC)-Co 계열의 2종류로 나누어진다.

 섬유노즐과 일반 노즐다이
 이형압출 및 인발다이스

(4) 세라믹스

세라믹스는 고순동의 알루미나(Al_2O_3)를 주성분으로 결합제를 사용하지 않고 소결시킨 공구로 제조방법은 알루미나를 1,700℃ 이상에서 소결 성형시키며 특성은 내열성이 가장 높고 고온경도 및 내마모성은 크나 비자성, 비전도체이며 충격저항이 매우 낮다.

용도는 고온절삭, 고속 정밀가공, 강자성 재료 가공용이다.

(5) 써멧

써멧은 Ceramics와 Metal의 복합어로서 Ceramics의 취성을 보완하기 위해서 개발된 내화물과 금속으로 된 복합체의 총칭이다. 알루미나(Al_2O_3) 분말에 철분을 20~30% 혼합한 것으로 강도면에서 초경합금보다는 낮으나 세라믹의 2배 정도 큰 편이다.

(6) 입방정 질화붕소(CBN)

CBN(Cubic Boron Nitride)은 결합제인 Metal과 Boron Nitride를 충분히 혼합하여, 1,500℃, 8GPa이상의 고온·고압하에서 소결하여 만든 것으로 다이아몬드와 같이 강성이 크고 경도는 일반 Carbide의 20~30배 정도이다.

3 특수용도 특수강

(1) 쾌삭강(SUM)

강철에 피절삭성 향상과 공수수명을 연장 및 가공능률을 향상시키기 위하여 황(S), 납(Pb), 인(P), 망간(Mn) 등의 원소를 첨가시킨 강을 **쾌삭강**이라 한다.

(2) 스프링강(spring steel : SPS 1~9)

탄성한도와 항복점이 높고 충격이나 반복응력에 대해 잘 견딜 수 있는 탄소강(0.5~1.0%C)이나 합금강으로 만들며 대부분 망간강(Mn), 규소-망간강(S-Mn), 규소-크롬강(Si-Cr),

크롬-바나듐강(Cr-V) 등의 특수강을 사용한다.

(3) 불변강

주위의 온도가 변화하여도 선팽창계수 및 탄성률 등의 특별한 성질이 변하지 않는 강을 불변강(Invariable Steel)이라 하며 다음과 같은 종류가 있다.

① **인바(invar)강**: 탄소함유량 0.2% 이하, 니켈(Ni) 35~36%, 망간(Mn) 0.4%가 함유된 철 합금이며 20℃이하에서 선팽창계수(1.2×10^6)가 탄소강의1/10밖에 안되므로 표준자, 줄자, 계측기 부품 등의 재료로 사용된다.

② **슈퍼 인바**(super invar-초인바)강: 니켈(Ni) 30.5~32.5% 코발트(Co) 4.0~6.0%가 함유된 철 합금으로 선팽창 계수가 인바의 1/12밖에 되지 않으므로 정밀계측기 부품으로 사용된다.

③ **엘린바**(elinvar): 온도변화에 따른 탄성률의 변화가 거의 없는 Ni(36%), Cr(12%)가 함유된 철 합금으로 고급시계, 정밀저울의 스프링 등에 사용된다.

④ **코엘린바**(Coelinvar): 엘린바에 코발트(Co) 26~58%가 함유된 철 합금으로 공기나 수중에서 부식되지 않는 특성을 가지고 있어 기상관측용 기구, 스프링, 태엽 등에 이용된다.

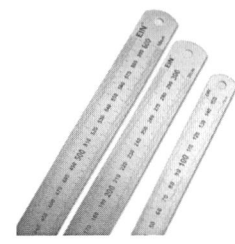

∵ 불변강의 사용

(4) 내열강(Heat Resisting Steel)

탄소강에 내열성을 증대시키기 위하여 첨가하는 대표적인 합금원소는 크롬(Cr)4% 이상이지만 Si, Al, Ni, W, Co 등의 원소를 첨가하여 내열성(350℃이상)과 고온강도를 부여한 합금강을 내열강이라 한다.

페라이트계, 오스테나이트계, 마르텐사이트계 내열강 등이 있다.

(5) 내식강

내식강은 금속의 부식을 방지하기 위해 합금원소를 첨가하여 부식이 어려운 조직으로 하거나 특수표면 처리를 하여 진행을 저지한다.

스테인리스강(내식성 가장 우수)은 합금원소 첨가에 의한 방법을 이용한 대표적인 것이다. 철에 크롬(Cr)을 첨가하면 결정격자 내에서 철 원자가 크롬원자에 의해 보호되고 있어 화학작용을 발생하지 않아 부식이 방지된다.

• 스테인리스강의 각종 모양 및 외관

표 　 스테인리스강의 3종 구분

구 분		기 본 조 직		
		Austenite계	Ferrite계	Martensite계
대 표 강 종		STS304	STS430	STS410
대 표 성 분		18%Cr-8%Ni	18%Cr	13%Cr
열 처 리		고용화 열처리	풀림	풀림 후 급냉
경 화 성		가공경화성	비Quenching 경화성	Quenching 경화성
주 용 도		건축물 내외장재 주방용기 화학플랜트 항공기용	건축재 자동차부품 가전용/식기류 주방기구기류	수공구, 칼 기계부품 병원용구 수술용구
품질특성	내식성	고	고	중
	강 도	고	중	고
	가공성	고	중	저
	자 성	비자성	상자성	상자성
	용접성	고	중	저

① **페라이트계열 스테인리스강(고 크롬계열)**: Cr 13%인 것과 Cr 18%인 것이 대표적이지만 최고 Cr 25%인 것도 제조되고 있다. 탄소함유량을 가능한 적게 하여 페라이트 조직으로 한 것으로 내식성이 크다. 탄소함유량이 많아지면 철(Fe), 크롬(Cr), 코발트(CO)의 복합 탄화물을 형성하여 내식성과 가공성이 낮아진다.

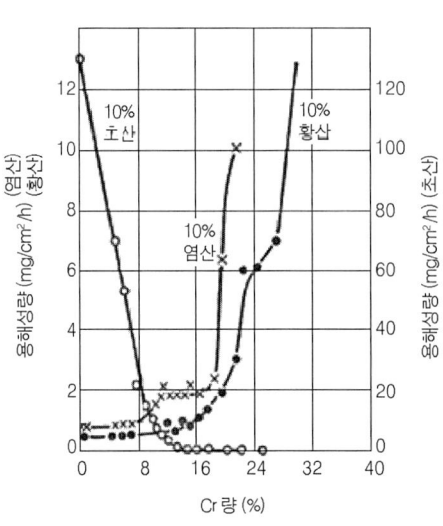

• Fe-Cr 합금의 내산성

② **오스테나이트계열 스테인리스강(고 크롬, 고 니켈계열)**: 고 크롬(Cr)계열 스테인리스강에 니켈(Ni)을 10% 정도 첨가한 것으로 Cr 18%, Ni8%인 것이 가장 대표적인 성분으로 18-8강(SUS304)이라고도 부른다.

(6) 기타 특수강

① **규소(Si)강** – 발전기 및 변압기 등에 쓰이는 철심의 재료로 사용된다.
② **자석강** – 각종 전기계기, 무선기기, 발전기 등 사용된다.
③ **비자성강** – 나침판 케이스, 발전기 커버 등에 자성체 금속 사용 시 맴돌이 전류 피하기 위하여 사용된다.

단원학습정리

문제 1 합금강(특수강)에 대하여 설명하시오.

문제 2 불변강의 종류와 각각의 사용용도에 대하여 설명하시오.

문제 3 스테인리스강(내식강) 중에서 대표적인 두 가지에 대하여 설명하시오.

제 06 장
금형용 재료

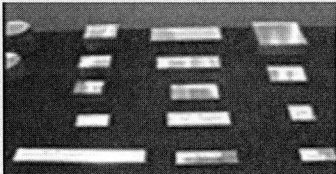
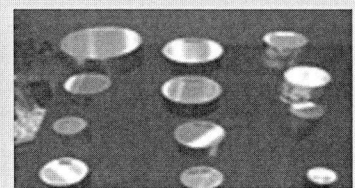

chapter 01 금형재료의 개요

금형은 일반적으로 크게 **다이**(Die)와 **몰드**(Mold/Mould)로 구별된다. 다이는 판재나 펀칭, 굽힘, 드로잉 등의 판재 성형이나 봉재(Billets) 형상의 소재를 프레스에 넣어 인발, 단조, 압출 등의 작업을 하는데 사용되는 형이다.

금형에 있어 가장 일반적으로 구분되는 분야는 **프레스 금형**(Press die)과 **플라스틱 금형**(Plastic mould)이며, 세부적으로 보면 더 많은 금형가공법이 존재한다. 따라서 금형재료의 선택은 제품의 구조, 사용원료, 사용수명, 생산량 등에 따라 적소 적절하게 선택하여야 한다.

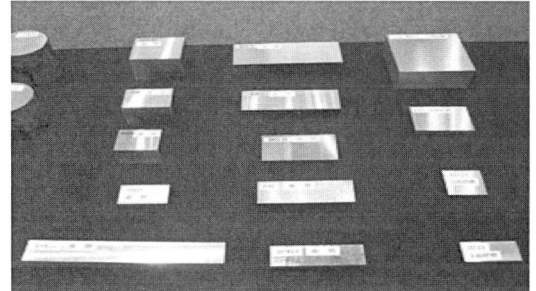

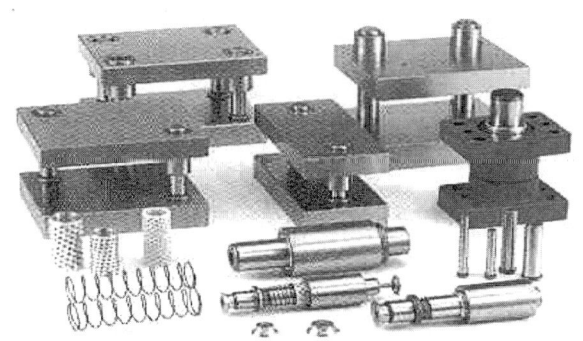

:: 금형설계와 분해된 금형

❖ 금형과 보관

1) 금형용강은 용도에 따라 열간 및 냉간용 공구강으로 대별한다.
2) 난삭재의 출원으로 고성능의공구강(고속도강, 합금공구강, 초경합금, 세라믹공구, 코팅공구강 등이 개발 되었다.
3) 금형으로서 그 성능을 충분히 발휘하기 위해서 금형재의 선정, 형 가공, 열처리, 표면처리가 중요하다.
4) 각종 금형 재료의 종류 및 특징을 알지 못하면 좋은 금형을 제작할 수 없다. 따라서 금형재료의 선택은 제품의 구조, 사용원료, 사용수명, 생산량 등 용도에 따른 금형의 분류는 아래와 같다.

표 금형용 재료의 분류

금형의 분류		성형재료	금형 재질
용도상	성형방법상		
플라스틱 금형	사출성형방법	열가소성 수지	합금강 알루미늄 합금주철 베릴륨강 등
	압축성형방법	열가소성 수지	
	이송성형방법	열가소성 수지	
	압출성형방법	열가소성 수지	
	블로성형방법	열가소성 수지	
	진공성형방법	열가소성 수지필름	
	압공성형방법	열가소성 수지필름	
	발포성형방법	열가소성 수지	
프레스 금형	전단가공 금형	금속판 비금속판	탄소공구강, 합금공구강 고속도강, 기계구조용강 회주철, 초경합금 아연합금, Ferro-TiC 등
	벤딩가공 금형		
	드로잉금형		
	성형가공 금형 압축가공 금형		
다이캐스팅 금형		아연합금, 알루미늄합금 주석, 납 등	내열강
단조 금형		금 속	합금공구강(금형강), 고속도강 등
분말야금 금형		금속 분말	합금공구강, 초경합금 등
주조 금형		금 속	합금강, 주철 등
고무금형		고무, 실리콘	합금강, 주철, 알루미늄 등
유리금형	압출성형 금형	유리	합금공구강 주철 등
	블로성형 금형		
요업 금형		요업분말	합금공구강, 초경합금 등

01 플라스틱 금형재료

1 재료의 종류와 성질

플라스틱 재료가 성형품이 될 때까지의 과정은 수지를 가열해서 유동상태일 때 닫혀진 금형의 공동부(코어와 캐비티 사이의 빈공간)에 가압·주입하여 냉각시켜 금형 공동부에 상당하는 성형품을 만드는 방법이다.

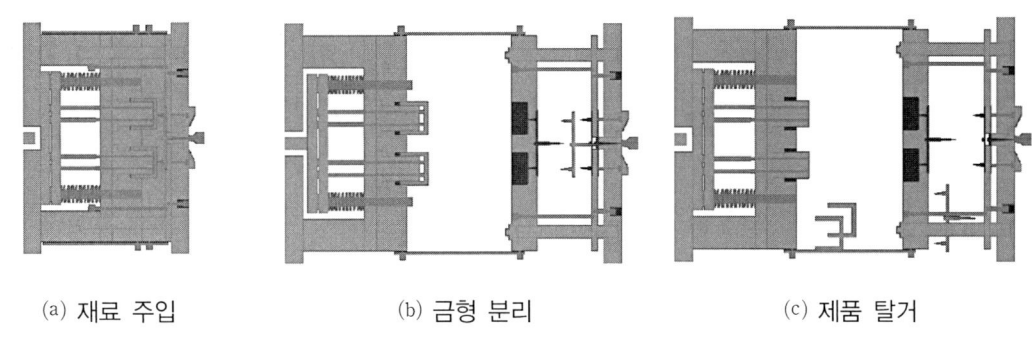

(a) 재료 주입   (b) 금형 분리   (c) 제품 탈거

• 플라스틱 금형의 제품생산과정

열가소성 수지와 열경화성 수지를 각종 제품으로 성형하는 플라스틱 성형에는 플라스틱 사출과 압출, 진공 압공 성형, 블로 성형, 발포 성형 등이 있다.

① **열가소성 수지**: 사출성형에 주로 사용되며 폴리스틸렌(PS), 폴리에틸렌(PE), 폴리프로필렌(PP)이 전체 사출성형용 수지의 약 70%를 차지하고 있다.

② **열경화성 수지**: 압축성형에 주로 사용되는 수지로 열과 압력을 가하면 화학적 변화를 하여 영구적인 형태로 굳어지는 수지로 페놀이 있다.

③ **사출성형**(Injection moulding): 열경화성의 모든 플라스틱에 적용되며 가열에 의해 녹은 플라스틱 재료를 금형으로 사출 경화시켜 성형품을 만드는 것.

④ **압출 성형**(Extrusion moulding): 실린더 속에서 가열 유동시켜 플라스틱을 다이(die)를 통해 연속적으로 성형하는 것

⑤ **블로 성형**(Blow moulding): 연화한 수지 튜브 내에 압축공기를 불어넣어 금형의 안쪽에서 팽창시켜 각종 플라스틱 용기를 성형하는 것.

플라스틱 금형 재료로서 요구되는 성질은 다음과 같다.

1) 기계가공성이 우수할 것

일반적으로 강제는 경도가 높을수록 가공성이 나빠지고 가공면이 깨끗하게 다듬어지지 않는다. 따라서 절삭 및 연삭 시 가공성이 좋고 깨끗하게 다듬질 할 수 있어야 한다. 때문에 이 양쪽의 결점을 조화시켜 단단하고 알맞은 기계가공성을 갖게 한 프리하든강

(Prehardening) 등이 사용된다.

2) 충분한 강도와 인성, 내마모성이 클 것

제품 성형 시 압축응력을 받고 캐비티 내부에는 인장응력을 항상 반복해서 받으며, 정밀도를 높이기 위하여 고압으로 사출성형을 하는 경우가 많고 또 유리나 금속분말, 또는 무기질을 다량 함유한 성형재료가 많으므로 정밀도와 금형수명 향상을 위해 이들의 성능은 매우 중요시 된다.

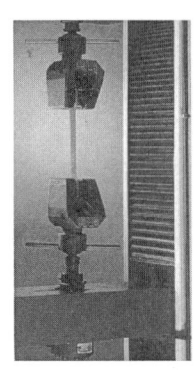

∙ SKD61 - 휴대폰(HRC50~)/가공시간 10hr 20min ∙ 기계적 성질(인장시험)

3) 열처리가 용이하고 변형이 적을 것

금형의 수명은 열처리에 크게 좌우된다. 경도와 인성을 부여하기 위해서 담금질, 뜨임을 하는 경우가 많고 열처리에 의해 필요한 경도와 중심부까지 균일하게 경화가 분포되는 것을 요구한다. 특히 균열이나 변형은 열처리할 때 변형이 되지 말아야 한다.

4) 열전도성이 양호할 것

금형의 부위별 온도가 불균일하고 온도 편차가 심하면 제품 성형 시 치수의 변화와 변형이 발생되어 정밀도를 유지할 수 없다. 따라서 금형의 온도 조절이 절대적으로 필요하다.

5) 내식성과 경면성이 양호할 것

염화비닐, ABS 수지, 발포 수지 및 기타 난연성 수지 등은 성형 과정에서 Cl이나 HCl 등 부식성 가스를 발생한다. 따라서 내식성이 나쁜 재질을 금형 재료로 사용하면 생산에 막대한 지장을 초래한다. 크롬 함유량이 큰 STD61, STD11을 사용하고 내식성이 크게 요구될 때는 스테인리스강이 사용된다.

6) 내열성 및 열팽창계수가 적을 것

폴리카보네이트(PC) 등 성형밀도가 높은 성형재료가 많이 요구되므로 온도를 높여서 성형해도 슬라이드부 등의 긁힘이 발생하지 않도록 팽창성이 적은 강재가 사용된다.

이상과 같은 요구 특성들에 따라 여러 가지 금형 강종이 있으며, 그림은 이들 플라스틱 금형 재료의 종류별 특성 비교를 나타낸 것이다.

구 분		사용경도 (HRC)	피삭성	내마모성	내식성	경면성	인성	비고
강 종	규 격							
압연 강재	S45C계	30(HS)	상	하	하	하	상	상-양호 중-보통 하-보통 이하
	SCM440계	25~35	상	중	중	중	상	
프리하든강	S45C계	30(HS)	상	하	하	하	상	
	SCM440계	25~35	상	중	중	중	상	
	STF계	36~45	중	중	중	중	상	
	STD61계	36~45	중	중	중	중	상	
	석출 경화계	36~45	중	중	중	중	하	
담금질 뜨임강	STD11	46~55	중	상	중	상	중	
	STD61	56~62	중	상	중	상	상	
석출경화강	마레이징강	45~55	중	상	중	상	상	
내식강 (SUS계)	SUS402J2	55~58	상					
	SUS420J2			상		상		
	SUS630				상			
비자성강								

플라스틱 금형 재료의 종류별 특성 비교

(1) 일반 압연 강재

일반 압연 강재에는 SM45C~55C와 SCM440계열의 강종이 있다. 이 강종은 경도가 낮으며 가공성이 좋고 가공 시 변형이 적으며, 인성이 좋으나 내마모성, 내식성, 경면성이 좋지 않은 특성이 있다.

① SM45C(기계구조용 탄소강)

탄소함유량이 0.45%인 중탄소강으로 별도의 합금첨가 없이 탄소량만으로 강도를 조절하여 사용하는 강재이다.

기계구조용 탄소강의 기계적 성질

구 분	항복강도	인장강도	연신율	경도(HB)
SM20C	250이상	410이상	28이상	116 ~ 174
SM45C	350이상	580이상	20이상	167 ~ 229

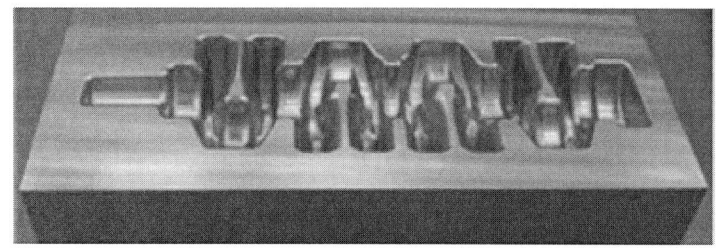

∴ SM45C - 크랭크샤프트(HRC30~)

② SCM440(기계구조용 합금강)

탄소강보다 물성을 올리기 위해 크롬(Cr)과 몰리브덴(Mo)을 소량 첨가한 금속으로 뒤의 440의 40은 탄소함유량(C)이 0.4%(C 0.13~0.43)를 의미하며, 이 강종은 침탄처리해서 표면강도는 높이고 탄소함유량이 적은 중심부는 연성이 좋은 특징을 갖도록 하여 축류, 기어류, 연결 로드 등 사용한다.

표 기계구조용 합금강의 기계적 성질

구 분	항복강도	인장강도	연신율	단면수축률	충격치	경도(HB)
SCM415	70이상	85이상	16이상	40이상	7이상	235~312
SCM440	85이상	100이상	12이상	45이상	6이상	285~341
SCM445	90이상	105이상	12이상	40이상	4이상	302~363

- **SCM 강종의 용도**
  - SCM415 : 기어류, 축류
  - SCM435 : 강력볼트, 축, 암(Arm)류
  - SCM440 : 캠축, 기어, 볼트/너트, 크랭크 축, 고장력 볼트, 연결로드, 치차, 축류, 암류 등
  - SCM445 : 대형축류 등으로 사용

(2) 프리하든강(Pre-hardening)

자경성이 있는 강재를 말하며 강중에 높은 크롬(Cr)이 함유되어 있으면 그 크롬이 복합탄화물을 만들어 열처리를 하지 않아도 스스로 경화되어 높은 경도를 얻을 수 있는 강재를 말하며, 플라스틱 성형용 프리하든강에는 SM45C~55C계, SCM440계, STD61계 및 석출경화계가 있다. 일반적으로 플라스틱 금형의 용접 보수는 금형의 표면을 깨끗이 한 후 200~400℃로 예열, 용접한다. 또한 용접을 한 후에 반드시 350~550℃로 가열하여 응력을 풀어주는 것이 필요하다.

표 프리하든강의 종류 및 특징

구 분	특 징	용 도
STF4	SFT4강은 모든 종류의 열간금형 제작에 사용되고 있는 Ni-Cr-Mo합금강으로서 높은 충격에 잘 견디며, 열처리 시 치수 수축변형이 비교적 적다	각종 열간 다이스, 단조용 형다이 블록, 각종 프레스용 햄머, 압출공구
STD61	열충격 및 열피로에 강하므로 열간 프레스형, 각종 다이스, 다이블록 제조에 쓰인다. 내마모성과 내열성을 이용하여 열간가공용 공구로서 광범위하게 사용되고 있다.	다이캐스팅 금형, 슬라이드 코아, 각종 금형과 다이블록, 각종 판재 맨드렐(Mandrel)등 사용

① HP1, HP4, HP4M 일반 금형용강으로서 플라스틱 사출금형으로 사용되며, 특징은 아래와 같다.
  ㉮ 공통점은 가공성이 양호하며 기계 가공시간이 크게 단축된다.
  ㉯ 적절한 열처리로 내부 잔류응력이 제거되어 금형 가공 시 변형의 발생 우려가 극히 적다.
  ㉰ 소입성이 커서 소재 내외부의 경도가 균일하다.
  ㉱ 경도가 높고 내마모성이 우수하다.

∴ HP4M – PET병(HRC30~)

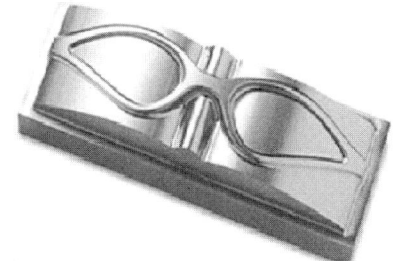
∴ HP4M – 수경(HRC30~)

② NAK80 금형용 특수강의 특징

NAK55의 경면 연마성, 방전, 가공면, 인성 등의 개선재로서 추가적인 특징은
  ㉮ 경면 연마성이 우수하다.
  ㉯ 방전 가공면이 치밀하고 미려하다.
  ㉰ 투명, 광택제품, 정밀 금형 등에 사용한다.
  ㉱ 용접성이 우수하고 열처리가 필요 없다.

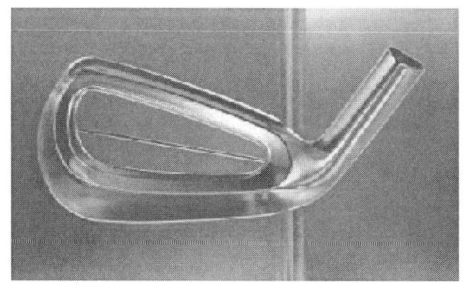
∴ NAK80 – 골프채(HRC40~)

∴ NAK80 – PET병 바닥(HRC40~)

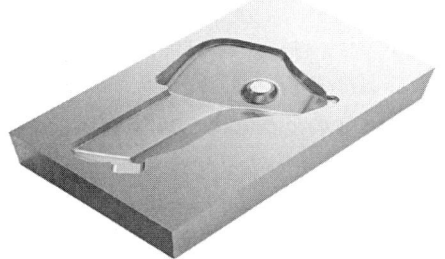
∴ 가공 및 경면 연마성 우수

(3) 담금질 뜨임강

담금질 뜨임강에는 STD11(SKD11/냉간 금형강)계와 STD61(SKD61/열간금형강)계가 있다. STD11계는 냉간금형용강의 고탄소 고크롬강으로 내마모성이 뛰어나고 인성, 경면성 등 가공성도 좋으나, 열처리시의 변형, 내식성, 용접성 등은 보통이다. 프레스 금형 및 커터 등에 사용하며 경도는 HRC 46~55 수준으로 온도가 없는(80℃ 이하)에 주로 사용된다.

표 STD11의 화학성분

구분	C	Si	Mn	P	S	Cr	Mo
STD11	0.95 ~1.10	0.15 ~0.35	0.50이하	0.025이하	0.025 이하	1.30~1.60	0.080이하

STD61계는 열간 금형강으로 고온에서도 내마모성과 인성이 뛰어나며 단조용 프레스, 다이제작용 등에 사용하며 경도는 HRC 56~62 수준으로 온도가 필요한(80℃ 이상)의 금형에 주로 사용된다.

STD11과 STD61의 차이는 화학성분이 다른 열간과 냉간의 차이이다.

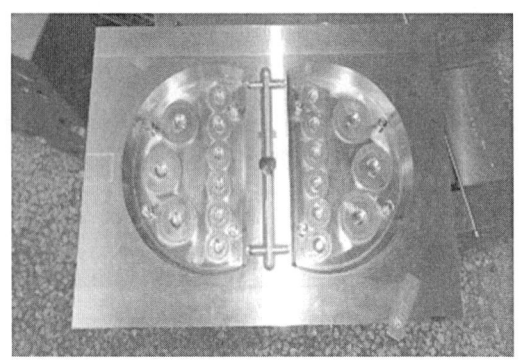

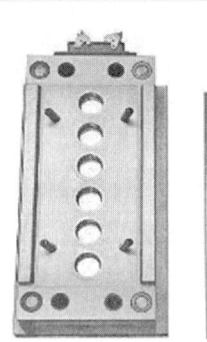
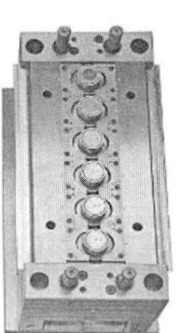

∴ STD61로 제작된 금형

표 STD16의 화학성분

구분	C	Si	Mn	P	S	Cr	Mo	V
STD61	0.32 ~0.42	0.80 ~1.20	<0.50	<0.030	<0.030	4.5~5.5	1~1.5	0.8~1.2

(4) 석출 경화강(Precipitation hardening)

플라스틱 성형용 석출 경화강으로는 마레이징강(Maraging steel)이 쓰인다.

금속의 전성을 잃지 않고 금속의 강도와 인성을 더 우수하게 만든 철 합금으로서 마레이징 이란 경화열처리를 의미한다.

초강력강의 하나인 마레이징강은 일반적인 탄소강이나 특수강과는 달리 탄소 성분을 거의 함유하지 않으며, 따라서 480℃ 정도의 온도로 가열하여 금속간 화합물들을 석출시켜서 강화하는 기구를 가지고 있다.

마레이징강은 18Ni-8Co-5Mo(18%Ni), 20Ni-1.5Ti-0.45 나이오븀강(20% -Ni), 25Ni-1.5Ti-0.45 나이오븀강(25%Ni)의 세 종류가 있으며 이 중에서 대표적인 18%Ni의 마레이징강은 C0.03%의 저탄소강·고니켈강이며, 풀림·서랭함으로써 마르텐사이트 (martensite)로 변한다.

열간가공용 다이(die), 제트기관 부품 등에 사용된다.

표 마레이징의 효과

상태	항 복 점	인장강도	단면수축
풀 림	67	98	48
마레이징	188	193	58

마레이징강의 특성은 일반강에 비해 인성이 뛰어나다는 것으로, 특히 C와 S의 함유량이 적을수록 인성이 우수하다. 마레이징강은 400℃까지 실용 특성을 나타내며 내식성은 열처리강(일반 탄소강, 특수강)보다 우수한 편이다.

(5) 내식강

플라스틱 원재료 중 염화비닐 수지 등은 성형 중 염산이나 염화 가스를 다량 발생시킨다. 이와 같은 가스들은 부식성이 강하여 고온에서 반복 작업 중 금형을 심하게 침식한다.

프리하든 스테인리스강에는 SUS402J2, SUS420J2, SUS630 등이 있다.

① SUS402J2는 가공성이 양호하다.

② SUS420J2는 마텐자이트계로 경면성이 탁월하며 내마모성도 좋아 외과용 의료도구, 수공구, Cutter류 등에 사용된다.

③ SUS630은 석출경화계로 내식성이 가장 탁월하다.

열처리용 스테인리스강에는 SUS420J2 개량형의 내식성 초경면 금형 재료가 있다. 이 강종은 인장강도 55kgf/mm², 연신율 18이며, 담금질과 뜨임으로 HRC55~58(HRB90) 정도의 경도 값을 나타내며 내마모성과 내구성도 우수하다.

(6) 비자성강

플라스틱 성형용 금형 재료로서 비자성강은 플라스틱 자석 생산용 금형에 쓰인다.

(7) 플라스틱 성형용 비철금속 금형 재료

블로 성형은 사출 성형에 비해 성형 시 수지의 온도와 성형 압력이 낮다.

블로 성형 시 압력은 약 5~10kg/cm²이며, 사출성형의 1/100~1/200 정도 수준으로 금형에 걸리는 응력이 작아 시작용 금형에는 목재, 석고, 수지 등이 사용된다.

∴ Chemi WOOD - 신발

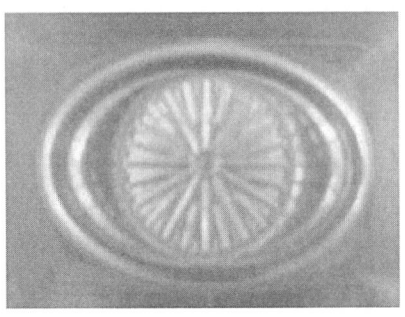
∴ C3771(단조용 황동) - 눈

비철금속 재료인 알루미늄 합금, 아연 합금 및 주철 등은 블로 성형에서 양산용 금형 재료로 널리 쓰이고 있다.

※ Al/Si(Mg/Ni)계 합금(주조용)에는 AC3A, AC4A, AC4C, AC4CH 등

※ A2024-T4 : 두랄루민, A2014-T6 : 초두랄루민

표 블로(blow) 성형용 금형재료의 특성

재료	기호	물성 강도 경도	내구성	내식성	열전도율	경도	비고
알루미늄 합금주물	AC4C-T6	하 중	중	하	상	상	상-양호 중-보통 하-보통이하
알루미늄 합금 (고장력)	A2014-T6	상 하	중	하	상	상	
	A7075-T6 (A7079-T6)	상 하	중	하	상	상	
형용 아연 합금	아연 합금 제3종	하 하	하	상	하	중	
스테인리스강	SUS303 SUS304 SUS420	상 상	상	상	중	중	
탄소강	SM45C SM50C SM55C	상 상	상	상	중	중	
주철	FC20 FC30	중 상	하	하	중	중	

∴ Al 6061 T6 - 인형

알루미늄 합금은 강재에 비해 열전도율이 2배 이상 양호하므로 금형의 열교환이 빨라 사이클 타임이 줄어든다. 알루미늄 합금은 가볍고 수지의 분해 생성 가스, 이형재, 가황재 등에 대한 저항력이 크며, 강재에 비해 절삭성이 탁월하므로 금형의 생산비를 절감할 수 있는 좋은 재료이다. 그러나 가공 시 변형과 용접에 의한 강도 저하 및 변형이 큰 단점도 있다.

이와 같은 특성들에 의해 알루미늄 합금은 블로 성형용 금형의 캐비티 부에 사용하는 경우가 많고 보통 100만 쇼트 정도의 내구 수명을 가진다.

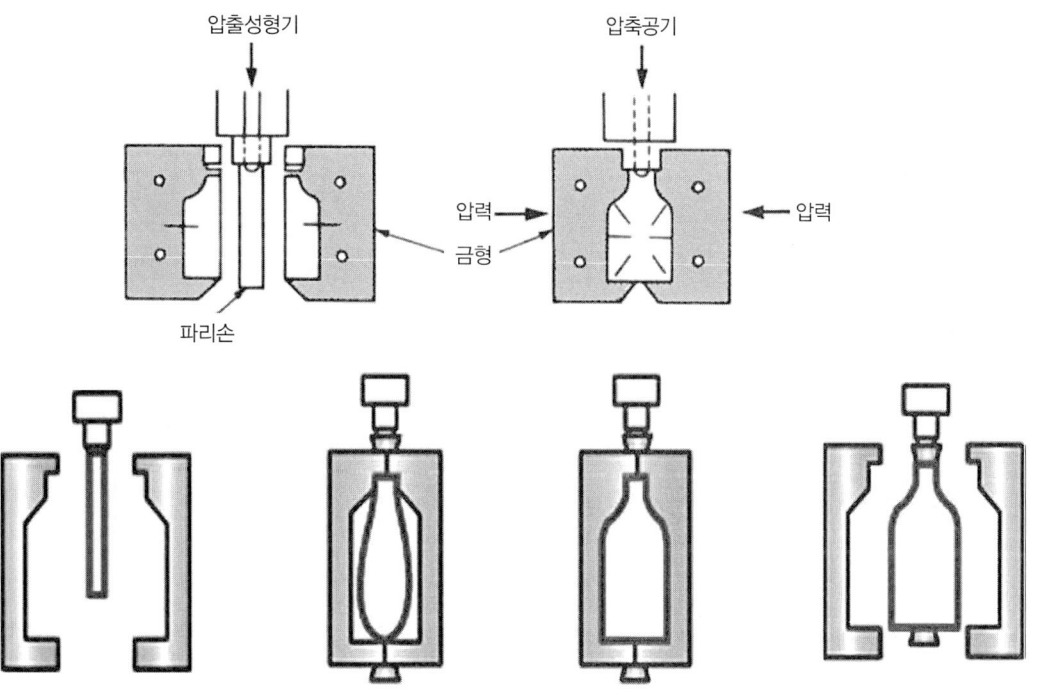

∴ 블로 성형(원리)

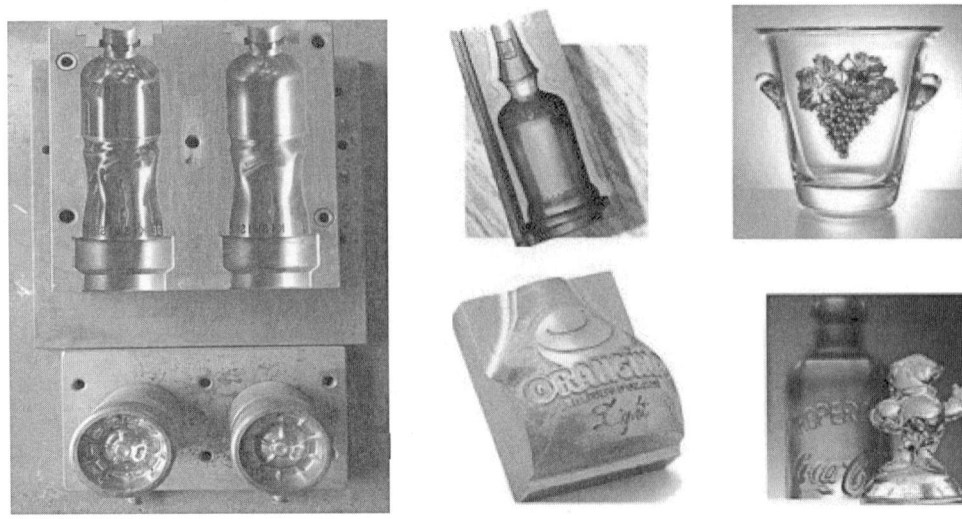

:· 플라스틱 병 블로우 금형과 성형제품

② 재료의 선정기준

플라스틱 금형재료의 선택은 성형품의 외관, 치수 정밀도, 사용 수지의 종류와 화학적 특성, 금형에 요구되는 생산량 등을 고려하여 금형 재료가 지닌 품질특성에 맞는 적정한 재료를 선택해야 한다. 이들 품질특성에는 절삭성, 내마모성, 내식성, 경면성, 인성, 가공성, 용접성, 열처리시의 변형 등이 있다.

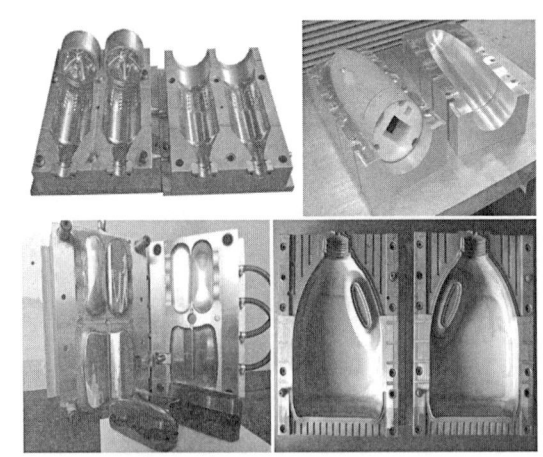

:· 사출금형(항공기 기내용 컵)과 사출금형

(1) 금형 수명을 고려한 재질선정

금형의 수명에 영향을 주는 요소로는 금형 재료 자체의 경도와 마이크로 조직 및 사용 수지의 종류와 치수 정밀도, 외관 품질 수준 등이 있다.

금형 재료의 내마모성은 경도가 높을수록 커지며, 동일 경도에서는 탄화물의 양이 많고 입자가 미세하게 분산되어 있을수록 크다.

이와 같은 점들을 고려할 때 범용 양산용으로는 프리하든강이 좋고 대량 생산용 및 초경면용으로는 담금질 뜨임강이 좋다.

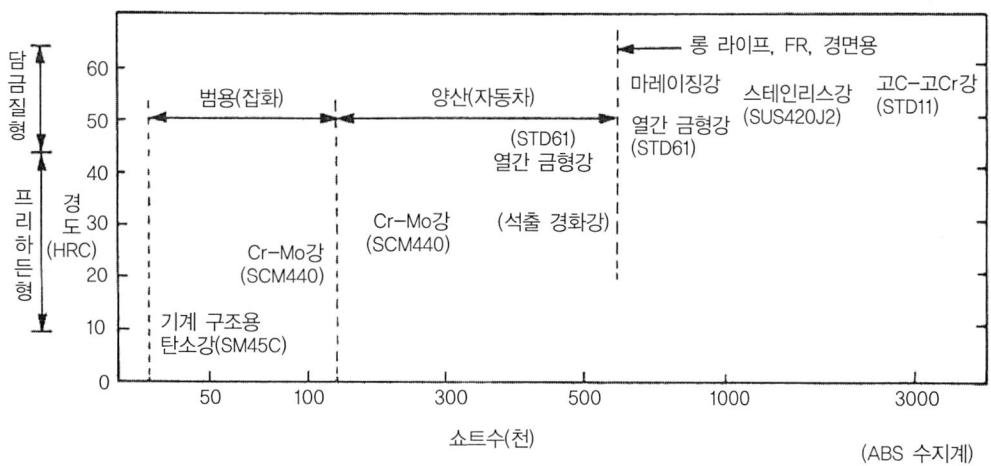

◈ 금형 수명에 따른 재질 선정 기준 예

(2) 수지의 종류에 따른 재질

수지의 종류와 특성, 제품의 품질을 고려한 대표적인 재질 선정의 기준은 다음과 같다.

① **SCM계** : 가전제품, TV, 캐비닛 등
② **석출경화계 프리하든강(NAK55)** : 현재 사용하지 않음
③ **SM45C, SCM계** : 자동차 범퍼, 콘솔 박스
④ **SUS계 내식강** : 콤팩트 디스크, 레이저 디스크, 렌즈
⑤ **강화 수지, 열경화성 수지** : STD11계 담금질 뜨임강, 석출경화계 프리하든강, 표면경화 처리강
⑥ **비자성강** : 플라스틱 자석

표 수지 종류에 따른 재질 선정 예

수지 구분		용도			금형 재료의 요구 특성	재질
		대표적인 수지	수지 특성	대표 제품		
열가소성수지	일반 수지	폴리프로필렌, ABS	내 충격성	범퍼, 라디에이터, 그릴, 콘솔박스, OA기기	주름 가공성	SM45C, SCM440(프리하든강), SNCM계(프리하든강)
		폴리스티렌, 아크릴, ABS	의장성	VTR, 테이프 리커더, 라디오, 카세트 케이스, 청소기, 조명 기구, 잡화, 화장품 용기	주름 다듬성, 경면 다듬성	석출 경화계 프리하든강
		나일론, 폴리아세탈	내 마모성	엔지니어링 플라스틱 (엔플라) 제품(기어, 기타)	내마모성	STF4, STD61, 석출 경화계 프리하든강, STD11
		폴리카보네이트, 아크릴	투명도 높음	안경, 렌즈, 스테레오, 더스트 커버	경면 다듬성	석출 경화계 프리하든강, SUS420 J2
		아크릴, 폴리카보네이트	광학적 특성	콤팩트 디스크, 광디스크	경면 다듬성	마레이징강, SUS420 J2
		염화비닐	경제성	전화기, 빗물 홈통, 파이프	경면 다듬성, 내식성	SUS402, 420, 630
	난연성 수지	폴리스티렌, ABS	난연성	텔레비전 캐비닛, 헤어 드라이어, 가전부품	내식성	SUS402, 420, 630
	강화 수지 (유리섬유, 기타)	ABS, 나일론, 폴리카보네이트	강성	카메라 보디, 계산기 키보드, 엔지니어링 플라스틱 제품 (기어, 기타)	내마모성 (내식성)	STD11, STD61, STF4, 석출 경화강, 담금질강
	연화비닐	나일론	성형성	프린터, 트리거, 플로피, 센서	비자성, 내마모성	비자성강
열경화성수지	일반 수지	페놀, 멜라민	내열성	재떨이, 식기, 잡화	내마모성	STF4, STD61, 석출 경확계 프리하든강
	난연성 수지	페놀, 폴리에스테르	내열성, 난연성	마이크로 전스위치, 커넥터	내마모성, 내식성	STD11, SUS402, 420, 630
	강화 수지 (유리섬유, 기타)	에폭시, 폴리에스테르	전기 절연성	IC, 트랜지스터, 엔지니어링 플라스틱 제품(기어, 기타)	내마모성 (내식성)	STD11, SUS420, 630

(3) 경면성을 고려한 재질 선정

금형 재료의 경면 다듬성은 경도의 크기, 조직의 균일성, 탄화물의 크기와 분포, 비금속 개재물의 종류와 양 등의 영향을 받으며, NAK 55는 피삭성을 NAK80은 경면성을 중요시한 강종이다.

따라서 투명한 외관 제품, 콤팩트 디스크나 레이저 디스크 등 초고경면 제품을 성형하는 금형은 경면성이 탁월한 재질을 선정해야 한다.

일반적으로 경면 사상은 No. 1,000~5,000 정도이지만 콤팩트 디스크나 렌즈 등은 경면도 (No) 12,000 이상을 요한다.

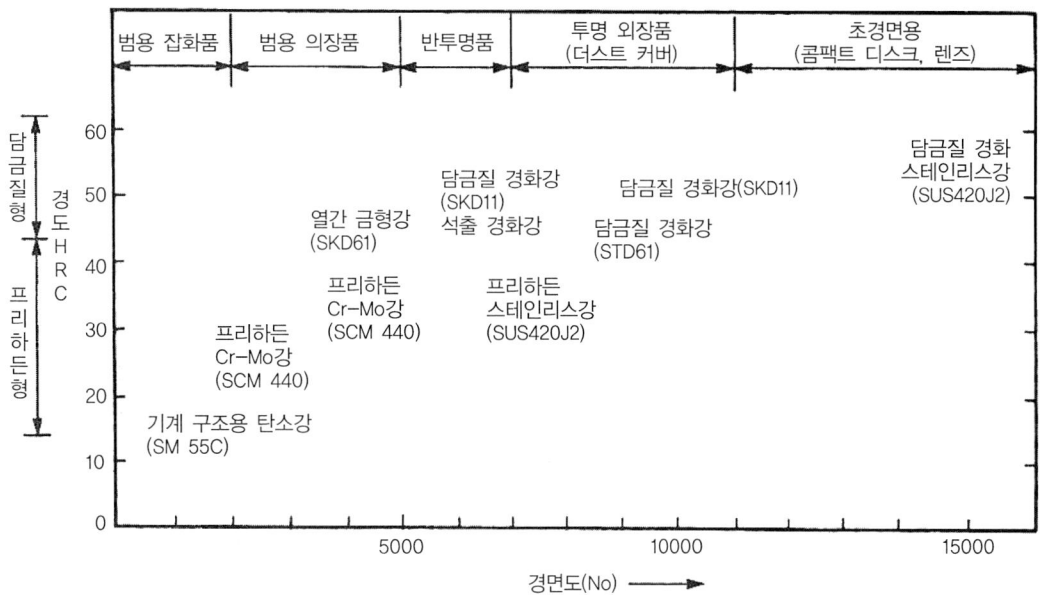

∴ 경면성에 따른 재질 선정 기준 예

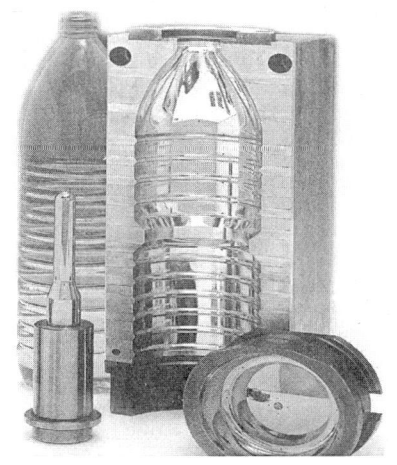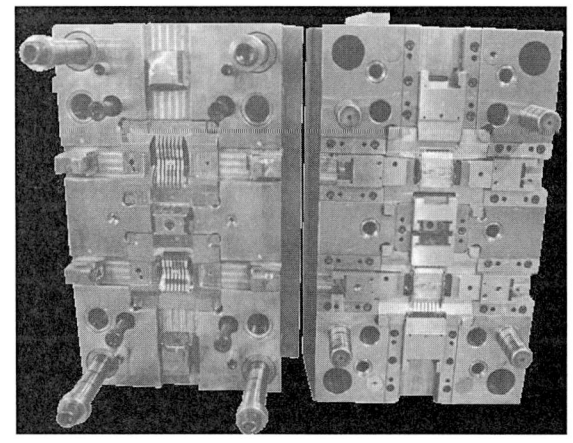

∴ Pet병 금형과 대형 플라스틱 사출금형

(4) 플라스틱 금형 비철재료의 선정 기준

플라스틱 성형용 금형 재료에서 비철 재료의 종류별 기계적 성질값은 아래와 같다.

표 플라스틱 금형용 비철 재료의 종류와 기계적 성질

특성 \ 재질	아연합금		알루미늄 합금	구리 합금		니켈
	3종 합금 (ZAS)	ZAPREC	Al7075	베릴륨 동	석출 경화강	니켈 전주
비 중	6.7	6.5	2.8	8.09	8.7	-
용점 (℃)	392 → 377	380 → 377	-	930	-	-
열팽창 계수 ($\times 10^{-6}$/℃)	29.2	28.7	23.6	17	17	-
열전도율 (cal/cm·s·℃)	0.2	0.2	0.31	0.20~0.30	0.31	-
인장강도 (kg/mm^2)	24	30	45~55	120~130	70~90	35~91
0.2% 내력 (kg·m/cm^2)	-	-	36~50	110~120	-	-
충격값(kg/cm^2)	5.5(60℃)	6(60℃)	-	-	-	-
경도(HRC)	62(HRB)	65(HRB)	82(HRB)	45~45	18~24	12~52
용 도	시작용	소량 생산용	블로성형 캐비티	주조 합금	-	니켈 전주품

1) 아연 합금

금형에 사용되는 아연합금은 아연에 Al, Cu, Mg 등을 적당량 첨가한 저용점(380℃)금속으로 모래주형, 석고형, 세라믹주형 등에 의해 쉽게 주조되며, 열전도성과 가공성, 용접성 등도 우수하고 원형 모델에서 다수의 금형을 쉽게 생산할 수 있다.

아연 합금의 적용은 시작품용으로 제3종 아연합금(통칭 ZAS)을 사용하고 소량 및 중량 생산용으로는 경도가 좀 더 높은 합금을 사용한다.

2) 알루미늄 합금

알루미늄 합금은 피삭성이 뛰어나고 방전 가공성도 우수하며, 제품 성형 사이클 타임을 줄일 수 있어 생산성을 높일 수 있으므로 블로 성형, 고무 성형, 진공성형용 재료로 많이 사용된다.

알루미늄 합금은 주로 7075계를 T6 열처리하여 캐비티 재료로 사용한다.

・ 아연합금 다이캐스팅 금형(좌)과 알루미늄 금형(우)

표 금형용 알루미늄합금의 특성

재료 상품명		인장강도 kg/mm²	내력 kg/mm²	연신율 %	경도 HV	탄성계수 kg/mm²	선팽창계수 X10⁻⁶	열전도도 CGS	비중	적용 예
7075	T651	57	50	12	155	7,300	23.2	0.31	2.80	사출성형용
	T652	52	43	10	141	7,300	23.2	0.31	2.80	
5052 H112		20	10	27	63	7,200	23.8	0.33	2.68	발포성형용
S55C		65	40	15	15	21,000	11.7	0.14	7.90	일반사출용

3) 구리 합금

플라스틱의 정밀한 모양의 성형에 베릴륨 동(구리)을 많이 사용하며 매우 섬세한 표면 정밀도와 섬세한 성형성으로 나뭇결과 같은 무늬도 전사해 낼 수 있고, 다른 금형재료에 비해 열전도성이 탁월하며 생산성을 높일 수 있다. 열전도성은 플라스틱 금형이나 단조금형에 효과가 높은 특성을 갖는다.

(5) 기타 플라스틱 금형 재료

기타 플라스틱 금형 재료로는 콜드 호빙용 재료가 있다.

(6) 플라스틱용 금형강의 열처리

플라스틱 금형강의 종류별 열처리는 아래 그림과 같으며 필요에 따라 표면 경화처리를 실시한다.

| 표 | 플라스틱 금형강의 열처리 |

분류	사용 시 경도(HRC)	KS	주성분	열처리
프리 하든강	13	SM45C계	C 0.55%–Mn	불필요
	28	SCM계	C 0.45%–Mn–Cr 1.1%–Mo 0.25%	
	33		AISI P20개선	
	33	STS계	고내식용 스테인리스계	
			Cr 13%계 스테인리스강	
			Cr 13%계 스테인리스강	
	40	STD61계	C 0.37%–Cr 5.3%–Mo 1.3%–V–S	
	40	석출 경화계	C0.15%–Ni 3%–Mo–Cu–Al	
석출 경화강	52	마레이징강	Ni 18%–Mo 5%–Co–Ti–Al	시효 경화 처리
담금질 뜨임강	46~55	STD61계	C 0.39%–Cr 5%–Mo 1.2%–V	담금질 뜨임
	57~62	STD11계	SKD11의 경면, 인성 개선	담금질 뜨임
			SKD11 고온 뜨임 경도 개선	
	52~60	STS계	Cr 13%계 스테인리스강	담금질 뜨임

1) 프리하든강

프리하든강(Preharden steel)은 Maker에서 불림, 담금질 뜨임, 석출 경화 열처리, 풀림 등의 열처리를 실시하여 조직이 균일화된 상태로 공급된다.

따라서 금형 제작 후 열처리를 실시하지 않으나 내마모성 등을 개선하기 위해 표면경화 처리를 실시하는 경우가 있다.

2) 석출 경화강

석출 경화강으로 가장 많이 사용되는 마레이징강은 고용화 처리 상태로 공급되며, HRC 28~32 정도이다. 이 강종은 금형 가공 후 약 480℃에서 3~4시간 시효 처리하면 경도가 HRC 45~55로 상승된다. 열처리 온도가 낮기 때문에 담금질 뜨임강보다 변형이 현저히 적다.

3) 담금질 뜨임강

담금질 뜨임강 열처리 표준은 그림과 같이 실시한다.

금형은 가열시 변형과 균열을 방지하기 위하여 2단계 예열을 거쳐 오스테나이트 온도로 승온시킨다. 승온이 완료된 후 유지 시간은 금형의 두께 25mm당 20~30분을 유지한다. 오스테나이트 온도가 너무 높으면 담금질 후 잔류 오스테나이트 양이 많아지고 결정 입자가 조대화하여 인성이 저하한다.

또한 냉각 시 부위별 온도 편차에 따라 변형되며 수냉이나 유냉, 담금질강보다 공랭 담금질강이 변형이 작다.

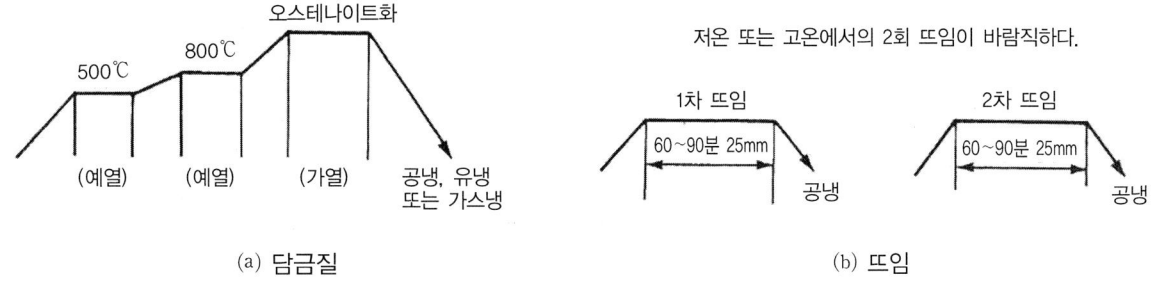

(a) 담금질 (b) 뜨임

담금질 뜨임강의 열처리곡선

뜨임은 저온 뜨임과 고온 뜨임으로 구분하여 실시한다. 내마모성을 중요시할 경우에는 저온 뜨임을 실시하고, 금형을 고온에서 사용하므로 조직 중 잔류 오스테나이트가 분해하여 조직이 경년 변화되는 현상을 방지하고자 하는 경우와 잔류 응력 제거를 목적으로 하는 경우에는 450℃ 이상에서 고온 뜨임을 실시한다. 뜨임은 응력 제거 및 인성의 부여를 충분하게 하기 위해 2회 이상 실시한다.

그림은 대표적인 담금질 뜨임강의 열처리 조건을 나타낸 것이다.

표 담금질 뜨임강의 열처리 조건

재질	요구 특성	열처리 조건		경도(HRC)
		담금질	뜨임	
STD11계	내마모성 중요	1020~1030	180~200	60~61
	경년 변화 중요		500~550	55~57
STS420J2계	내식성 중요	1025~1070	200~450	52~56
	내마모성 중요	1050~1070	490~510	56~58
STD11계	일반	1000~1050	520~540	61~63
STD61계	일반	1000~1050	520~650	55~58

플라스틱 금형에서는 제품의 정밀도가 중요하므로 열처리 시 변형이나 치수 변화에 특히 주의해야 하며, 치수 변화가 가장 적은 조건으로 관리하는 것이 바람직하다. 열처리 시 변형을 적게 하려면 우선 치수 변화가 적은 강재를 선택하고, 열처리 전에 가공 응력과 내부응력을 충분히 제거해 줄 필요가 있다. 이는 냉각 시 균일 냉각, 담금질 프레스의 사용, 마르템퍼링 기법 등의 활용으로 가능하다.

그림은 대표적인 담금질 뜨임강의 뜨임 온도에 따른 치수 변화를 나타내었다.

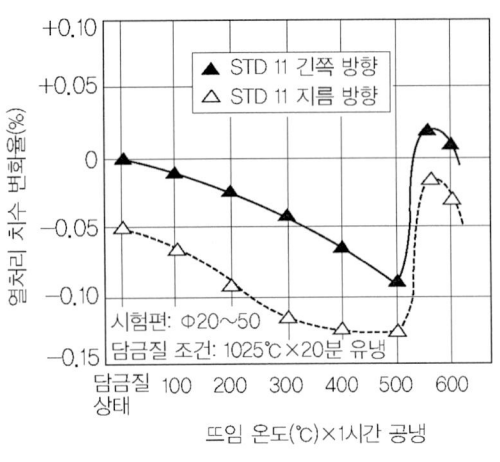
(a) STD 11종

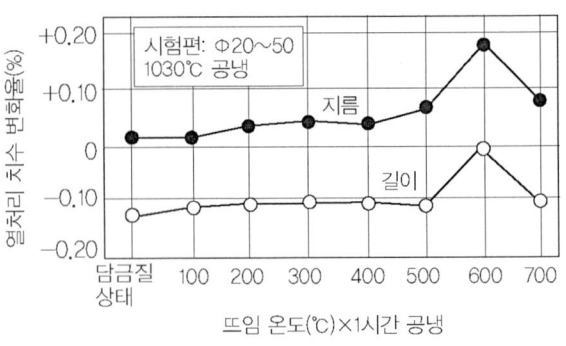
(b) STD 61종

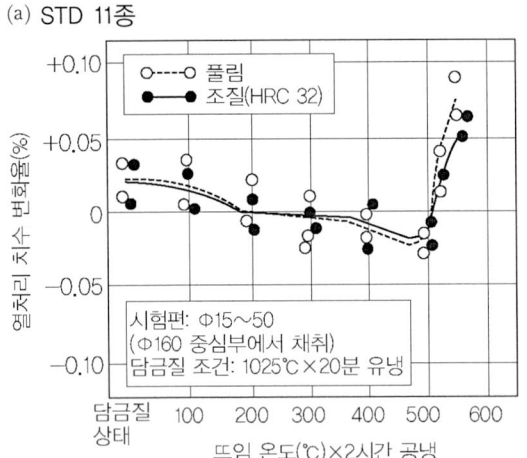
(c) STS 420J2계

∴ 뜨임온도에 따른 치수변화

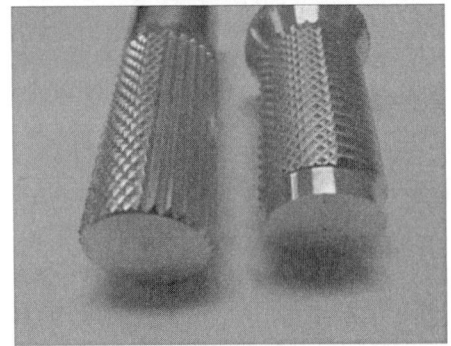

∴ STD11(냉간공구강)으로 제작된 다양한 금형

단원학습정리

문제 1 열경화성 수지와 열가소성수지에 대하여 설명하시오

문제 2 플라스틱 금형재료로서 요구되는 성질을 설명하시오.

문제 3 수지의 종류와 특성, 제품의 품질을 고려한 대표적인 재질 선정의 기준에 대하여 설명하시오.

02 프레스 금형재료

프레스 가공이란 광의(廣意)의 뜻으로 소성가공의 대부분을 말하지만, 여기서는 협의(狹意)의 해석으로 프레스 기계를 이용하여 상온에서 판재를 가공하는 것을 말한다.

∴ 프레스 금형과 작업

1 재료의 종류와 성질

프레스금형에 의하여 제품을 가공하는 것은 대표적인 소성가공이라 할 수 있으며, 프레스 가공에 사용되는 금형의 종류에는 블랭킹(blanking-대표적인 전단가공) 및 피어싱(piercing) 펀치와 다이, 포밍 다이, 드로잉 다이, 코이닝 다이, 냉간 압출 다이 등이 있다. 이들 각각의 금형은 사용 메커니즘의 특성과 생산 수량, 가공품의 재질 등에 따라 경제성을 고려하여 기계 구조용 탄소강, 탄소 공구강, 합금공구강, 고속도 공구강, 초경합금 및 특수합금들을 금형 재료로 적절하게 사용하여야 한다.

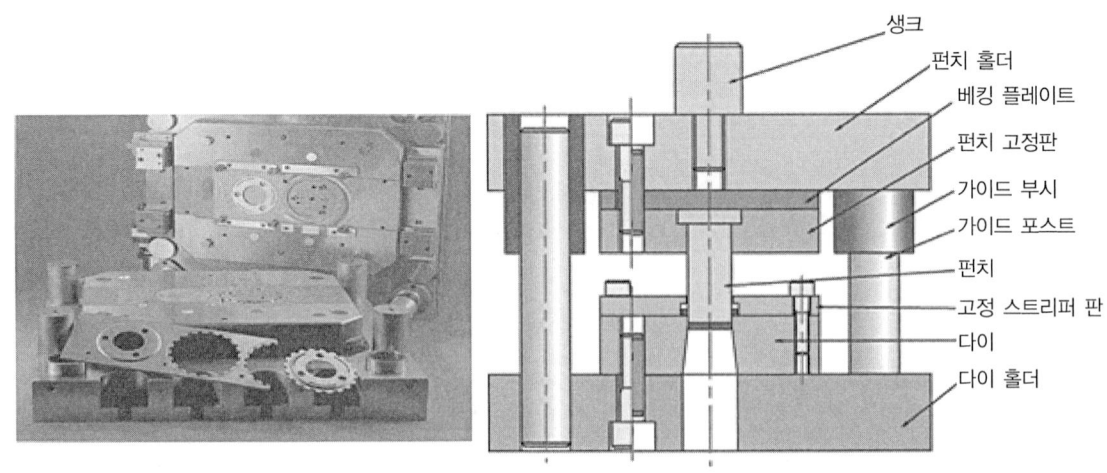

∴ 블랭킹 금형의 구조

표 블랭킹 금형의 부품과 적용재료

부품번호	부품명	재료기호	경도(HRC)	적용재료
1	스트리퍼	S55C	–	SK3, SK5, SK33
2	블랭킹 다이	SKD11	58~62	SK5, SK33, SKH51, 초경합금
3	다이 홀더	S45C	–	FC20, S20C
4	가이드 포스트	SK4	58이상	
5	가이드 부시	SK4	58이상	
6	펀치 홀더	S45C	–	FC20, S20C
7	블랭킹 펀치	SKD11	58이상	SK5, SK33, SKH51, 초경합금
8	펀치 고정판	SK3	40정도	SK5, SS41, S20C
9	백킹 플레이트	SK3	58이상	SK5, SK33, SKS5

그림은 프레스 금형에 사용하는 금형 재료의 종류를 나타낸 것이다.

표 프레스 금형에 사용하는 금형재료의 종류

강 종	규격 기호			주요 합금 원소(%)							비고
	KS	JIS	AISI	C	Mn	Cr	Mo	W	V	Co	Ni	
기계 구조용 탄소강	SM45C	S45C		0.48	0.9							
탄소 공구강	STC3	SK3	W1	1.10	0.5							
합금 공구강	STS31	SKS3	O1	1.00	1.2	1.0		1.0				
	STS31	SKS31		1.05	1.2	1.2		1.5				
	STS93	SKS93		1.10	1.1	0.6						
	STF4	SKF4	A2	0.60	1.0	1.0	0.5					
	STD11	SKD11	D2	0.16	0.6	13.0	1.2		0.5		2.0	
	STD12	SKD12		1.05	0.6	6.5	1.2		0.5			
고속도 공구강	SKH51	SKH51	M2	0.90	0.4	4.5	5.5	6.7	2.2			
	SKH55	SKH55		0.90	0.4	4.5	6.2	6.7	2.3	5.5		합금성분은 최대값 표기
	SKH57	SKH57		1.30	0.4	4.5	4.0	11.0	3.7	11.0		
분말 야금 합금강		(HAP10)										
		(HAP40)										
		(HAP50)										
		(HAP72)										
초대마모강 (프리하든강)		(MZ100)										
		(HPM2)										
초 경	V1	V1	WC									
	V2	V2										
	V3	V3										
	V4	V4										
	V5	V5										
	V6	V6										

(1) 기계 구조용 탄소강 및 탄소 공구강

프레스 금형 재료로 사용하는 기계 구조용 탄소강 및 탄소 공구강에는 SM45C와 STC3 등이 있다. STC3은 탄소 함유량 1.00~1.10%의 고탄소 공구강으로 가공성이 양호하고 쉽게 구할 수 있으며, 가격이 저렴하여 소량 생산의 가벼운 가공 조건 부위에 활용하고 있다. 그러나 이 강종은 열처리 시 경화능이 좋지 않기 때문에 수냉 담금질 하며 변형이나 균열을 유발할 수 있으므로 충분한 주의가 필요하고, 사용상 인성과 내마모성이 합금강이나 기타 특수강에 비해 떨어진다는 단점이 있다. 그러므로 가공품의 품질 특성이 까다롭지 않은 금형에 제한적으로 사용하는 것이 바람직하다.

(2) 프레스 금형용 합금 공구강

프레스 금형용 합금 공구강에는 STS3, STS93, STF4, STD11 등이 있다. STS3은 STC3에 비해 변형이 적고 쉽게 경화되므로 열처리 시 유냉 경화한다.

STS93은 합금 공구강 중 가장 저렴한 강종이며, 경제적이나 STS3에 비해 성능이 떨어진다. STF4는 Mo을 약 0.5% 함유하여 STS3에 비해 내모성이 우수하며, STD11은 고탄소-고크롬계에 Mo과 V을 소량 함유하여 경화능과 내마모성이 뛰어나기 때문에 양산용 금형 재료로 가장 널리 사용하고 있다.

STD11은 열처리 과정에서 STC3 및 STS3보다 치수 변화가 적고 공냉으로 경화가 가능하며 경화층 깊이도 깊다. 프레스용 펀치와 다이의 적절한 경도는 파손이 우려되지 않을 때 HRC 62~63으로 관리하며, 파손이 우려되는 곳은 HRC 58~60 정도가 좋다. 박판용 다이의 경우, 경도값은 최소한 HRC 61~62 이상으로 관리해야 한다.

∴ 프레스(좌) 및 밋션 케이스 금형(우)

(3) 고속도 공구강 및 분말 야금 공구강

고속도 공구강에는 주로 Mo계의 SKH51~57까지가 주로 활용되며 고속도 공구강은 내마모성, 인성이 탁월하여 대량 생산용 금형이나 난삭용 금형 재료로 적합하다. 일반적으로 내마모성에는 강재의 경도 외에 탄화물의 종류, 양, 입도 및 분포 등이 관여되며 동일 경도에서는 탄화물 양이 많을수록 내마모성이 크고 탄화물 입자가 미세할수록 좋다. 그림은 Cr-Mo-V-W 합금고속도강으로 분말야금공정으로 제조된 금형 공구강이다.

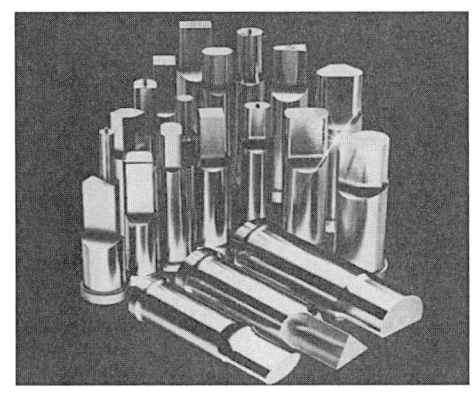

∴ 펀치

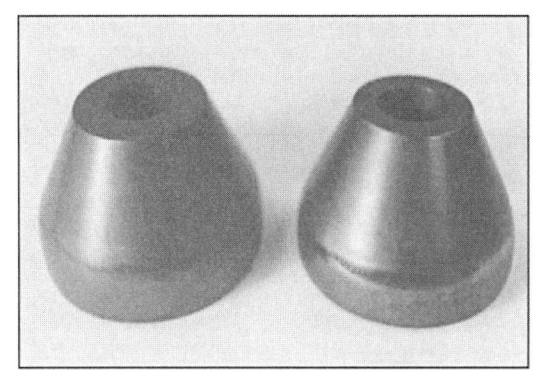

∴ 튜브 냉간성형용 (PVD코팅 금형공구)

일반적으로 분말 야금 고속도 공구강에는 탄화물 입자가 미세하게 골고루 분산 분포되어 있어 분말 고속도강 〉 SKH57 〉 SKH51 〉 STD11 〉 STS3 〉 STC3 순으로 내마모성이 크다. 그림에 각종 공구강의 마모 실험 결과를 나타내었다.

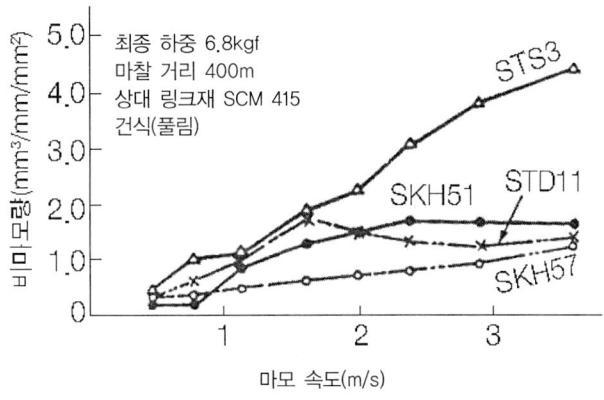

∴ 각종 공구강의 마모 실험 결과

(4) 프리하든강과 초경합금

프리하든강은 열처리가 불필요한 강종으로 일본의 히다치 금속, 다이도 특수강 등에서 생산되고 있다. STD11, STD61강에 비해 고가이나 열처리가 불필요하므로 다품종 소량 생산용 금형에는 경제적이다.

초경합금을 사용하는 데는 세심한 주의가 필요하다. 정상적인 사용하에서 치핑 현상은 없으나 끝이 미세하게 떨어지는 현상이 있다.

초경합금의 활용에 있어서 프레스기의 요구 조건으로는 충분한 프레스기 능력(하중),

균일한 다이 슬라이딩, 다이와 램의 평행도와 수직도, 정확한 재료 장입 장치, 정확한 스토퍼, 안전장치(재료 장입 불량 시 디텍터 등)등을 들 수 있다. 일반 공구강에서 치핑이나 마모가 적으며 초경합금 사용 시에도 초경합금 고유의 성능을 양호한 상태로 발휘할 수 있다.

표 내마모 내충격용 초경합금의 사용 분류

사용 분류 기호	경도 (HRA)	항절력 (kg/mm^2)	합금 원소 (%)			비 고
			W	C	Co	
V1	890이상	1200이상	88~81	5~6	3~6	V1~V3까지의 사용 분류 기호 각 수치는 JIS B 4104와 같다.
V2	880이상	1300이상	85~90	5~6	5~9	
V3	870이상	1500이상	78~87	5~6	6~16	
V4	850이상	1900이상	73~85	4~6	11~20	
V5	830이상	2100이상	70~82	4~6	14~25	
V6	780이상	2300이상	65~78	4~6	17~30	

∴ 단조 금형펀치(좌)와 초경다이(우)

(5) 프레스 금형용 세라믹

프레스 금형 등 금형용 세라믹으로는 산화물계의 지르코니아(ZrO_2), 알루미나-지르코니아, 질화규소, 시알론 및 탄화규소 등을 들 수 있다.

또한 세라믹을 금형 재료 부품으로 사용할 때 다음과 같은 특성이 있다.

① 고경도에 의한 내마모성
② 고온서의 기계적 강도 유지
③ 화학적 안정성에 의한 내식성 및 피가공물과의 비친화성
④ 경량화에 의한 취급의 용이성

그림은 Al_2O_3-TiC 세라믹의 조직과 절삭속도-경도의 관계를 표시한 것이다.

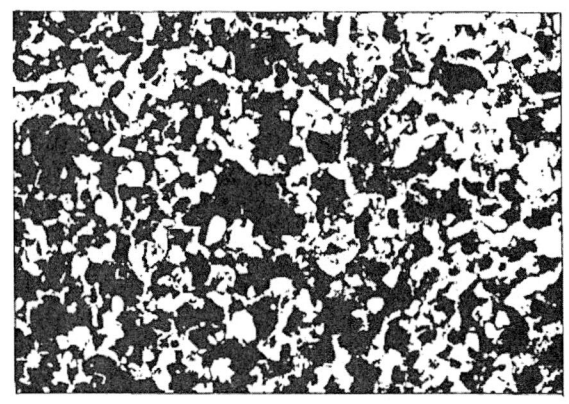
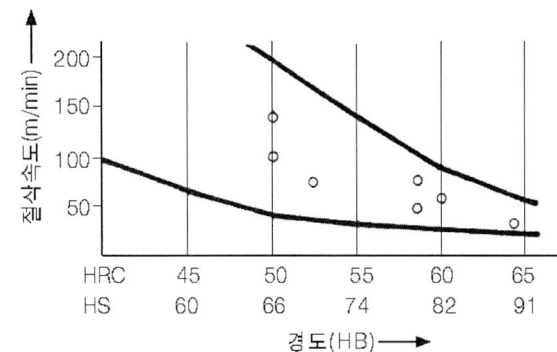

Al₂O₃-TiC(×300)

• Al₂O₃-TiC 세라믹의 조직과 절삭 속도-경도의 관계

② 재료의 선정기준

(1) 블랭킹 및 피어싱 금형 재료

프레스기를 사용하여 판재 형상의 금속 및 비금속 가공물을 블랭킹, 피어싱, 세이빙하는 펀치와 다이 재료로는 STC3, STS3, STD11 및 초경합금이 가장 많이 사용된다.

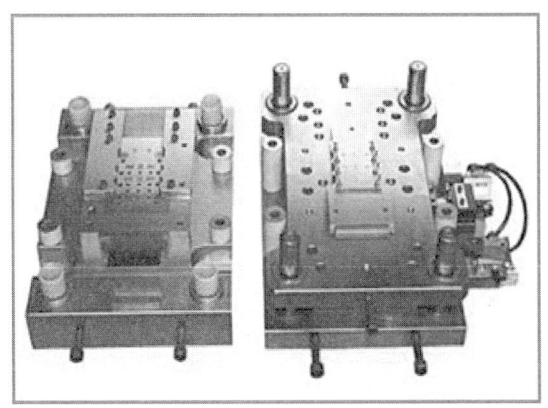

• 블랭킹 금형·작업과 의미

1) 그림은 크기가 20~30mm 이내인 작은 제품들을 블랭킹 및 피어싱하는 금형 재료를 생산 수량과 피가공 재질에 대비하여 나타낸 것이다.

이 표는 생산과 금형 수명 등을 고려하여 값싸게 금형 재료를 활용하는 데 도움이 되며, 피가공물이 소형이기 때문에 탄소 공구강을 비교적 많이 활용할 수 있는 분야이다.

피가공 재질	총 생산 수량				
	1000	10000	100000	1000000	10000000
Al, Cu, Mg 합금	STC3	STC3 STS3	STS3 STF4	STD11	초경합금
탄소강(C0.7%까지) 스테인리스강(페라이트계)	STC3	STC3 STS3	STS3 STF4	STD11	초경합금
스테인리스강(오스테나이트계)	STC3	STC3 STF4	STF4 STD11	STD11	초경합금
열처리된 스프링강(HRC 52 이하)	STF4	STD11	STD11	SKH51	초경합금
전기 강판(t0.5 이하)	STF3 STF4	STS3 STF4	STF4	STD11	초경합금
종이, 개스킷, 연질 재료	STC3	STC3	STF4	STF4	STD11
플라스틱 시트(연질)	STC3	STC3 STS3	STS3 STF4	STD11 절화STD11	초경합금
플라스틱 시트(경질)	STS3 STF4 (질화)	STF4 (질화)	STF4 (질화)	STD11 (질화)	초경합금

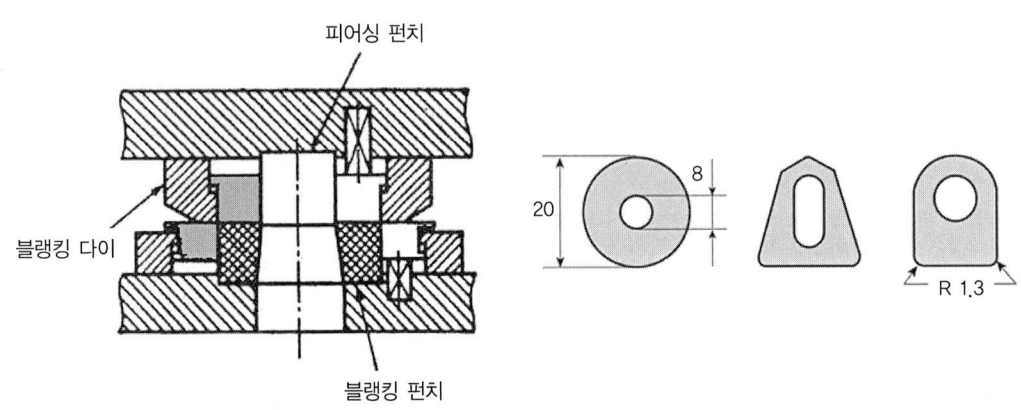

∴ 두께 1.3mm, 크기 20mm 미만의 소형 단품 블랭킹 및 피어싱 금형 재료

2) 그림은 크기 50mm 이내의 블랭킹 및 피어싱 제품 또는 크기 25mm 정도인 제품을 한꺼번에 2개 작업할 때의 적절한 금형 재료를 총 생산 수량과 피가공 재질에 대비하여 나타낸 것이다.

그림에서 보듯이 와셔 형태의 단순형상 제품 2개를 한꺼번에 작업하려면 금형의 크기가 커지며, 수냉 경화강인 STC3의 경우는 열처리 중 변형이 우려되어 바람직하지 않다. 따라서 경화하지 않은 STC3은 종이나 개스킷 등 연질재료에 한하여 사용하는 것이 바람직하다(공차 0.25mm 정도 확보 시).

피가공 재질	총 생 산 수 량				
	1000	10000	100000	1000000	10000000
Al, Cu, Mg 합금	STC3 STF4	STC3 STF4	STS3 STF4	STD11	초경합금
탄소강(C0.7%까지) 스테인리스강(페라이트계)	↑	↑	↑	↑	↑
스테인리스강(오스테나이트계)	↑	↑	STF4 STD11	STD11 SKH51	초경합금
열처리된 스프링강(HRC 52 이하)	STF4	STF4 STD11	STF4 STD11	↑	초경합금
전기 강판(t0.5 이하)	↑	↑	↑	↑	↑
종이, 개스킷, 연질 재료	STC3	STC3 STS3	STC3 STS3	STC3 STS3	STD11
플라스틱 시트(연질)	STC3	STC3	STS3 STF4	STD11	초경합금
플라스틱 시트(경질)	STS3 (침탄)	STF4 (절화)	STF4 (절화)	STD11 (절화)	초경합금

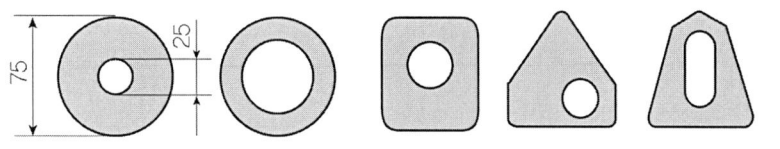

∴ 두께 1.3mm, 크기 75mm미만의 블랭킹 및 피어싱 금형 재료

3) 그림은 약 35mm 크기의 형상이 복잡한 제품을 블랭킹 및 피어싱하는 금형 재료를 총 생사수량과 피가공 재질에 대비하여 나타낸 것이다.

그림과 같이 복잡하고 각진 형상이 있기 때문에 열처리시의 균열 방지와 사용 중의 치핑예방에 세심한 주의가 요구된다. 이와 같은 형상의 경우 다이 코너부에 마모가 심하게 나타난다.

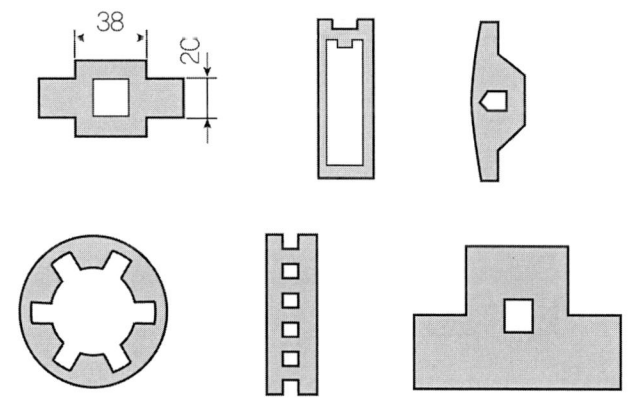

∴ 두께 1.3mm, 크기 38mm미만의 블랭킹 및 피어싱 금형 재료

피가공 재질	총 생산 수량				
	1000	10000	100000	1000000	10000000
Al, Cu, Mg 합금	STF4 STS3	STF4 STS3	STS3 STF4	STD11	초경합금
탄소강(C0.7%까지) 스테인리스강(페라이트계)	STF4 STS3	STF4 STS3	STF4 STS3	STD11	초경합금
탄소강(C 0.3~0.7%)	STF4	STF4	STF4 STD11	STD11	초경합금
스테인리스강(오스테나이트계, 중경)	STF4 STS3	STC3 STF4	STF4 STD11	STD11	초경합금
스테인리스강(오스테나이트계, 경)	STF4	STF4 STD11	STD11	SKH51	초경합금
열처리된 스프링강(HRC 52 이하)	STF4	STF4 STD11	STD11 SKH51	SKH51	초경합금
전기강판(t0.5 이하)	STF4	STF4 STD11	STF4 STD11	SKH51	초경합금
종이, 개스킷, 연질재료	STS3	STC3	STC3 STF4	STC4 STF4	STD11
플라스틱 시트(연질)	STS3 STF4	STS3 STF4	STS3	STS3 STD11	초경합금
플라스틱 시트(경질)	STF4 SKH51	STF4	STD11	SKH51	초경합금

4) 아래 그림과 같은 형상의 제품을 블랭킹 할 때는 금형의 형상이 복잡하고 천공 부위가 많아 금형 열처리 과정에서 균열이 유발될 수 있으므로 유냉이나 공랭 경화 공구강을 우선적으로 사용한다.

또한 이와 같은 형상의 제품들은 블랭킹 작업 시 재료와 금형에 열이 가해지고 단단한 플라스틱 가공물에는 균열이 발생되는 경우가 있으므로, 금형 재료는 열처리 과정에서 변형이나 치수 변화가 적어야 하며 내마모성도 커야 한다.

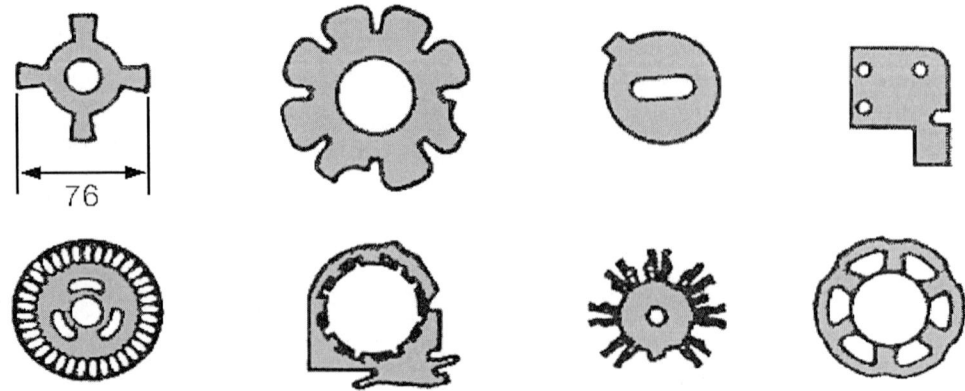

∴ 두께 1.3mm, 크기 76mm 미만의 블랭킹 및 피어싱 금형 재료

피가공 재질	총 생 산 수 량				
	1000	10000	100000	1000000	10000000
Al, Cu, Mg 합금	STF4 STS3	STF4 STS3	STS3 STF4	STF4 STD11	초경합금
탄소강(C0.7%까지) 스테인리스강(페라이트계)	STS3 STF4	STF4 STS3	STF4 STS3	STF4 STD11	초경합금
스테인리스강 (오스테나이트계, 뜨임)	STF4	STF4 STD11	STF4 STD11	STD11 SKH51	초경합금
스프링강(HRC 52 이하)	STF4	STF4 STD11	STD11 SKH51	STD11 SKH51	초경합금
전기강판(t0.5 이하)	STF4	STF4 STD11	STD11 SKH51	STD11 SKH51	초경합금
종이, 개스킷, 연질재료	STC3	STC3	STC3 STF4	STC4 STF4	STD11
플라스틱 시트(연질)	STS3	STS3	STF4	STF4 STD11	초경합금
플라스틱 시트(경질)	STS3 (침탄)	STF4 (절화)	STF4 (절화)	STD11 (절화)	초경합금

    이와 같은 특성을 만족시킬 수 있는 금형 재료로는 STF4와 STD11이 적합하다. STS3은 STF4에 비해 약간 저렴하나 가공면에서 떨어진다.

    침탄강의 경우, 침탄처리 시 변형의 우려가 있고 사용 중에도 변형 및 치핑 현상이 나타나므로 부적합하다. 화염경화강도 균일한 경화가 문제되기 때문에 피하는 것이 좋다. 피어싱 가공에서 펀치의 재질은 판재의 두께에 따라 적절하게 사용해야 한다.

    일반적으로 피가공재의 두께가 커질수록 마모가 증가하는데, 6~25mm 두께의 측판을 10,000개 미만으로 피어싱 가공할 때에는 내충격 공구강인 SKH 51~SKH57을 사용하는 것이 바람직하다. 후판의 피어싱 가공 시 펀치의 수명은 마모에 의한 것보다 파손에 의하여 단축되는 경우가 많다.

    SKH51의 경우, 두께 약 25mm인 후판 피어싱 가공 시 약 100,000개 이상 생산이 가능하다. 그림은 일반 강판에 75mm크기의 피어싱 가공 시 피가공재의 두께에 따른 금형 재료의 적용 예를 나타내었다.

    피어싱 가공에서 공구의 마모 현상을 분석해 보면 펀치 또는 다이와 피가공 재료 간의 마찰량에 의해 크게 좌우됨을 아 수 있다. 이와 같은 마찰량은 판재의 인장 강도와 조도, 공구(금형) 표면 조도, 윤활 유무에 따라 크게 영향을 받으므로 공구의 표면 조도가 좋을수록 마모 현상은 적고 금형의 수명은 연장된다.

    펀치와 다이가 마모되면 제품에 버(burr)가 형성되어 금형의 마모를 더 촉진시킨다.

따라서 버가 없는 제품은 형성은 곧 금형 수명의 연장효과를 가져 온다.

표 피가공재의 두께에 따른 피어싱 펀치 자료 적용 예

판재의 두께 (mm)	피어싱 가공 총 수량			
	1000	10000	100000	1000000
0.25	STC3	STC3	STC3	STC3, STF4
0.80	STC3	STC3	STC3	STD11
1.6	STC3	STC3	STC3	STD11
3.20	STF4	STF4	STF4	STD11
6.35	STS41	STF41	STF4	STD11, SKH51
12.70	STS41	STF41, SKH51	SKH51	SKH51
25.40	STS41	STH51	SKH51	–

(2) 프레스 포밍 금형 재료

프레스 포밍은 판재를 굽히고 펴는 공정을 말한다. 이 과정에서 금형은 마모를 일으켜 파손되는 매커니즘으로 되어 있으므로 금형 재료의 내마모성은 프레스 포밍에서 가장 중요한 특성이라 할 수 있다. 제품이 성형되는 동안 금형의 마모량은 주어진 압력에서 피가공 재료와 금형의 접촉 면적에 비례한다. 얇고 연한 재료를 포밍할 때에는 마모량이 적고 두꺼우며 강한 재료를 포밍할 때에는 마모량이 많다. 그러나 개개의 마모량비는 금형의 표면과 포밍속도, 윤활 특성에 의해 크게 좌우된다. 특히 포밍 작업에 주름을 잡는 부분이 있으면 국부적으로 마모가 집중된다.

∴ 프레스 포밍과 제품

그림은 프레스 포밍 금형 세트와 난이도에 따른 제품 예를 나타내었다.

그림 (a)의 ①은 간단한 성현 제품으로 금형 마모가 크게 문제되지 않는다. 그러나 ②의 경우, 금형은 한 개의 펀치와 상측, 하측 다이로 이루어져 있고 굴곡면에서 큰 하중을 받는다. 따라서 이들 금형 재료로 하측 다이는 주철로 인서트를 끼워 맞춤하고 펀치는

STD11을 사용하며, 인서트는 10,000개에서 100,000개 사이는 STF4, 100,000이상 시는 STD11을 사용하는 것이 좋다. 또한 ③의 경우 스트레칭에 의한 포밍 공정으로 상측 다이가 불필요하며, 피성형재가 펀치를 감싸 미끄럼량이 적다. 이 경우는 펀치에 비해 다이가 10배 정도 마모량이 크다. 사용 금형 재료는 인서트 재료로 STF4와 STD11이 적당하다.

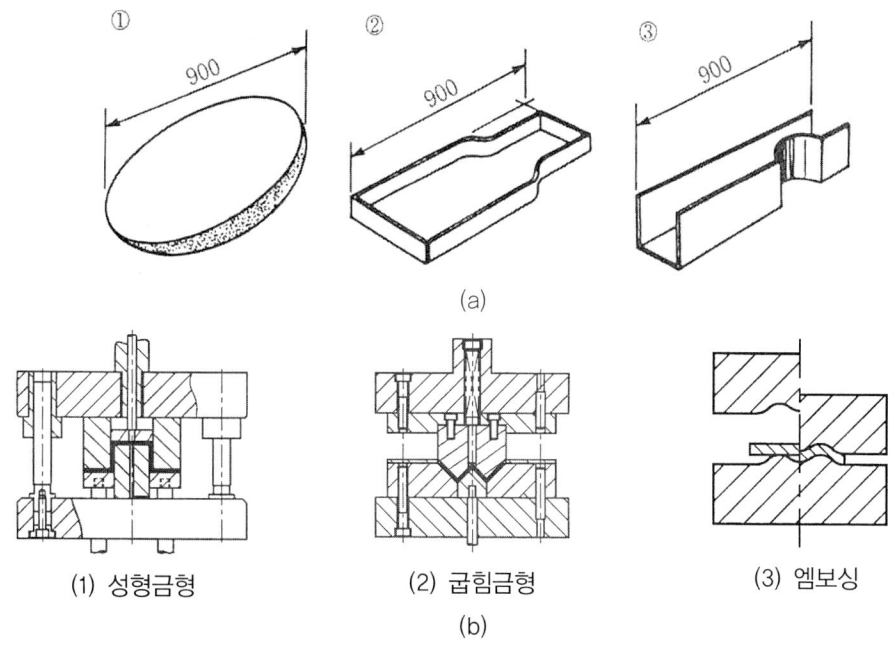

∴ 프레스 포밍 제품의 성형 예

(3) 디프 드로잉 금형 재료

디프 드로잉이란 금속판 또는 소성이 큰 판재를 사용하여 컵 모양 또는 바닥이 있는 중공용기를 만드는 가공으로, 드로잉 펀치 전면에 피가공 재료를 넣고 다이 사이로 밀어 넣는 기구로 되어 있다. 이러한 과정을 통하여 단면 축소율은 최대 35% 정도이다. 또한 드로잉 다이는 마모와 겔링에 견디어야 하며 피가공재의 두께, 다이의 표면 거칠기와 라운딩, 윤활 유무 등에 따라 수명이 좌우된다. 그림은 금형 재료의 선정 기준 예이다.

그림은 대표적인 디프 드로잉 금형의 성형 원리를 나타낸 것이다. 드로잉 금형 재료는 다이링, 백업량, 펀치, 다이 재료로 구분하여 피가공재, 생산 수량에 따라 적절하게 선택한다.

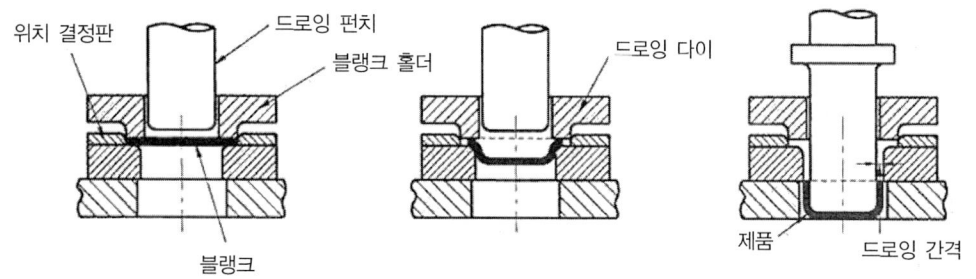

∴ 디프 드로잉 금형의 성형 원리

디프 드로잉 제품

표 디프 드로잉 금형 재료의 적용 예

재료	a (mm)	b (mm)	c (mm)	총 생산 수량 10000	100000	1000000
Al, Cu 합금	75〈	75〈	1.6〈	STC3, STS3	STS3, STF4	STF4, STD11
	300〈	450〈	1.6〈	합금 주철 (화염 경화)	STF4 (화염 경화)	STD11 STD11
	450〈	300〈	1.6〈	STC3	STS3, STF4	STF4(질화)
인발강	75〈	75〈	1.6〈	STC3, STS3	STS3, STF4	STF4, STD11
	300〈	450〈	1.6〈	합금 주철 (화염 경화)	STF4 (화염 경화)	STF4, STD11 STD11
	450〈	300〈	1.6〈	STC3	STS3, STF4	STF4(질화)
스테인리스강 (300 계열)	75〈	75〈	1.6〈	STC3 (경질 크롬 도금)	STF4(질화)	STD11 초경 합금(질화)
	300〈	450〈	1.6〈	합금 주철 (화염 경화)	STF4	STD11(질화) STD4
	450〈	300〈	1.6〈	STC3 알루미늄 청동	STF4(질화)	STD11(질화) STF4(질화)

(4) 냉간 압출 금형 재료

냉간 압출은 균일한 속도로 서서히 포밍 펀치가 전진하여 피가공재의 모양을 변형시키는 프레스 공정으로, 그림은 냉간 압출 시 피가공재의 변위 모양에 따라 세 가지로 분류된다.

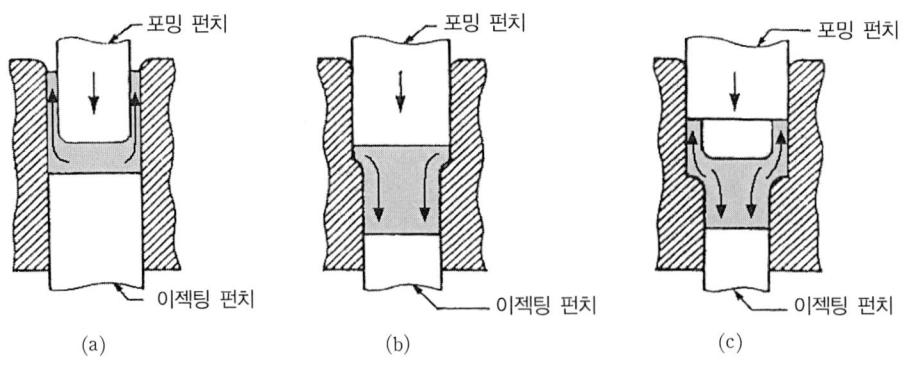

냉간 압출 시 재료의 변위 모양

역방향 성형은 펀치의 이동 방향과 반대로 피가공재가 이동하여 성형되는 것으로 컵 모양이 많고, 펀치나 다이의 클리어런스와 제품 두께가 일치한다. 그림 (c)은 정방향과 역방향으로 피가공재가 이동하는 경우이며, 그림 (b)는 전방 이동 성형의 예이다. 냉간 압출에 금형 재료로 요구되는 특성은 펀치의 압축 강도와 다이의 인장 강도를 들 수 있다.

그림은 냉간 압출용 펀치와 다이, 녹아웃 핀의 재질별 선정 기준의 예를 나타낸 것이다. 합금 공구강을 사용할 때에는 STD11 > STF4 > STS3 순으로 금형 수명이 길다.

표 냉간 압출용 금형 재료의 적용 예

구 분	압출 재료	총 생산 수량	
		5000	50000
펀치 재료	알루미늄 합금 탄소강(C 0.4% 이하) 침탄용 합금강	STF4 STF4 STF4	STF4, STD11 STD11, SKH51(질화) SKH51(질화)
다이 재료	알루미늄 합금 탄소강(C 0.4% 이하) 침탄용 합금강	STC3(C1.0% 이상) STS3, STF4 STS3, STF4	STC3(C 1.0% 이상) STF4(질화) STF4(질화)
녹아웃 핀	알루미늄 합금 탄소강, 침탄용 합금강	STF4 STF4	STD11 STF4, STD11

단원학습정리

문제 1 Wc-Co 초경합금의 일반적인 특성은 무엇인가?

문제 2 프레스 금형용 세라믹특성에 대하여 설명하시오.

문제 3 냉간압출용 금형재료에 사용되는 펀치와 다이에 대하여 설명하시오.

03 다이캐스팅 금형재료

다이캐스팅(Diecasting)이란 Al, Zn, Cu 등의 합금을 녹여 용융 상태로 만든 다음 금형에 고압으로 순식간(0.05~0.15초)에 쏘아 넣어 제품을 성형하는 기법으로, 치수 및 표면 정밀도가 좋은 제품을 저렴하고 대량으로 생산할 수 있어 자동차 부품, 전기 부품 등을 선두로 전 산업에 널리 응용되고 있다.

다이캐스팅의 특징은 대량 생산에 있으므로 금형의 내구 수명이 가장 절실하게 요구된다. 더욱이 얇은 제품의 성형을 위해서 더욱 큰 압력으로 용탕을 쏘아 넣어야 하기 때문에 금형이 받는 열적 쇼크는 심해질 수밖에 없으며, 스퀴즈 다이캐스팅과 같이 용탕의 온도를 높게 관리하는 부문에는 더욱 큰 열응력을 받는다.

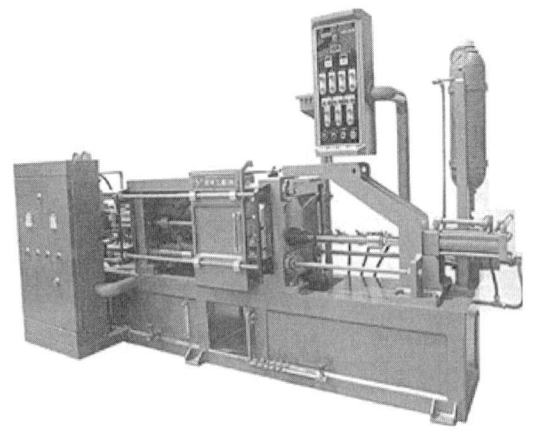 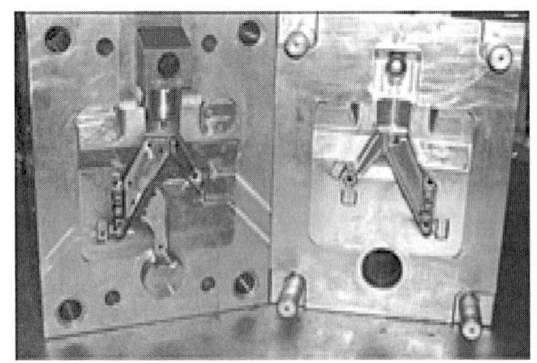

• 다이캐스팅 머신과 금형

주조용 합금	주입 온도(℃)
Pb, Sn계	200~300
Zn계	400~450
Mg계	600~650
Al계(스퀴즈)	650~700(700~730)
Cu계	850~950

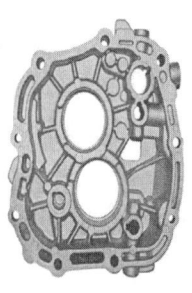  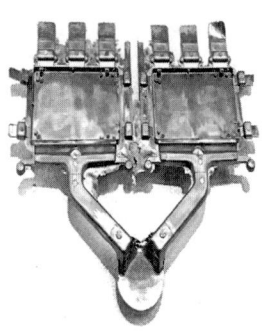

• 주조용 합금별 주입온도와 다이캐스팅 제품

1 다이캐스팅 금형재료

(1) 다이캐스팅 금형의 파쇄 구조

다이캐스팅 금형은 심한 열적(열 피로: thermal fatigue) 그리고 기계적 반복하중을 받으므로 크랙(Cracking)과 압입, 부식/침식, 히트 체크(Heat checking) 등에 대한 저항성이 매우 요구된다.

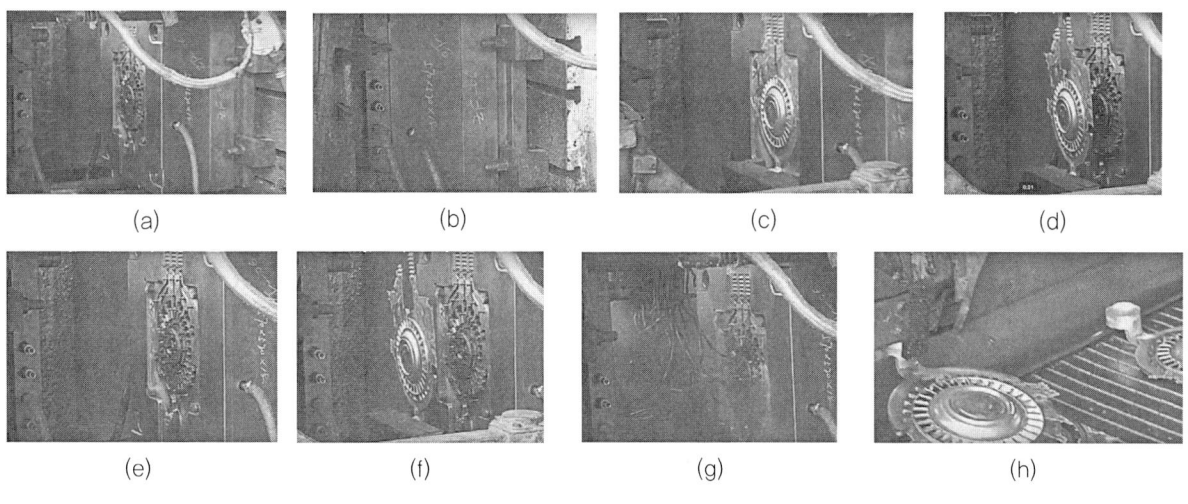

•⁍ 다이캐스팅 작업

1) 열균열(thermal fatigue)

다이캐스팅 금형은 작업 중에 용탕에 의하여 가열과 냉각이 반복되며, 이 과정에서 금형 표면에는 극심한 변형 응력을 받게 되어 있다. 따라서 작업 수량이 늘어감에 따라 미세한 균열이 발생하고 이것이 진전하여 열 균열을 일으킨다. 이와 같이 미세한 균열을 히트 체크(heat check)라 하며 열 균열을 방지하기 위해서는 특히 냉각을 급격(수냉)하게 행하지 않도록 한다.

(a) 금형 냉각 전   (b) 금형 냉각 중

•⁍ 다이캐스팅금형의 냉각

히트 체크를 유발하는 원인은 다음과 같다.

① **금형 표면의 온도 불균일과 과열** : 금형 표면은 보편적으로 약 600℃까지의 열응력을 받지만, 600℃ 이상 열응력을 받게 되면 히트 체크의 유발이 가속화된다.

② **냉각 비율** : 급속한 냉각은 응력을 크게 도모하며 결과적으로 조기에 히트 체크를 유발시킨다. 따라서 냉각제의 선택과 생산 사이클 타임의 결정을 신중하게 해야 한다. 그림은 수냉과 공냉 방식에 따른 히트 체크의 발생비를 나타낸 것이다.

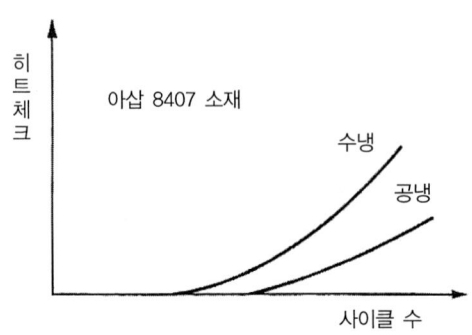

∴ **냉각방식에 따른 히트 체크**

③ **금형 재료 내부 조직의 균질성** : 고온 강도가 높고 인성이 클수록 히트 체크는 줄어든다. 고온 강도를 높이기 위하여 여러 가지 합금 원소들을 첨가하면 보통 인성은 줄어들지만, 오히려 합금 원소보다는 슬래그 개재물이나 편석 또는 강재 자체의 균질성 결여가 피로 특성에 더 큰 영향을 준다.

그림은 일반 강재의 내부 조직과 미세화된 조직 간의 충격 강도의 비교를 나타내었다.

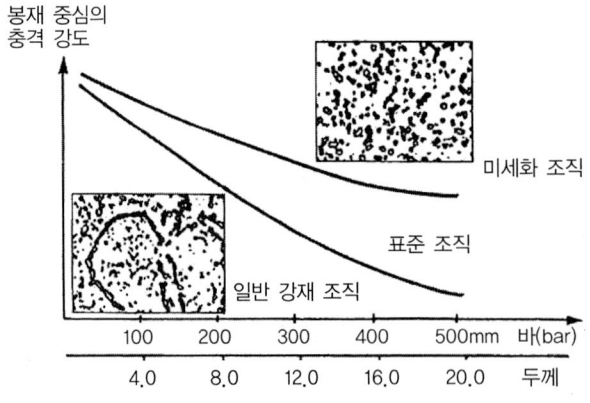

∴ **충격강도에 미치는 조직의 영향**

④ **열처리 관리** : 고온 경도가 높을수록 히트 체크의 발생은 적다. 따라서 금형용 강재의 오스테나이트화 온도 구역이 높을수록 고온 경도가 높고 뜨임에 의한 연화 저항이 크다. 그러나 경도가 높을수록 균열에 의한 파쇄 가능성이 커지며 작은 제품에 한하여 경도를 높게 관리할 수 있다.

알루미늄 다이캐스팅에서는 HRC 48~50 이하가 적당하고, 황동은 HRC 44 미만으로 하는 것이 바람직하다.

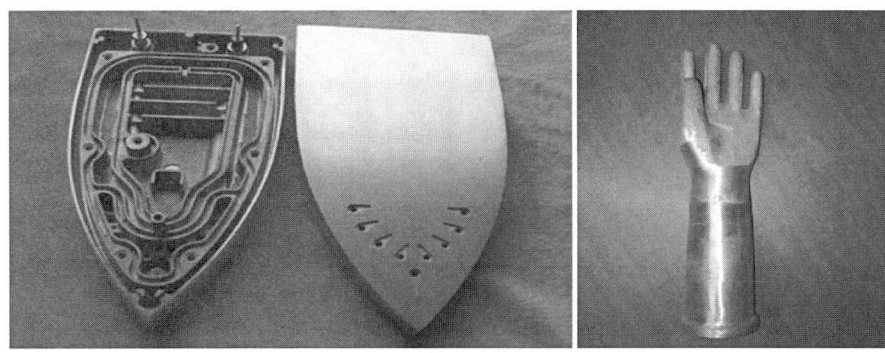

∴ 다리미(좌)와 고무장갑(우)의 다이캐스팅 금형

⑤ **표면 조도** : 연마 스크래치나 미세한 슬래그 개재물들은 균열 발생에 영향을 미친다. 따라서 히트 체크를 예방하기 위해서는 열처리 전과 후에 금형 표면 조도를 세심하게 해야 한다.

 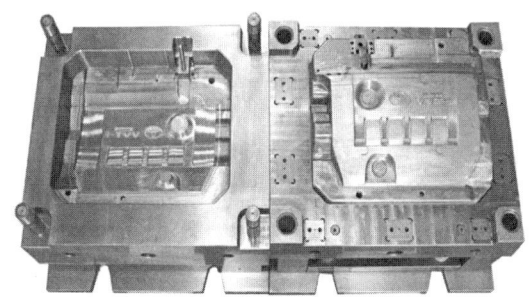

∴ 다이캐스팅 금형

초고청정강을 만들기 위한 공정은 주로 ESR(electro slag remelting) 공정으로 S을 0.005% 이하로 하여 기존 강종보다 경도를 2만큼 높게 하고 히트 체크를 줄일 수 있게 되었다.

> **TIP**
>
> ■ ESR(electro slag remelting : 재 용해 공정)
>
> 전기 아크로에서 녹은 강은 용탕의 환원, 합금 및 가열은 쇳물목 로에서 이루어지고 용해 된 강의 통제된 흐름은 설치되어 있는 주형에 채워지고, 잉곳으로 굳어진다. 그 후에, 강을 압연 또는 단조 작업을 한다.
>
>

2) 침식(corrosion)

다이캐스팅 작업 시 고온의 용탕이 금형 내부로 압입되면 용탕과 금형은 접촉하게 되고 강재의 표면에 침식이 발생된다. 침식과 부식은 상호 연관이 있으며 **용손**이라고도 한다.

그림은 침식된 금형 부품과 현미경 조직 사진을 표시한 것이다. 침식에 영향을 미치는 원인들은 다음과 같다.

① 금형의 재질　　② 용탕의 조성　　③ 용탕의 온도
④ 금형의 탕구 방안　　⑤ 금형의 표면 처리

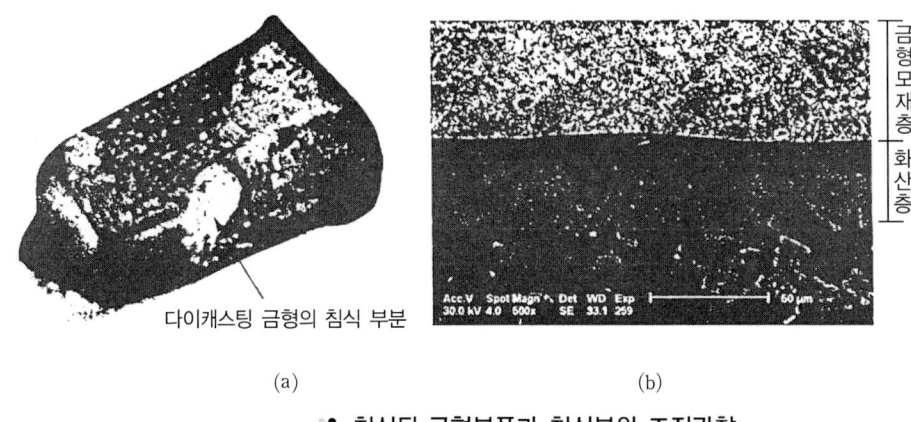

(a)　　　　　　　　(b)

∴ 침식된 금형부품과 침식부위 조직관찰

침식의 진행 과정을 살펴보면 그림의 (b)에서 전자 현미경(SEM) 관찰 결과 침식부가 모재층(금형 내부)과 확산층 2개의 계층으로 나뉘어 있음을 확인할 수 있다. 이들을 층별로 조성을 확인한 결과, 그림과 같이 확산층에서 Fe가 21.49% 검출되어 금형 모재중의 Fe가 Al의 침식 작용으로 녹아서 용손되고 있음을 알 수 있다.

표 Al 다이캐스팅 금형 침식 부위 조성 분석

성분(%) 부위	Al	Fe	Si	Mn	Cr	Cu	V
금형 모재층	–	93.60	–	–	50.35	–	0.97
확산층	59.33	21.49	9.26	3.08	1.25	5.35	–

3) 균열(cracking)과 눌림(indentation)

금형의 인성은 금형 재료의 품질과 열처리에 의존한다. 금형 재료의 품질은 제조하는 제작사별로 또는 강재의 종류별로 차이가 있으며 동일 재료에서도 표면과 중심부의 인성이 차이가 난다. 우수한 강재는 표면과 중심부의 인성에 차이가 거의 없거나 있다고 하더라도 미소하다.

눌림 현상은 금형의 분할면에서 발생되는 현상으로 재료의 고온 강도가 낮기 때문에 발생하며, 금형의 승온과 더불어 경도가 떨어지므로 Al, Mg, Cu 합금의 다이캐스팅에서는 충분한 고온 강도와 경도가 필요하다.

(2) 재료의 종류와 특징

그림은 다이캐스팅용 금형재료의 종류와 열처리 조건을 나타내었다. DAC는 일본 히다치 금속강의 특허강으로 STD61에 해당되며, 8407과 QRO90은 스웨덴 아삽 철강 제품을 나타낸다.

표 다이캐스팅용 금형재료의 종류

강 종	화 학 성 분 (%)								열처리 온도 (℃)		
	C	Si	Mn	Cr	Mo	V	P	S	풀림	담금질	뜨임
SCM3	0.35	0.25	0.75	1.05	0.25	–	–	–	830 서냉	830~880 유냉	580~680
SCM4	0.40	0.25	0.75	1.05	0.25	–	–	–	830 서냉	830~880 유냉	580~680
STF2	0.55	0.25	1.00	1.00	–	–	0.03	0.03	760~810 서냉	830~880 유냉	400~650
STF3	0.55	0.25	0.80	1.05	0.40	–	0.03	0.03	760~810 서냉	830~900 유냉	400~650
STD6	0.37	1.00	0.40	5.00	1.25	0.40	0.03	0.03	820~870 서냉	1000~1050 공냉, 유냉	530~650
STD61	0.37	1.00	0.40	5.00	1.25	1.00	0.03	0.03	820~870 서냉	1000~1050 공냉, 유냉	530~650
DAC	0.38	0.97	0.36	5.07	1.23	0.55	0.008	0.002	680~730 노냉	1000~1050 고속가스, 순환공기	550~650
8407	0.39	1.00	0.40	5.30	1.30	0.90	–	0.005	850 노냉	1000~1050 고속가스, 순환공기	475 미만에서
QRO90	0.40	0.30	0.75	2.60	2.25	0.90	–	0.005	850 노냉	1020 고속가스, 순환공기	450 미만에서

1) Cr-Mo계 합금

다이캐스팅 금형용 Cr-Mo계 합금에는 STF2, STF3 및 SCM3, SCM4 등이 있다. 이들은 모두 소량 생산 및 저온 합금용 금형 재료로 STF3를 제외하고는 경화능이 별로 좋지 않다. SCM계는 STF2와 거의 비슷한 열처리 특성을 나타내며, STF2는 뜨임 시 연화 저항이 STD6, STD61계 열간 금형강에 비해 현저히 떨어진다. 고온 강도(히트 체크 억제함)도 400℃ 이상이 되면 급격히 저하하지만 400℃ 이하에서는 양호하고 내 히트 체크성도 우수하다.

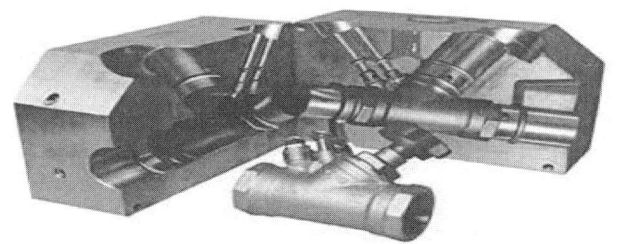

∴ Cr-Mo-V 합금 열간 금형공구강-QRO90

(a) 히트 체킹(유)

(b) 히트 체킹(무)

•: 히트 체킹

2) 5Cr계 열간 금형강

5Cr계 열간 금형강에는 STD6, STD61 및 기타 특허 강종들이 있으며 대량 생산용 금형 재료로 가장 많이 사용되고 있다. 이들은 항온 변태 곡선의 코 부분이 시간축으로 멀리 떨어져 있어서 경화능이 매우 좋으므로 유냉 및 공냉으로도 경화가 가능하며, 특히 STD61은 고온 강도가 뛰어나다.

3) 고청정 고인성강

다이캐스팅 제품의 정밀화 및 대형화와 더불어 원가 경쟁력의 확보를 위한 생산성 향상에 부응하여 각종 신형 강재들이 개발되어 있으며 이들은 앞서 언급한 히트 체크, 침식, 균열과 눌림 등에 대한 저항력이 기존의 강재에 비해 훨씬 뛰어나다.

① **DAC**: 강재 내부 조직에 방향성이 없는 등방성(isotropy) 소재로 고온에서 강도가 크고 인성이 뛰어나다는 특징이 있다. 따라서 히트 체크나 침식, 균열에 대한 저항력이 크다. DAC의 종류에는 여러 가지가 있으며 그림은 인성의 정도를 나타내는 충격값과 고온에서의 인장 강도를 각각 나타내었다. 금형의 인성은 담금질 시 냉각속도에 크게 좌우된다.

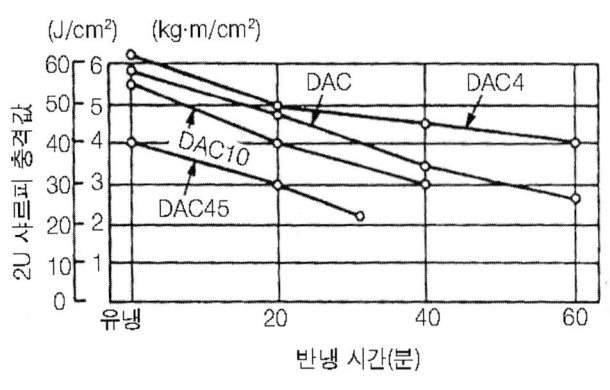
•: 담금질 시간에 따른 충격값

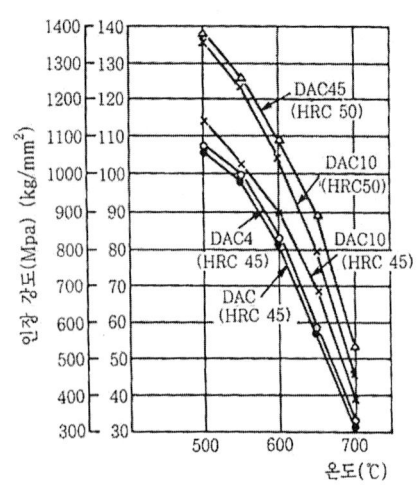
•: 각종 DAC의 고온 인장강도

그림은 각종 DAC 소재의 뜨임 온도와 충격값의 비교를 나타낸 것이며, 사용 경도에 대하여 인성을 고려하는 경우 담금질 시 냉각속도를 결정할 수 있다.

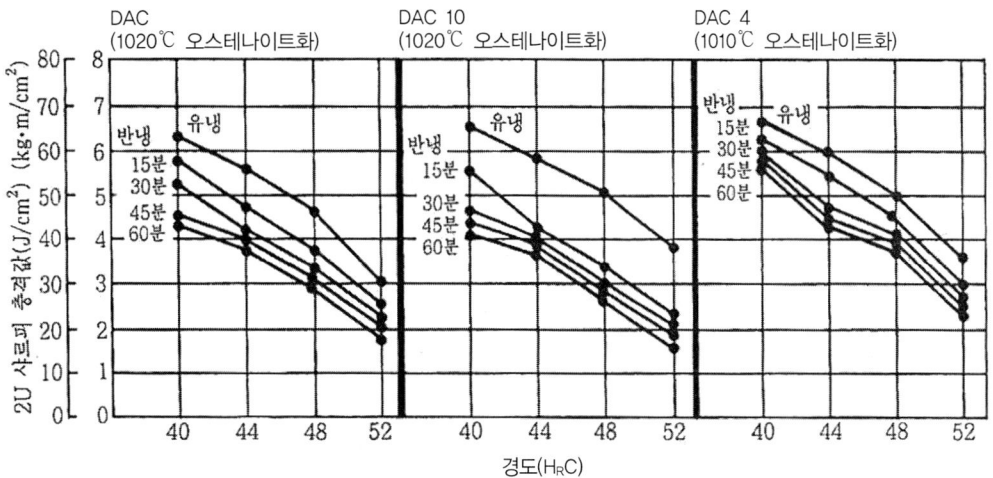

각종 DAC 소재의 뜨임 온도에 따른 충격값 변화

예를 들어 HRC48에서 샤르피 충격값 $3kg \cdot m/cm^2$ 이상을 목표로 할 경우, DAC에서는 반냉 시간을 30분 정도, DAC10에서는 15분 정도, DAC4에서는 60분 정도로 유지하면 된다. 고온 강도는 DAC 〉 DAC4 〉 DAC10 〉 DAC45 순으로 좋다. 동일한 강종에서는 경도가 높을수록 고온 강도가 높다.

② **8407과 QRO90** : 초고청정강이며 입자(조직)가 미세화되어 인성과 열충격 저항이 대단히 크고 가공성도 양호한 편이다.

그림은 기존의 STD61과 8407의 조직을 나타내었으며 ESR 정련을 통해 S, P를 극미량으로 제거한 것이다.

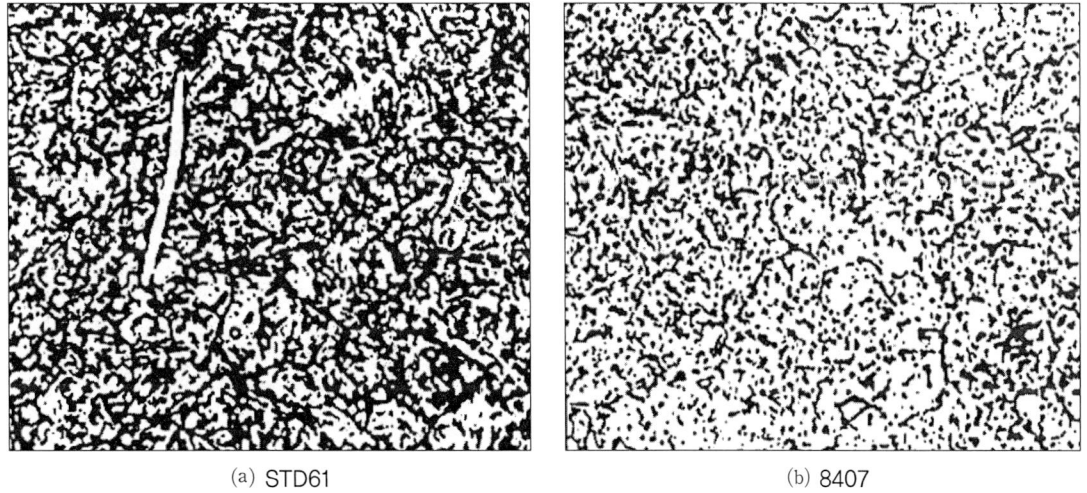

기존강(STD61)과 초고청정강(8407)의 조직비교

8407과 QRO90의 고온 강도와 담금질 시 오스테나이트화 온도 차이에 따른 경도와 입도 크기, 잔류 오스테나이트 양의 관계를 그림에 각각 나타내었다. 그림에서 보듯이 QRO90이 8407에 비해 고온 강도가 크며 DAC 계열과 유사한 특성을 나타낸다.

QRO90은 담금질 시 1060℃ 이상으로 가열하면 결정 입자의 성장이 급격히 커지고 잔류 오스테나이트의 양이 증가한다.

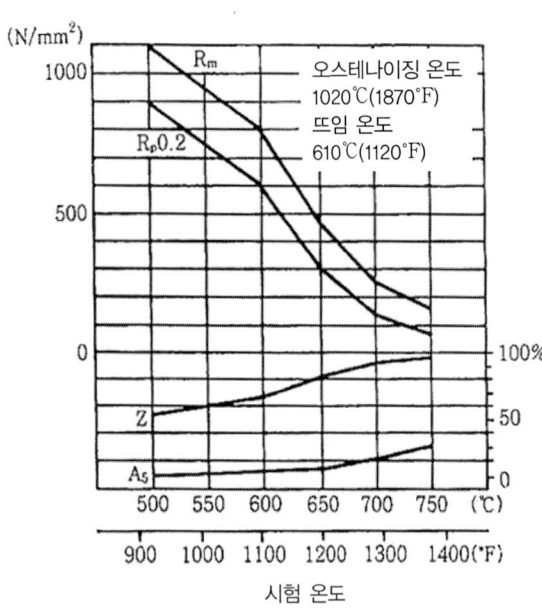 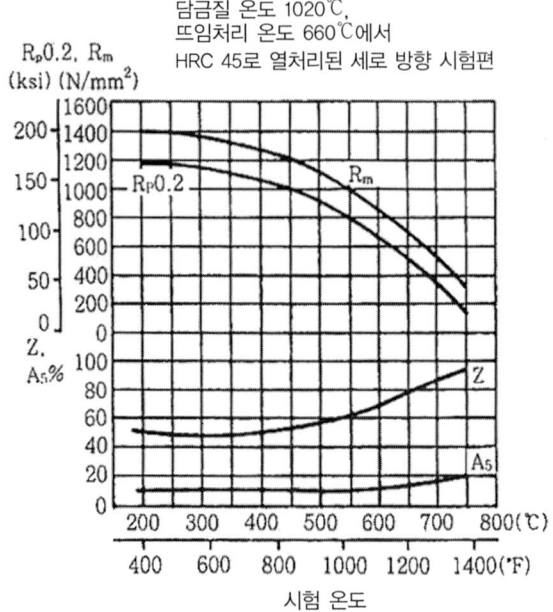

∴ 온도 상승에 따른 고온 강도

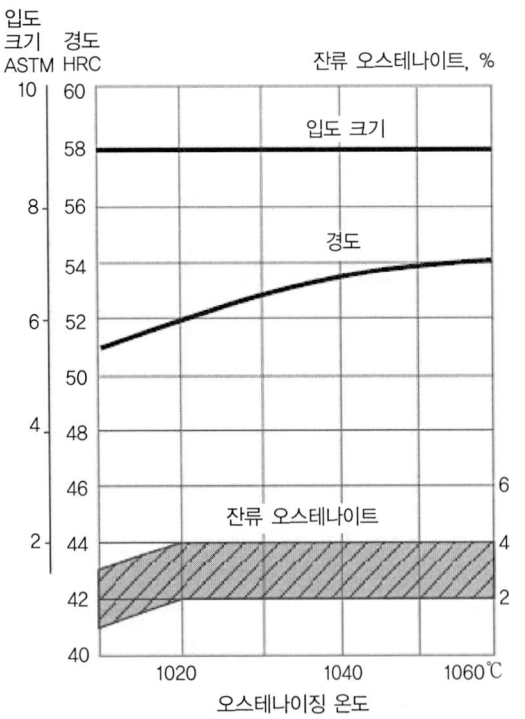 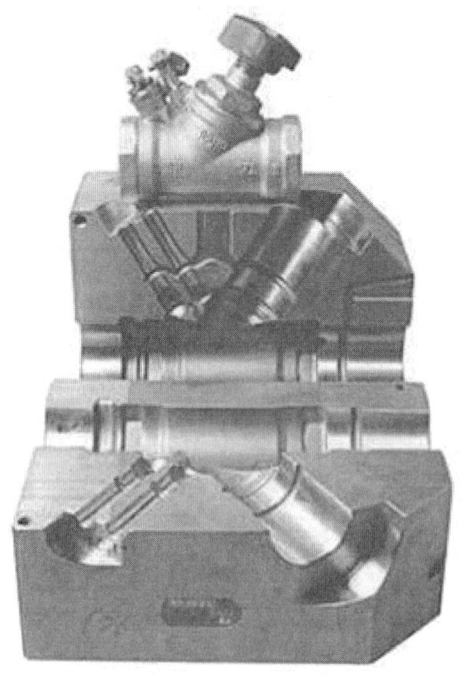

∴ 담금질 온도 작용에 따른 경도, 입도 크기, 잔류 오스테나이트 양의 관계

② 재료의 선정기준

다이캐스팅 금형 재료에서는 일반적으로 대량 생산용으로는 STD61이 가장 많이 사용되고 있다. 그림은 다이캐스팅 금형 재료의 선정 기준을 나타내었다.

표   다이캐스팅 금형 재료의 선정 기준(캐비티, 코어)

주조 합금	소량 생산용	일 반 용	대량 생산용	대량 생산용(우량)
Pb, Sn, Zn	SM50C SCM3, 4	SCM4, 8 STF2, 3	STD6 STD61	–
Al, Mg	SCM3, 4	STD6 STD61	STD6 STD61	DAC DAC4(대형품) DAC10(정밀품) 8407
Cu	STD4, 5	STD4, 5	STD4, 5	DAC45 QRO90

강의 제조 과정 중 정련 공정에서의 청정도의 단조, 압연 공정에서의 방향성, 그리고 조직 내 입자의 미세화 유무에 따라 기존의 STD61과 우량강을 비교할 수 있다.

기타 캐비티나 코어를 제외한 부품들은 그림에 나타낸 다이캐스팅 금형 구조에서 다이 베이스(홀딩 블록), 가이드 핀 등 부품별로 다음과 같은 재질을 사용한다.

① **주형(홀딩 블록)**: SM50C, SM55C, SCM440, SCM435
② **가이드 핀**: STC3, STC4, STC5, SUJ2
③ **가이드 부시**: STC3, STC4, STC5, SUJ2
④ **이젝터 핀**: STD61
⑤ **리턴 핀**: STC3, STC4, STC5, STS3, SUJ2

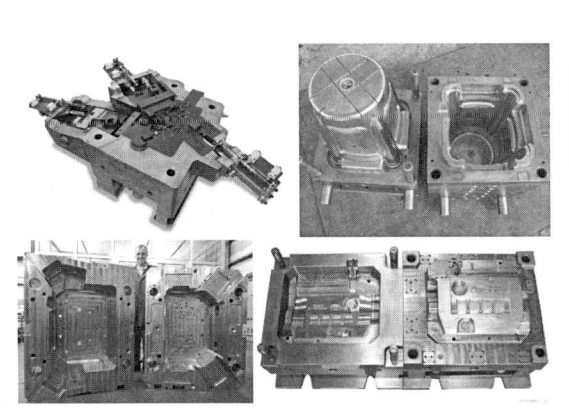
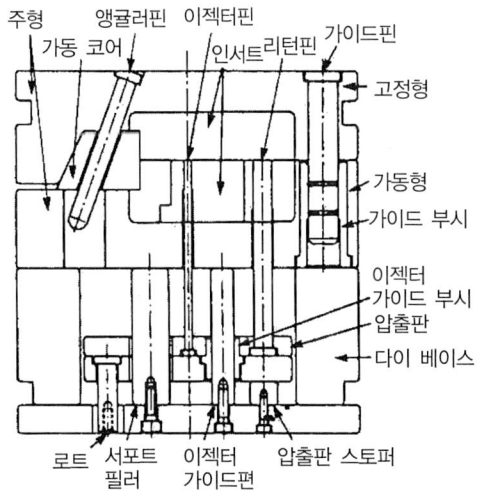

∴ 다이캐스팅 금형과 구성부품

chapter 6. 금형용 재료 | 133

단원학습정리

문제 1 다이캐스팅이란?

문제 2 히트체크에 대하여 간단히 설명하시오.

문제 3 다이캐스팅용 금형재료의 종류와 열처리 조건에 대하여 설명하시오.

04 단조 금형재료

단조는 소성가공이므로 재료의 변형저항이 적은 고온에서 작업하는 것이 용이하다. 작업온도에 따라서 **열간 단조**(Hot forging)와 **냉간 단조**(Cold forg-ing)로 분류한다.

• 단조 가공

(a) 재료가열　　　(b) 단조 성형　　　(c) 단조품 완성

• 단조 공정

1 냉간 단조 금형재료

(1) 냉간 단조의 성형구조

단조란 금속의 소성 변형이 용이한 성질을 이용하여 소재에 외력을 작용시켜 소재를 요구하는 형상, 치수로 가공하고 동시에 그 재료를 단련하는 작업이다. 특히 냉간 단조는 복잡한 단면 형상에 대한 성형 정밀도가 높고 연삭과 같은 표면 거칠기를 얻을 수 있다.

• 냉간 단조 금형부품

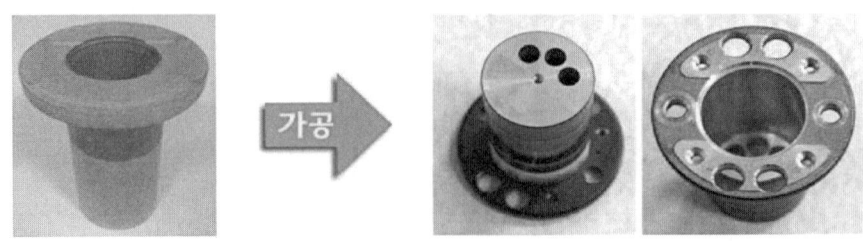

∴ 냉간 단조 제품(우(라이너 피스톤 : Al6061-단조 후 가공

가공 속도가 빨라 낮은 비용으로 제품을 생산할 수 있는 기법으로 해머 단조와 프레스 단조로 구분할 수 있다.

냉간 단조에 사용되는 프레스는 크랭크 프레스, 유압 프레스, 너클 프레스 등이 있다.

∴ 크랭크 프레스

∴ 유압 프레스

(2) 금형 재료의 종류와 성질

냉간 단조용 금형 부품에는 펀치, 다이, 녹아웃 핀, 맨드렐, 보강링, 압력판, 이젝터 핀 등이 있다. 그림은 냉간 단조용 금형의 구조를 나타낸 것이다.

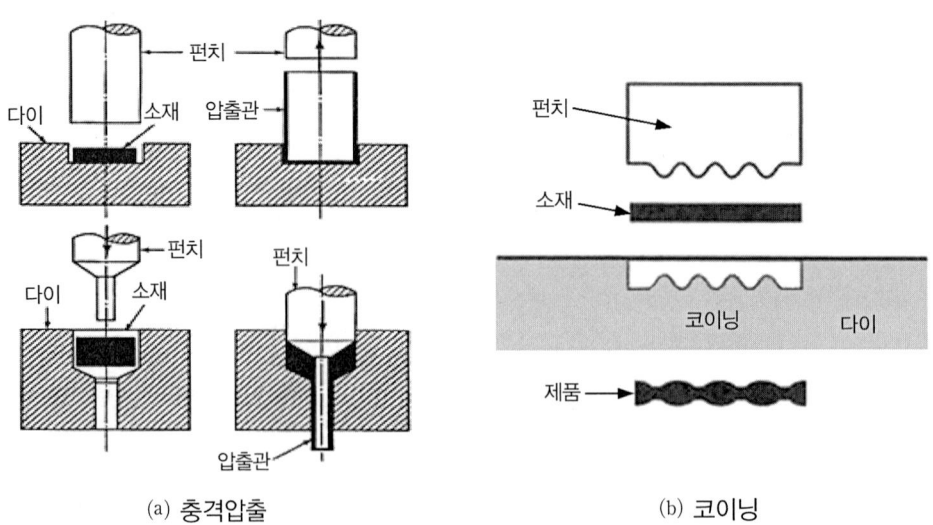

(a) 충격압출　　(b) 코이닝

∴ 냉간 단조용 금형의 구조

금형의 수명을 좌우하는 가장 중요한 특성은 금형 재료의 내마모성과 강인성이다. 따라서 부적절한 열처리나 금형 설계 또는 다이와 펀치 사이의 틈새 등에 의하여 초기에 파손을 일으키지 않는 한 마모나 인성의 크기에 따라 금형의 수명이 결정되는 것이다.

그러므로 냉간 단조의 장점은 다음과 같다.

① 생산 능률이 높다.
② 제품정도가 향상된다.
③ 품질이 향상된다.
④ 재료의 이용률이 높다.

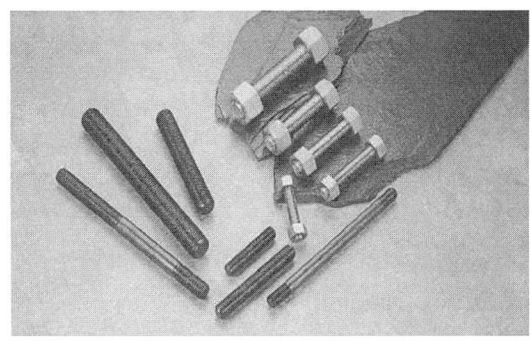

• 냉간 단조 제품

• 냉간 단조 프레스제품

제품을 성형하는 과정에서 마모를 일으키는 과정을 살펴보면 펀치와 다이 사이에서 제품이 소성 변형될 때 소재는 금형의 표면을 따라 미끄러지면서 유동하므로 이들 사이에 큰 마찰력이 작용한다. 또한 내면적으로 펀치는 큰 압축응력을 받고 다이는 인장응력을 받으며 업셋 단조 같은 경우 제품이 측면으로 밀리면서 전단 응력을 복합적으로 받게 되어 있다.

금형의 표면에는 표면 마무리 가공에 따라 요철이 남아 있고 이 요철에 의하여 마모가 생기기 시작한다. 이 때 금형과 재료 사이에는 강한 윤활 피막이 필요하며 이 윤활 피막은 재료와 금속 간의 접촉을 경감시킨다.

 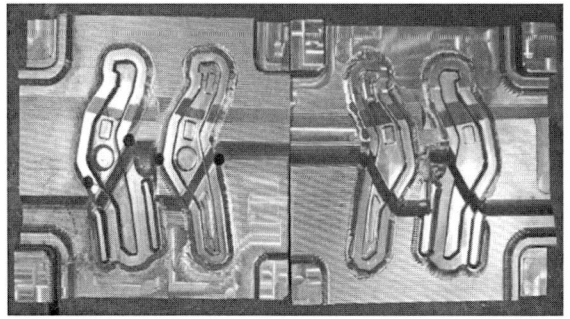

• 단조용 금형

금형표면과 재료가 마찰할 때 금형의 표면 온도는 상승되고 이에 따라 금형 표면에 산화현상이 발생되며, 윤활제의 성분에 의해서도 산화되어 금형의 표면에는 얇은 산화 피막이 생긴다. 이 피막은 치밀하고 밀착성이 큰 특성을 가지고 있어 잘 떨어지지 않고 재료의 산화 진행을 억제하므로 금형의 마모를 경감시킨다.

산화물은 경도가 높기 때문에 산화물 가루의 개재 시 국부적으로 온도가 급상승하여 금형과 재료를 긁게 되고 금형 표면은 급속히 파괴된다.

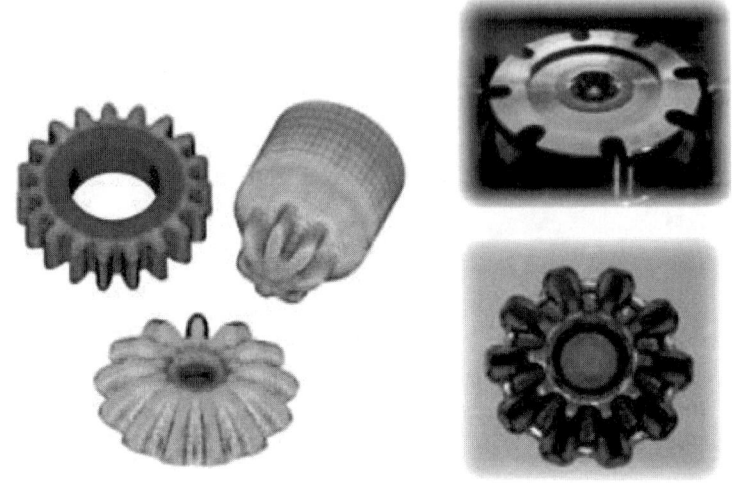

:• 단조 금형의 설계

이러한 현상들을 고려할 때 금형 재료는 가능한 한 상온 및 고온 경도가 높아야 하고, 강인성이 필요하다. 일반적으로 가장 마모가 심한 부품은 펀치의 측면이며 이에 비하여 펀치의 단면은 마모가 적다. 또한 다이의 단면 마모도 펀치의 측면 마모에 비하면 상당히 적다.

동일한 금형을 사용할 경우라도 피가공재의 재질에 따라 펀치와 다이의 마모량에는 현저한 차이가 있다. 일반적으로 인장 강도가 낮고 부드러운 소재를 단조할 때 비교적 마모현상이 적게 발생한다.

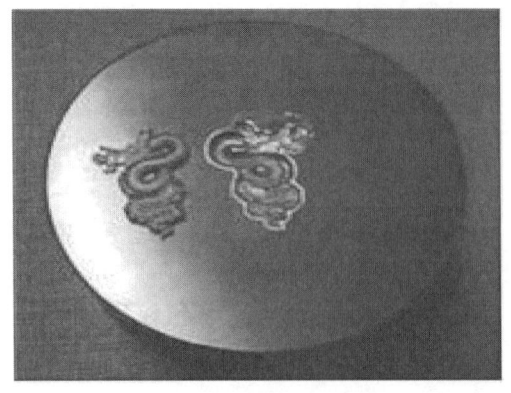

:• Cr-Mo-V 합금금형 공구강-황동 스탭핑 적용

1) 탄소 공구강

냉간 단조 금형용 탄소 공구강에는 STC3, STC4, STC5 등이 있다. 이들의 탄소 함유량은 0.8~1.1% 정도이며 경화능이 좋지 않고 내마모성도 합금강이나 고속도 공구강에 비해 상당히 떨어진다. 또한 열처리 시 변형이 많고 열간 강도는 최저 수준이다. 그러나 가공성이 우수하여 시작용 금형이나 저부하 및 소량 생산용 금형 재료로 사용된다.

2) 합금 공구강

STS43, STS44는 V을 0.1~0.25% 첨가한 수냉 공구강으로 가공 시 우수한 반면 열간 강도와 경화능은 최저 수준이다. 이 강종은 내충격용 강으로 냉간 압조에 사용한다. STD2, STD3 등은 STS43, STS44에 비해 경화능과 마모성이 좋으나 인성은 부족한 편이다.

STD1은 고탄소 고크롬강으로 Cr을 12~15% 함유하고 있으며 내마모성이 뛰어나다.

냉간 단조에서 펀치의 작용이 부하 방향과 일치하지 않으면 펀치에는 굽힘 응력이 가해지고 다이에는 전단 응력이 작용하며 금형의 충분한 인성이 필요하다. STD1, STD2, STD11, STD12는 내마모성과 경화능이 우수하나 인성은 부족하다. 그림은 대표적인 내마모 불변형강의 열처리 시 변형률을 나타내었으며, $\alpha(\ell)$은 길이의 변형률, $\alpha(d)$는 지름의 변형률을 나타낸 것이다.

표 내마모 불변형강의 열처리 변형

강 종	담금질		뜨 임		담금질 변형률(%)		뜨임 변형률	
	온도(℃)	경도(HV)	온도(℃)	경도(HV)	$\alpha(L)$	$\alpha(d)$	$\alpha(L)$	$\alpha(d)$
STS 3	830 기름	807	200	743	0.137	0.286	0.072	0.087
(SBD)	800 기름	-	200	-	0.06	0.310	-0.010	0.240
STD 1	950 기름	818	200	728	0.105	0.070	0.050	0.000
STD 1	1000 기름	828	200	740	0.195	0.124	0.137	-0.050
STD11	1025 기름	HRC 62.8	200	HRC 61.2	0.005	0.011	0.004	-0.036
STD12	950 기름	HRC 67	200	HRC 65	0.11	0.160	0.080	0.110
STD 2	950 기름	HRC 63.5	200	HRC 60.9	0.082	-	0.157	-

3) 고속도 공구강

냉간 단조 금형용 고속도 공구강은 SKH51과 초내마모강인 마레이징강이 주류를 이루고 있다. 일반적으로 고속도강에 함유된 합금 원소로는 Cr, W, Mo, V 및 Co 등이지만 강종별로 구분할 때에는 W계, Mo계 및 고C 고V계로 구분한다.

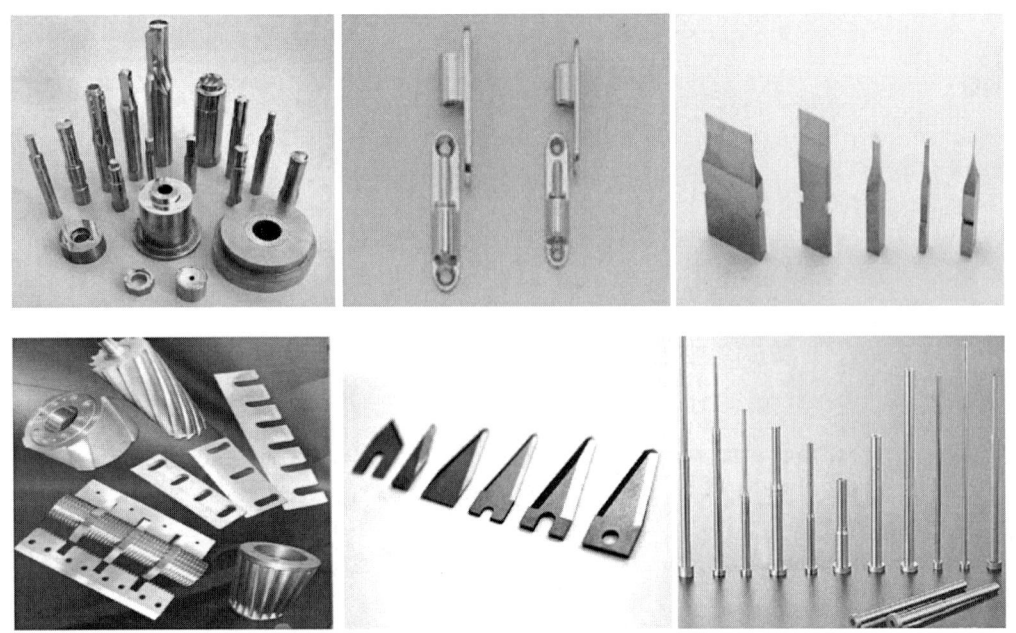

∴ 고속도공구강을 사용한 다양한 다이와 펀치

W계는 인성이 좋고 변형이 작으며 내마모성도 좋은 편이나 탈탄 및 결정 입자의 조대화가 용이하므로 열처리 시 주의해야 한다.

고C 고V계는 경도와 내마모성이 뛰어나나 인성이 부족하다는 단점이 있다.

주로 냉간 단조금형(cold forging die)강으로 쓰이는 SKH51은 Mo계 고속도 공구강이며, STD11에 비해 인성이 좋고, 뜨임 시 잔류 오스테나이트의 마르텐사이트로 변태가 용이하여 조직이 안정되므로 냉간 압조 등 고속 펀칭용에 적합하다.

(3) 재료의 선정기준

금형 재료의 선정은 성형품의 재질, 강도, 형상 및 수량을 고려하여 결정해야 한다. 압출가공 시 펀치는 압축 하중을 받고 다이는 인장 하중을 받으므로 다이의 경우 인장 응력에 견디는 강인성을 갖춘 재료가 필요하나, 일반적으로는 인서트 형식으로 보강 링에 끼워지므로 인장 응력은 그만큼 경감된다. 그러므로 금형 재료의 중요한 성질은 내마모성이라 할 수 있다.

STS2, STS3도 생산 수량이 적은 경우에 사용하며, STD12는 경화능과 내마모성이 좋고 열처리 시 변형이 적으므로 대량생산 시 사용한다.

가장 널리 사용하는 금형강은 고탄소 고크롬계의 STD11이다.

표와 그림은 재료의 종류에 따른 냉간 압출용 금형 재료의 선정 예를 나타낸 것이다.

표 냉간 압출용 금형 재료의 선정 예

	펀치용 금형 재료			다이용 금형 재료		
	5000개	50000개	500000개	5000개	50000개	500000개
Al 합금	STD12 STD1 STD11	STD12 STD1 STD11	SKH51	STC53 STC4	STC3 STC4	STD12 STD1 STD11 SKH51
C 0.40% 이하의 탄소강	STD12 STD1 STD11 SKH51	STD1 STD11 STD51 (연질화)	SKH51 (연질화) 초고속도강 초경합금	STS2, STS3 STD12 STD1 STD11	STD12 (가스 질화) STD1 STD11	SKH51 (연질화) 초고속도강 초경 합금
표면 처리강 (합금강)	STD12 STD1 STD11 SKH51	STD1(연질화) STD11(연질화) SKH51(연질화) 초고속도강	SKH51 (연질화) 초고속도강 초경합금	SKS2, SKS3 STD12 STD1 STD11	STD12(가스질화) STD1(연질화) STD11(연질화) SKH51(연질화) 초고속도강 초경합금	SKH51 (연질화) 초고속도강 초경합금
오스테나이트계 스테인리스강	STD12 STD1 STD11 SKH51	STD51 (연질화) 초고속도강 (연질화)	SKH51 (연질화) 초고속도강 (연질화) 초경 합금	AISI H12 STD 5 STF 4	AISI H12 STD 5 STF 4	AISI H12 STD 5 STF 4

일반적으로 HRC 58~60이 적당하나 인성이 충분히 요구될 때에는 HRC 55 정도가 좋다. STD11은 뜨임 온도를 300~400℃로 해야 한다. 또한 STD1은 인성이 문제되지 않는 곳에 사용하면 내마모성과 압축 강도가 크므로 좋다.

SKH51은 고탄소 고크롬강보다도 내마모성이 뛰어나므로 STD1, STD11 등이 항복 하중을 초과하는 경우에 사용하고, 경도는 HRC 64~66이 바람직하다.

❖ 냉간단조 금형(SKH51)

❖ 압연 롤 툴(SKD11)

STF4, STD5는 내충격강으로 형상이 얇고 복잡하여 모서리부 등 파손이 우려될 때 고탄소 고크롬강 대용으로 사용하면 좋다. 사용 경도는 HRC 45~48이 적당하며 이것에 질화 처리를 하면 표면은 내마모성, 내부는 인성이 확보되어 좋으나 모서리 등의 파손이 우려되므로 신중하게 선택하는 것이 바람직하다.

표와 그림은 냉간 압조, 코이닝, 사이징 등 냉간 압축 작업에 사용하는 금형 재료의 선정 기준을 나타낸 것이다. 냉간 압조에 사용되는 다이는 표면에 큰 인장응력을 받으므로 내마모성이 필요하며 따라서 표면의 경도는 높게, 내부는 인성을 갖도록 열처리하는 것이 바람직하다.

표 냉간 압축 작업용 금형 재료의 선정기준

구분	압축 작업 총 개수							
	10000개		50000개		250000개		1000000개	
	일체형	삽입형	일체형	삽입형	일체형	삽입형	입체형	삽입형
냉간 압조	STC3 STC4 STC5 STS43 STS44 STS2 STS3	– – STD1 STD11 SKH51 – –	STC3 STC4 STC5 STS43 STS44 STS2 STS3	– – STD1 STD11 SKH51 – –	STC3 STC4 STC5 STS43 STS44 STS2 STS3	– – STD1 STS11 SKH51 – –	STC3 STC4 STC5 STS43 STS44 STS2 STS3	– – – 초경 합금 – –

구분	성형되는 소재	성형 총 개수		
		1000개	10000개	100000개
코이닝, 사이징	Al 합금, 구리합금 저탄소강 스테인리스강, 내열강 등	STC3,STC4,STC5 STC3,STC4,STC5 STS2,STS3	STC#,STC4,STC5 STC2,STS3 STD12	STD1,STD11 STD1,STD11 STD1,STD11

탄소 공구강은 표면만 물분사에 의해 급랭하는 표면 경화법을 적용하는 경우가 많다. 이 때 내부의 경도는 HRC40~50으로 하나 금형이 클 경우에는 경도가 낮아져 압축 응력에 견딜 수 없고 균열이 발생되는 등 파손이 우려된다. 따라서 다이의 치수나 형상을 고려할 때 경화능이 너무 낮다고 판단될 때에는 STS2 또는 STS3을 사용한다.

표면경화(화염경화)

STD11이나 SKH51은 경화능이 좋으므로 중심부까지 경화되며, 중심부의 잔류 오스테나이트가 마르텐사이트로 변태될 때 금형 모면부에 유발시키는 압축 응력을 기대하기는 어렵다. 따라서 다이에 작용된 인장하중을 상쇄시키기 위해서는 다이 홀더나 보강 링의 뒷받침이 필요하다.

② 열간 단조 금형재료

(1) 재료의 종류와 성질

열간 단조용 금형은 사용 중 고도의 기계적 응력과 열적 응력을 받는다.

단조 금형은 작업 중 항상 고온의 재료와 서로 접촉하며, 경우에 따라 금형 표면이 약 600℃ 이상 상승하는 경우도 있다.

∙ 열간 단조작업(1)

∙ 열간 단조작업(2)

반복적인 가열과 냉각의 열 사이클은 금형 표면에 큰 열응력을 발생시켜 이 온도 변화에 견딜 수 없으며 히트 체크가 발생하게 된다. 또한 변형하는 피가공재와의 사이에서 심한 마찰이 생기기 때문에 마모도 발생한다. 따라서 열간 단조용 금형 재료에 요구되는 일반적인 조건들은 다음과 같다.

① 가공성이 좋을 것
② 열전도도가 클 것
③ 인성 및 피로 강도가 클 것
④ 금형의 표면은 고온 재료와 접촉하므로 내열성이 클 것

⑤ 재료의 유동에 대한 내마모성이 좋을 것
⑥ 온도 상승 및 냉각에 의한 히트 체크에 대해 내력이 클 것
⑦ 금형의 내부까지 경화될 수 있도록 경화능이 좋을 것
⑧ 방향성이 적고 조직이 균질일 것

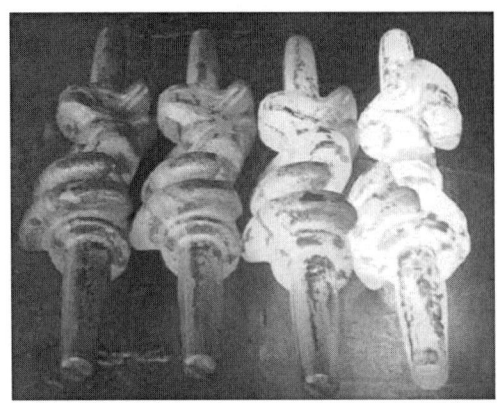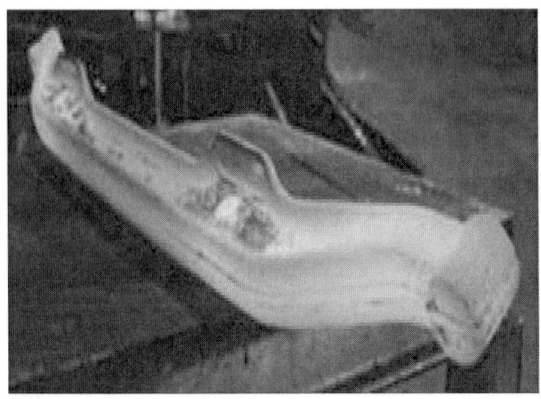

:• 크랭크축(좌)과 다이 부품-인서트(우)

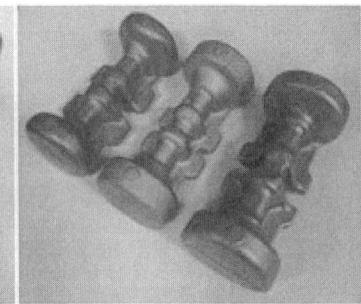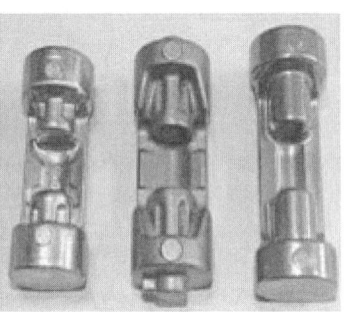

:• 열간 단조 제품-피스톤(4000A, A4032)

1) STF계 열간 금형강

STF계 열간 금형강은 해머 단조용 금형 재료로 많이 사용되며, 특히 STF4는 경화능이 좋고 온도 상승에 따른 연화 저항이 커서 고온 강도가 뛰어나다.

표 STF의 뜨임 온도와 기계적 성질

뜨임 온도 (℃)	기계적 성질						비고
	인장강도 (kg/mm²)	항복점 (kg/mm²)	연신율 (%)	단면 수축률 (%)	충격값 (kg·m/mm²)	경도 (HB)	
500	1,464	1,324	9.6	26.7	19.12	444	담금질 온도 : 830℃, 유냉
550	1,324	1,178	12.0	32.7	21.57	415	
600	1,006	1,006	15.9	39.4	45.7	363	
650	1,038	886	19.0	47.0	83.36	321	

2) STD계 열간 금형강

열간 단조용 금형 재료로서 STD4, STD5, STD61 및 STD62 등이 있다. 이 강종은 프레스 단조용 금형재료로 쓰이며, 특히 온도 상승에 따른 연화 저항이 커서 고온에서의 인장강도와 항복점이 STF계보다 높고 단면 수축률이나 연신율이 낮다.

표 열간 단조형 금형재료의 재료와 특성

구 분	특 징	용 도
STF-4	모든 종류의 열간금형 제작에 사용하고 있는 Ni-Cr-Mo합금강으로서 높은 충격에 잘 견디며, 열처리 시 치수 수축변형률이 비교적 적다.	각종 열간 다이스, 단조용 다이블럭 각종 프레스 해머
STD-61	열충격 및 열피로에 강하므로 열간 프레스형, 각종 다이스 블록제작에 쓰인다. 내마모성과 내열성을 이용하여 열간가공용 공구로서 광범위하게 사용되고 있음	열간 프레스형, 각종 다이스, 절단날, 각종 판재 맨드렐, 다이블록

내히트 체크성은 그림과 같이 STF4에 비해 떨어진다. 충격 저항의 경우, STD계 600℃ 정도에서 단면 수축률이 최소가 되어 충격값은 최소값을 나타내며, 그 이상의 온도에서는 고온 강도가 급격히 떨어진다.

표 열처리 방법

강 종	단조온도	풀 림	담금질	뜨 임	경도(HB)	경도(HRC)
STF-4	1,050℃ 서냉	760~810 서냉	830~880 공냉	550~680 공냉	241 이하	51 이하

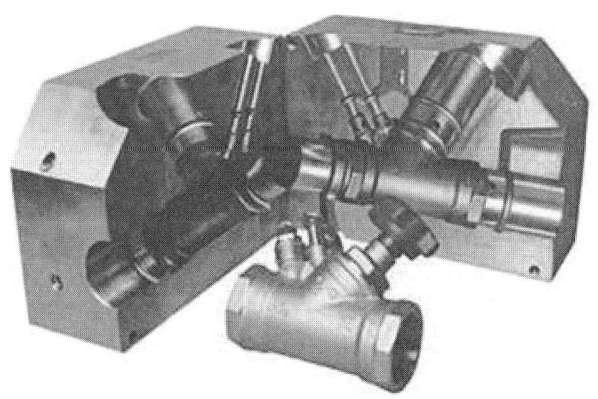

• 열간금형 공구강-알루미늄 및 황동 다이용

(2) 재료의 선정 기준

열간 단조를 위해 금형 재료를 선정할 경우 단조 재료의 재질, 단조품의 크기, 단조품의 형상과 난이성, 사이클 타임과 총 생산 수량 등을 감안해야 하며 단조 기계(설비) 및 가열 기구 등도 충분히 고려해야 한다.

단조품의 크기는 조그마한 볼트로부터 약 300mm 크기의 플랜지 파이프에 이르기까지 다양하며, 자동으로 생산하는 볼트의 경우에는 시간당 7,000개 이상까지도 생산이 가능하다. 이때에는 금형이 계속적인 열적 부하를 맡게 되어 있으므로 열적 부하를 견딜 수 있는 금형 재료를 사용해야 한다. 반면 중간 정도 크기의 자동차용 단조품의 경우 시간당 120~150개를 생산하고, 이때에는 냉각 시간이 비교적 충분하여 열적 부하가 적으므로 좀 더 낮은 열간 강도로도 생산이 가능하다.

자동차용 단조품 볼트의 경우, 단조품의 크기가 중간 정도인 고경도 고합금 단조 공구의 사용은 적합하지 않다. 왜냐하면 고경도 고합금 공구강은 파쇄에 민감하기 때문에 대형 부품의 단조 시에는 공구와 제품 간의 마찰면이 많이 발생하므로 강도가 높은 고합금 공구강이 적당하다.

∙∙ 너트의 단조

단조품의 형상과 관련하여 날카로운 코너나 에지 등이 있는 제품의 경우에는 그 곳에 응력을 집중시켜 조기에 파손을 유발하며, 금형의 덧살이 얇은 부위에도 과부하를 받게 하고 열적 응력이 집중되게 한다.

단조 금형 부품 중 내부의 펀치나 맨드렐(Mandrel)은 고충격 하중을 받고 미끄럼 마모로 조기에 교환해야 할 경우에 발생한다. 인서트로 된 금형들은 정밀도가 높지 않으면 조기에 파손된다.

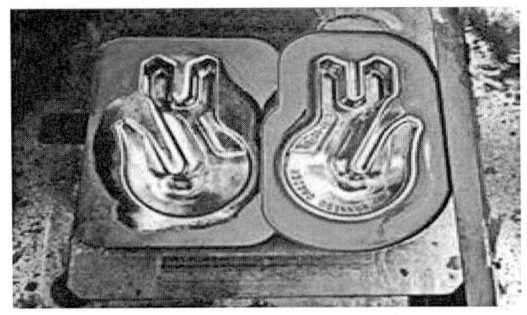 

∙∙ 후크 제작용 다이(좌)와 후크제품(우)

단조 재료의 재질과 관련하여 저탄소강이나 저합금강은 스테인리스강이나 내열강에 비해서 강도가 작으므로 비교적 저렴한 금형 재료를 사용하여 생산할 수 있다. 이에 비해 티타늄 합금은 최고급의 금형 재료를 사용해도 비교적 금형 수명이 짧다.

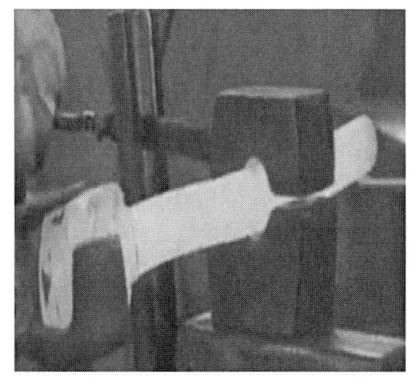 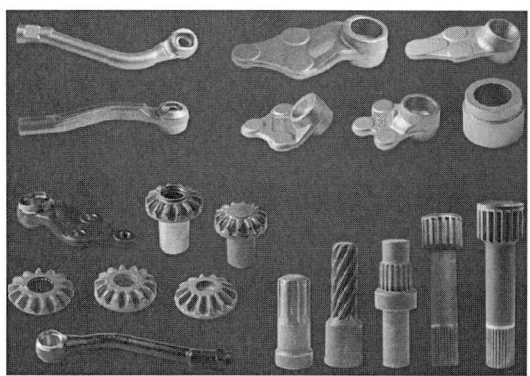

∴ 열간 단조 작업(좌)과 제품(자동차 부품)

1) 단조용 금형 재료

① 해머 단조형 금형 재료

해머 단조는 단조 가공 중 충격 하중에 의해서 제품을 성형하며, 해머 단조용 형강은 특별히 깊이가 깊은 조각 부품이 아닌 이상 재가공을 수회에서 10회 가까이 한다. 그러므로 다음과 같은 조건을 구비한 금형 재료가 좋다.

㉮ 대충격 성이 좋을 것 : 어느 방향에서도 $3kg \cdot m/cm^2$ 이상이 바람직하다.

㉯ 질량 효과가 좋고 재가공해도 경도가 저하되지 않을 것 : 재료의 성분 중 Mn은 담금질성을 향상시키며 Ni은 담금질성과 인성을 개선한다.

일반적으로 해머 단조용 금형 재료로는 내충격성이 뛰어난 STF4, STF5가 가장 많이 사용되고 있다.

② 프레스 단조용 금형 재료

프레스 단조는 일반적으로 고속의 기계식 프레스를 사용하며, 다음과 같은 특성이 있다.

㉮ 가압력은 액압 프레스보다 고속이고 충격적이지만 해머와 비교하면 정압 부하이다.

㉯ 1 공정당 소성 변형량이 해머 단조에 비해 대부분 크다.

㉰ 가압속도는 해머 단조의 1/10 정도로 금형 표면과 고온 재료의 접촉 시간이 길다. 이로 인해 금형 표면의 온도가 상승되므로 고온 경도를 장기간 유지해야 한다.

일반적으로 고W계의 STD4, STF5는 열간 강도와 열간 내마모성이 우수하지만 히트 체크(Heat Check: 열 균열)에 약하고, STD61, STD62에 비해 인성이 떨어진다. STD61, STD62는 열간 강도가 STD4, STD5보다 떨어지나 인성이 크고 히트 체크에 강하여 가장 널리 사용되고 있으며 STD62는 내열성이 보다 우수하다.

∴ 8ton 해머를 이용한 차축 단조작업과 대형 프레스

③ 해머 단조형과 프레스 단조형의 금형 재료

그림은 해머 단조형과 프레스 단조형의 금형재료 선정기준을 나타낸 것이다.

표 해머 단조형 및 프레스 단조형의 선정 기준

종류		피단조재	해머 단조형 총 생산 개수		프레스 단조형 총 생산 개수	
			100~10000	10000이상	100~10000	10000이상
얇은형	소형	C강 합금강	STF5, STF4 HB 341~375	STF5, STF4 HB 388~429	STF5, STF4 HB 388~429	STF4 HB 369~388
		스테인리스강 내열강	STF5, STF4 HB 388~429	STF5, STF4 HB 388~429	STF5, STF4 HB 388~429	HB 477~543 HB 514~577
	중형	C강 합금강	STF5, STF4 HB 341~375	STF5, STF4 HB 341~375	STF5, STF4 HB 388~429	STF4, STF5 HB 369~388
		스테인리스강 내열강	STF5, STF4 HB 341~375	STF5, STF4 HB 405~448	STD6 STD62	STD62, STD61
	대형	저합금강 스테인리스강 내열강	STF5, STF4 HB 302~331	STF5, STF4 HB 302~331	STD6 STD62	STD62, STD61

2) 플래시 제거 및 펀칭용 재료

플래시 제거 펀치에는 합금강을 사용하고 플래시 트리밍용 다이에는 탄소강과 합금강을 사용한다. 트리밍 다이의 커터부에는 온도 상승에 따른 마모를 예방하기 위하여 Cr-W-Co 계의 스텔라이트를 용접하여 사용한다.

그림은 이들 재료의 화학 성분과 용도를 나타내었다.

표 플래시 제거 및 펀치용 재료의 화학 성분과 용도

기호	표준 성분 (%)							용도	비고
	C	Si	Mn	Mo	Ni	Cr	V		
SCM40	0.38 ~ 0.43	0.15 ~ 0.35	0.60 ~ 0.85	0.15 ~ 0.35	–	0.90 ~ 0.20	–	플래시 제거용 다이, 플래시 제거용 펀치, 구멍뚫기용 펀치	모재 뜨임 HRC 30~36 날부 패딩 용접
SM45C	0.42 ~ 0.48	0.15 ~ 0.35	0.60 ~ 0.90	–	–	–	–	플래시 제거용 다이	모재 뜨임 HRC 30~36 닐부 패팅 용접
STD5	0.25 ~ 0.35	0.15 ~ 0.35	0.30 ~ 0.60	9.00 ~ 10.00	–	2.00 ~ 3.00	0.30 ~ 0.50	플래시 제거용 다이, 플래시 제거용 펀치, 구멍뚫기용 펀치	뜨임 HRC50 이하
STF4	0.50 ~ 0.60	0.15 ~ 0.35	0.6 ~ 0.8	0.20 ~ 0.50	1.30 ~ 2.00	0.80 ~ 1.20	0.08 ~ 0.15	플래시 제거용 다이	뜨임 HRC 40~44
STD61	0.35 ~ 0.40	0.80 ~ 1.10	0.25 ~ 0.50	1.20 ~ 1.50	–	2.00 ~ 5.50	0.90 ~ 1.10	Φ25 이하의 구멍 뚫기용 펀치	뜨임 HRC 47~50 날부 패딩 용접 재사용시

단원학습정리

문제 1 단조는 작업온도에 2종류로 분류한다. 그것을 설명하여라.

문제 2 냉간 단조의 장점을 간단히 설명하시오.

문제 3 열간 단조용 금형 재료에 요구되는 일반적인 조건들에 대하여 설명하시오.

05 기타 금형재료

1 분말성형용 금형재료

분말 야금 성형이란, 금속 분말을 필요한 형상으로 압축 성형하여 이것을 금속의 용융점 이하의 온도로 가열 소결해서 각종의 금속 제품을 성형하는 방법으로 다음과 같은 특징이 있다.

① 용융점이 높은 금속의 성형에 용이하다.
② 잘 융합되지 않는 2종 이상의 금속을 균일하게 혼합하여 소결시킬 수 있다.
③ 다공질의 금속 제품을 만들 수 있다.
④ 정확한 치수의 제품을 대량 생산하는 데 유리하다.

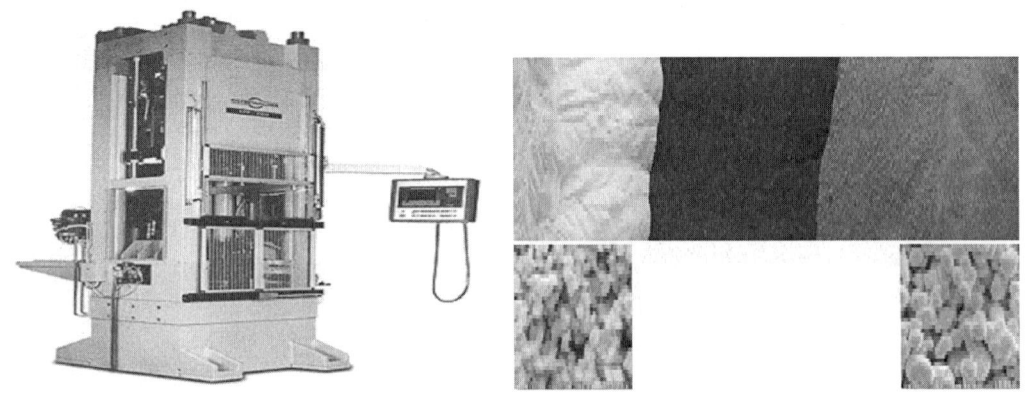

∴ 분말야금용 프레스(좌)와 파우더(우)

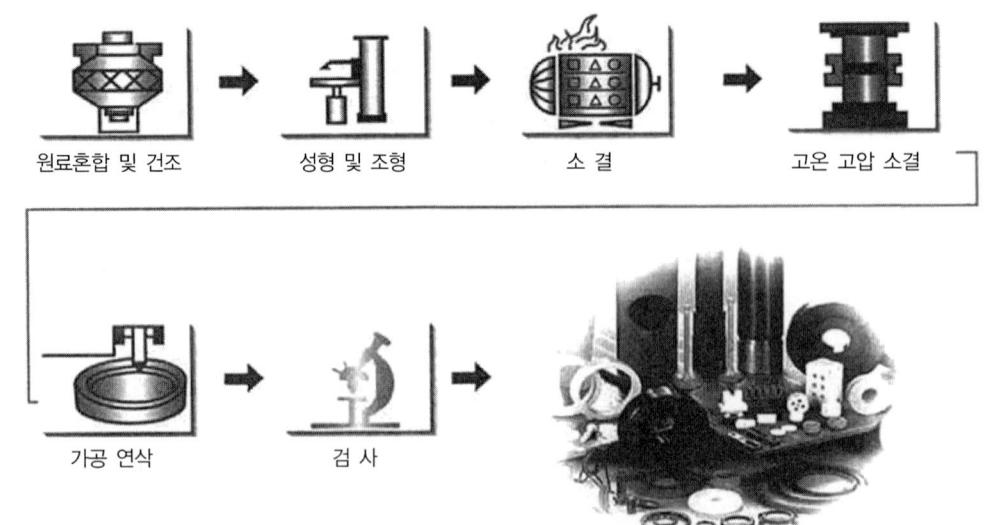

∴ 분말야금 성형과정

(1) 다이

다이는 일반적으로 매우 큰 내압을 받으므로 바깥 케이스에 인서트로 수축 끼워맞춤을 한다. 인서트는 내마모성이 뛰어나고 금속 분말과의 내스커핑성이 좋은 초경합금(V3, V4)을 주로 사용한다. 그러나 소량 생산이나 형상적 특성에 의해 STD11, SKH51, SKH57 등을 열처리하여 HRC60 이상에서 사용하기도 한다. 초경합금은 영률이 높고, SKH51은 인성이 크며 SKH57은 경도가 높다. 바깥 케이스는 반복적인 작업에서 내력이 커야 하므로 STD61, SCM435, SNCM439 등을 HRC 40~45로 열처리하여 사용한다.

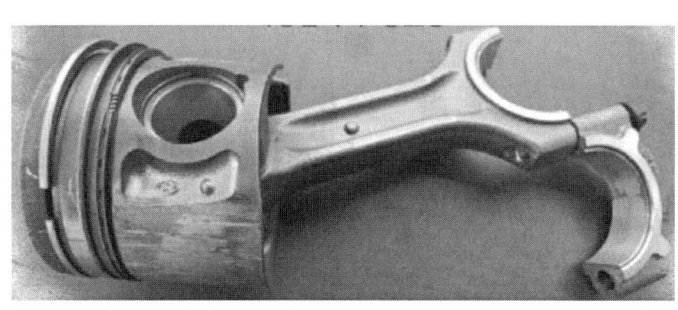

∴ 스커핑(scuffing)

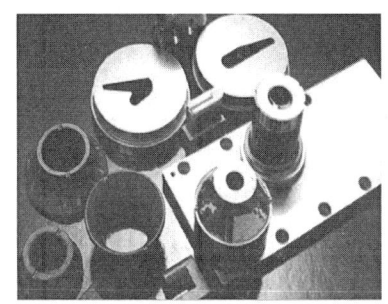
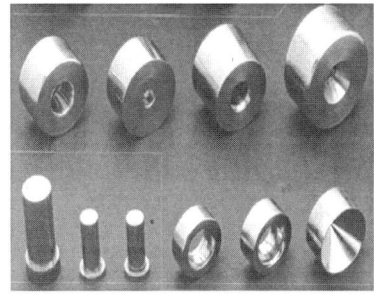
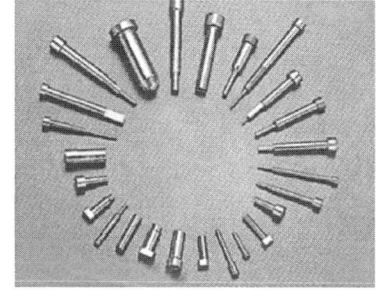

∴ 세라믹 금형(좌)과 초경다이와 펀치

(2) 펀치

펀치는 반복 압축 응력을 받으며 STD11을 열처리하여 HRC 58~60으로 사용한다. 다단 성형용 펀치, 특히 고인성이 요구될 때에는 SKH51~61로 열처리하여 사용한다.

(3) 코어

코어는 다이와 동일하게 내마모성과 내스커핑성이 요구되므로 초경 재료를 사용하는 것이 적합하다. 그러나 형상이 매우 가늘고 길며 고인성이 요구되는 부위에 일체형 초경합금을 사용하는 것은 곤란하다. 이때에는 STD11, SKH51, SKH57 등을 사용한다. 초경합금을 사용할 때에는 필요한 선단부만 V2, V3로 제작하여 코어 홀더에 나사로 고정시키거나 납땜 접합한다.

(4) 어댑터

일반적으로 어댑터에는 고인성이 필요하며 STS2나 STS3을 열처리하여 경도를 HRC50~55 정도로 한다. 특히 고인성이 요구될 때에는 STD61과 유사한 경도를 적용한다.

② 롤(roll) 성형용 금형 재료

냉간 롤 성형은 일렬로 나란히 정렬된 및 조의 성형 롤에 연속적으로 금속 띠판을 통과시켜 순차로 성형 가공하여 완성하는 소성 가공법이다.

∴ 롤 성형 작업

냉간 성형 롤에 필요한 재료의 성질은 다음과 같다.
① 경도가 높고 인성이 클 것
② 변형이 작을 것
③ 내마모성이 클 것
④ 치수 정도가 좋고 다듬면이 매끄러울 것
⑤ 충격에 강하고 표면 박리가 생기지 않을 것
⑥ 눌러 붙임이 적을 것

이상과 같은 특성에 따라 롤의 재질로는 공구강, 반경강, 주철 등이 보통의 성형에 쓰이고, 내마모성이 필요할 때에는 공구강, 고탄소 고크롬강, Cr-Ni-Mo강 등을 열처리하여 HRC 60 정도로 한 후 사용한다.

압연용 롤은 소형 부품의 냉간 롤 성형에 비해 작업 중 더욱 큰 하중이 걸리며, 롤을 휘거나 전단 응력에 비해 파손되지 않기 위해서 충분한 강도가 요청된다. 표에 이들 냉간 성형용 롤의 재질과 용도를 나타내었다.

표: 냉간 성형 롤 재료와 용도

기호	강종	경도 (HRC)	용도	내마모	인성	고온성	비고
STD11	고C고Cr계다이스강	61±2	일반용	중	중	중	*SLD는 히다치 금속의 STD11에 해당되는 강종임 *범례 상-탁월 중-우수 하-보통
SLD-S2	고C고Cr계다이스강	56±2	대형롤용	하	중	하	
SLD-S3	중C중Cr계다이스강	54±2	스퀴즈롤용	하	상	중	
SLD-S5	중C중SiMo계다이스강	57±2	벤딩롤용	하	하	하	
SLD-S6	중CNiCr계다이스강	37이상	대형으로 저압력용	-	-	-	
SLD-S8	고C고CrCo계다이스강	61±2	스퀴즈롤용	중	중	상	
SLD-S9	Mo계고속도공구강해당	59이상	내마모성, 내충격성	-	-	-	
SLD-S14	CrMo계고합금강	63±2	고급성형롤용	상	중	상	

또한 제품의 표면에 매끄러움을 주기 위해서는 롤 자체의 경면 연마가 필요하다. 압연용 롤 재료에는 주철, 주강 그리고 단강(forged steel)이 있으며, 초경합금은 크기가 작은 롤에 한하여 사용한다.

• 롤 작업과 롤

칠드 주철 롤은 표면부가 백주철로 경도가 높고 내부는 회주철로 인성이 보강된 재료이며, 연질재와 경질재로 구분되며 경질재는 평판 압면, 연질재는 소형 봉강재 압연에 쓰인다.

주강 롤은 연질재의 주철 롤과 비슷한 경도값을 가지고 있으나 강도가 크다. 거친 롤의 탄소 함유량은 0.4~0.8%이고 마무리 롤은 0.85~1.25%이며 이들은 합금 강재의 롤에 의해 보강된다.

단강 롤은 강도가 높고 표면이 매끄러우며 내마모성이 뛰어나 판재나 코일재의 냉간 압연용 롤 재료로 가장 많이 쓰인다. 단강 롤용 재질의 성분은 대개 C 0.85%, Mn 0.30%, Si 0.30%, Cr 1.75%, V 0.10%이며, 경우에 따라 Mo는 0.25% 정도 첨가될 때도 있다.

다단 롤은 1, 2차 보강 롤 및 워킹 롤로 구분되어 있으며, 이 경우에는 고탄소 고크롬계의 특수강 또는 SKH계의 Mo계 고속도강이 쓰인다. 초경합금 롤은 주강 롤에 비해 탄성률이 3배 이상이며 상당히 단단하고 변형이 극히 적어 수명이 길고, 제품의 표면이 깨끗해 후처리(도금) 비용이 적게 든다.

③ 유리용, 고무용 금형 재료

유리는 고대 이집트로부터 천연 유리가 발견된 이래 SiO_2와 Na_2CO_3를 적절하게 혼합하여 가열하므로 손쉽게 제조할 수 있게 되었으며, 병, 식기류, 렌즈 및 브라운관에 이르기까지 발달하여 왔다.

유리병은 제품의 종류에 따라 원료를 배합한 후 1350℃ 정도로 가열하여 용해시켜 성형한다.

병을 성형하는 금형을 **병형**이라고 하며 성형법에는 인공 성형법, 반자동 및 전자동 제병기에 의한 성형법이 있으나 대량 생산에는 대부분 전자동 제병기가 사용되고 있다.

병형에는 금형 재료로 대부분 FC20이나 FC25가 사용되나, 압형의 경우 유리덩어리를 프레스하여 성형하므로 SS재를 경질 크롬 도금하여 사용한다.

표와 그림은 ISM에서의 금형의 조건과 재료를 나타낸 것이다.

∷ 유리 성형용 금형

표 ISM에서의 금형 조건과 재료

구분	금형	설명	재질
조형 기구	조형(blank mold)	병의 패리슨을 성형한다.	FC25
	심블(thimble)	플런저의 안내가 된다.	FC25
	플런저(plunger)	병의 입구 안지름을 결정한다. 프레스, 블로일 때 패리슨의 내측 형상을 결정한다.	SM45C FC30
	배플(baffle)	세틀 블로의 공기 출구가 되는 곳에 패리슨 바닥부의 형상을 결정한다.	FC25
	퍼넬(funnel)	고브(gob)를 조성에 넣을 때 안내를 한다.	FC25
	플런저 쿨러 (plunger cooler)	프레스, 블로일 때 플런저 내부를 냉각한다.	FC25
입구형 기구	입구형(neck ring)	입구부(보통 캡을 사용하는 곳)의 형상을 결정한다.	FC25
	가이드형(guide ring)	병의 최상부 형상을 결정하고 심블이나 플런저의 안내가 된다.	FC25
완성형 기구	완성형(blow mold)	병의 최정형을 성형한다.	FC25
	바닥형(bottom)	병의 바닥 형상을 결정한다.	FC25
	블로 헤드(blow head)	완성형에 블로(파이널 블로)하기 위해 공기를 넣는다.	FC25
테이크 아웃 기구	테이크 아웃 조 (take out jaw)	제품을 완성형에서 빼낸다.	SS41P

고무 제품을 성형하는 고무용 금형은 오랜 역사 속에서 다양하게 발전되어 왔으나 문헌상으로 정립된 것은 극히 미약하다.

고무용 금형의 공통된 문제점은 고무에 황을 가할 경우 발생하는 가스를 어떻게 처리하느냐에 있으며, 만약 가스나 공기가 빠져 나갈 장소가 없으면 가황시 제품이 타서 퇴색하여 '베이스업'이라는 불량이 발생한다.

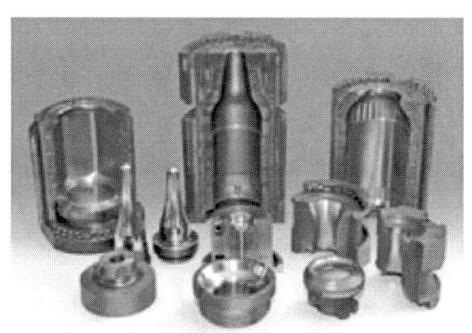 

∴ 유리성형용 금형(좌)과 구분(우)

고무의 성형법에는 컴프레션법, 트랜스퍼법, 인젝션법 등이 있다.

종래의 고무용 금형에 사용하는 금형 재료로는 성형 시 압력이 크지 않아 가공이 용이한 SS재를 많이 사용했다. 그러나 고무 제품의 다양화가 진전됨에 따라 사용되는 금형 재료도 다양해지고 있다.

 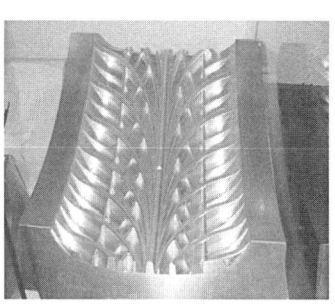 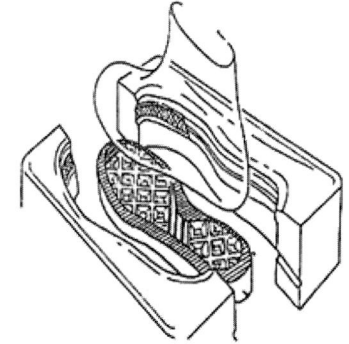

∴ 타이어 금형가공(좌)과 신발금형

공기 흡입용 공압 호스 금형과 같이 다수 개 떼기 방법으로 대형화된 것의 경우, SM55C와 같은 조질용 강제를 금형 재료로 사용하고 있으며 타이어 금형과 같이 트레들링이라고 하는 의장부는 알루미늄 합금 정밀 주조품을 사용하기도 한다. 또한 백몰드 부위에는 주강을 사용하는 경우도 있다.

④ 기타 금형 재료

(1) 와이어 드로잉 금형 재료

둥근 선재의 경우, 조성이나 생산 수량에 관계없이 다이아몬드나 초경합금이 좋으나 소량의 특별한 형상을 드로잉 할 때에는 열처리한 공구강을 사용할 수도 있다. 마모를 발생시키는 요인으로는 드로잉 속도, 드로잉 재료의 조성, 선재의 온도, 단면적비, 그리고 금형의 경도가 상대적인 요인으로 작용한다.

다이아몬드 피복 금형은 값이 고가이므로 제한적인 용도에 사용되며 초경 합금의 경우가 경제적이다. Co 8% 미만의 초경합금은 비교적 부드러운 편이며 인성이 있으나 Co량이 적은 것에 비해 마모 속도가 빠르다. 초경합금 다이는 마모 시 좀 더 큰 규격의 제품용으로 계속 사용할 수 있다.

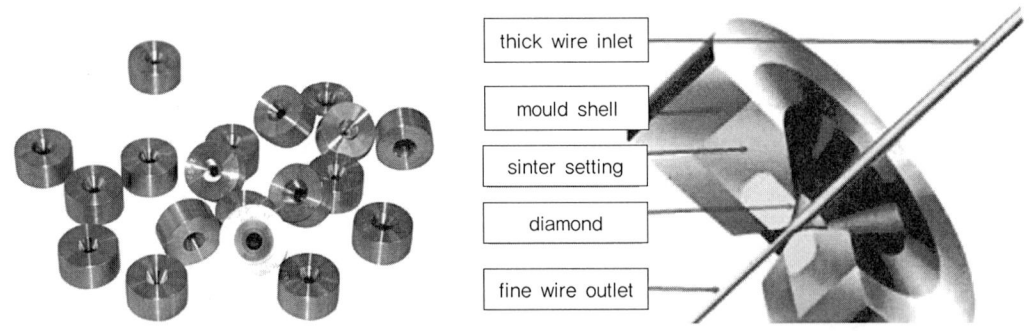

∴ 다이와 다이구조

공구강의 경우, 단면 감소비 20% 미만에 한해서 HRC 62~64 정도로 열처리하여 사용이 가능하다. 와이어 드로잉의 금형 파손은 부적합한 단면 축소비, 인서트에 대한 지지력의 부족, 마찰력의 감소를 위한 윤활의 부적절, 금형 재료의 부적합 등을 들 수 있다.

표 와이어 드로잉의 금형 재료

피드로잉 재료	둥근 선재	기타 형상의 선재
탄소강 및 합금강	0.15mm 이하 다이아몬드 0.15mm 이상 초경합금	SKH 51 또는 초경합금
스테인리스강 Ti, W, Mo, Ni 합금	0.8mm 이하 다이아몬드 0.8mm 이상 초경합금	SKH 51 또는 초경합금
Cu	1.6mm 이하 다이아몬드 1.6mm 이상 초경합금	STD 11 또는 초경합금
Cu 합금, Al 합금	0.8mm 이하 다이아몬드 0.8mm 이상 초경합금	STD 11 또는 초경합금
Mg 합금	0.57mm 이하 다이아몬드 0.57mm 이상 초경합금	STD 11 또는 초경합금

∴ 드로잉 다이스(합성다이아몬드 인발 다이스/초경 다이스)

(2) 냉간 압조용 금형 재료

냉간 압조용 금형은 펀치와 다이스로 구분된다. 다이스는 주로 초경합금을 인서트로 사용하며, 펀치용 재료로는 단일형의 경우 소량 생산용으로 탄소 공구강을 사용하나 대량 생산 시에는 인서트로 하여 SKH51을 사용하는 경우가 많다. 냉간 압조 금형용 탄소 공구강으로는 탄소 함유량 0.85~1.10%가 보편적으로 사용되며, 표면 경도는 HRC 60, 내부는 HRC 40~50으로 한다.

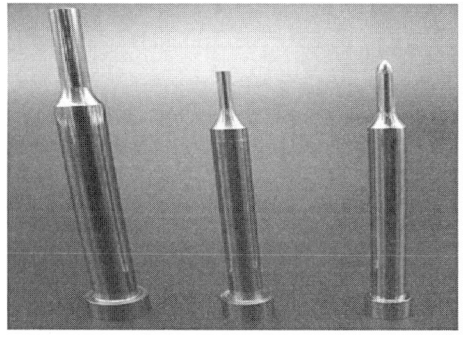 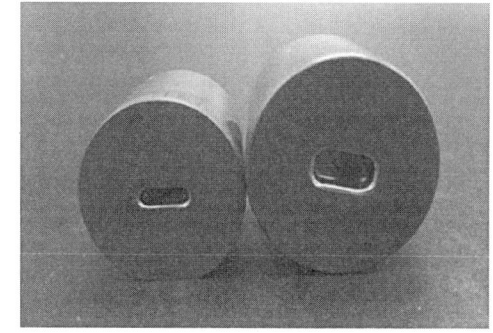

∴ 펀치와 다이

냉간 압조용 합금 공구강은 탄소 공구강에 비해 내마모성이 좋으나 경화층이 깊어 표면과 심부의 경도차에 의한 인성은 적다. 따라서 STD11이나 SKH51은 응력이 작고 하중이 비교적 작은 경우에 사용하는 것이 바람직하다.

초경합금의 경우에는 Cork 13~25% 함유된 것을 사용한다. Co량이 많이 함유되어 있어 인성이 충분하기 때문이다. 즉 비교적 큰 제품으로 인성이 필요할 때는 Co 25% 함유량의 제품을 사용하고, 충격성이 적은 제품용에는 Co 13% 함유량을 사용하는 것이 바람직하다.

(3) 전조 다이스용 금형 재료

전조 다이스는 나사산 성형 시 강한 비빔성 마찰력에 견디어야 하므로 충분히 경화시켜 내마모성과 인성을 지니도록 한다. 전조 다이스는 사용 중 미세한 파쇄들의 뾰족한 나사산 부위에서 일어난다. 이러한 현상을 피가공재 표면의 산화 피막과도 깊은 연관이 있다.

전조 다이스용 금형 재료에는 보편적으로 STD11이 가장 많이 쓰인다. 경우에 따라서는 STF4도 사용되나 STD11에 비해 수명이 약 10% 짧다.

표와 그림은 다이스의 적용 예와 사용 경도를 나타낸 것이다.

표 전조 다이스용 적용 예

재질	수량	평 다이스		원형 다이스	
		500000	1000000	500000	1000000
2급 나사 인치당 40산	Al, Cu 합금 연강재	STF4 (HRC 57~60)	STD11 (HRC 60~62)	STF4 (HRC 56~58)	STD11 (HRC 58~60) SKH51 (HRC58~60)
	STS304 탄소강	STD11 (HRC 59~61)	STD11 (HRC 59~61)	STF4 (HRC 56~58)	STD11 (HRC 58~60) SKH51 (HRC 58~60)
3급 나사 인치당 40산	Al, Cu 합금 연강재	STF4 (HRC 57~60)	STF4 (HRC 57~60)	STF4 (HRC 56~58)	STF4 (HRC 56~58)
	STS304 탄소강	STD11 (HRC 57~61) SKH51 (HRC 58~60)	STD11 (HRC 57~61) SKH51 (HRC 58~60)	STF4 (HRC 56~58)	STD11 (HRC 59~61)

(a) 헬리컬기어 전조다이스   (b) 원형(나사)전조 다이스

∴ 전조 금형

단원학습정리

문제 1 분말 야금 성형에 사용되는 금형재료를 말하시오.

문제 2 병형에는 금형 재료로 대부분 무슨 재료 사용하는가?

문제 3 냉간 압조용 금형재료에서 펀치와 다이의 사용재료는 무엇을 사용 하는가?

금·형·재·료

제 07 장
열처리와 표면경화

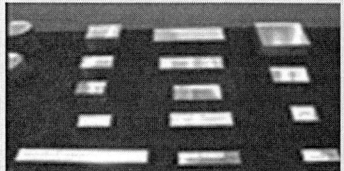
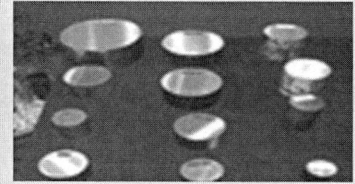

chapter 01 열처리와 표면경화

01 열처리

금속을 적당한 온도로 가열하여 적당한 속도로 냉각시켜서 그 기계적 성질을 향상 및 개선시키는 조작으로 열처리(Heat treatment)에 의해서 성질을 개선하기 위해서는 재료로서 구비하여야 할 조건들이 있으며 이 조건을 구비하지 못한 재료는 가열 또는 냉각하여도 효과를 얻을 수 없다.

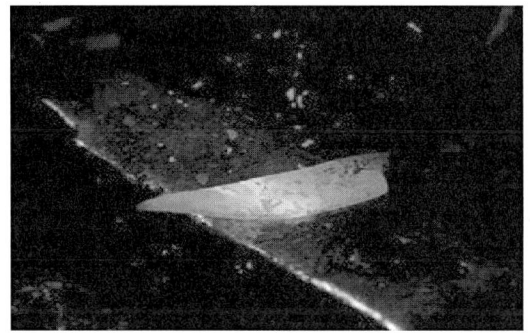

∴ 열처리 로

1 열처리의 종류

(1) 일반 열처리

탄소강의 A_1 변태는 강의 특수한 변태로서 그림의 HOT 선으로 표시한 것과 같이 일정한 온도 723℃에서 일어나며 탄소량과는 무관하다.

탄소량이 0.86%인 공석강을 γ 오스테나이트 상태로부터 서냉하면 723℃에서 페라이트와 시멘타이트의 공석강인 펄라이트를 석출한다. 이 펄라이트 변태를 **A1변태**라고 하며 냉각 시에는 Ar_1 으로 표기하고 **공석변태**라 한다.

A₁ 변태점 이상의 온도에서 Fe는 γ 철로서 탄소를 고용하고 있으나 A₁ 변태점 이하의 온도에서 Fe는 α 철로 되며, α 철은 거의 탄소를 고용할 수 없으므로 유리 상태의 시멘타이트로 존재한다.

열처리 종류에는 다음과 같은 것들이 있다.

① 계단 열처리
   (Interrupted heat treatment)
② 항온 열처리
   (Isothermal heat treatment)
③ 연속 냉각 열처리
   (Continuos cooling heat treatment)
④ 표면 경화 열처리
   (Surface hardening heat treatment)

∴ 탄소강의 상태도

이 밖에 특수 열처리로써 재료의 기계적 성질을 성질을 변화시킬 수 있으며, 경합금(light alloy)에는 시효 경화(Age hardening) 열처리법이 사용되고 있다.

∴ 조선시대 대장간(좌)과 근래의 대장간(우)

1) 철강의 서냉 조직

철강은 탄소(C)를 함유하므로 순철과는 다른 A_3, A_2, A_1, A_{cm} 등의 변태를 일으키는데 그 중에서 철강과 가장 중요한 관계가 있는 것이 A1변태점이며 이 변태점을 경계로 하여 오스테나이트 ⇌ 펄라이트의 변태를 한다.

또 펄라이트는 페라이트와 시멘타이트의 혼합물로 구성되어 있으며, 다음과 같은 변화를 이용하여 철강의 기계적인 성질을 조성하는 것이 강의 열처리로서 가장 널리 이용되고 있다.

① γ 고용체 ⇌ α 고용체
② 면심 입방 격자 배열 ⇌ 체심 입방 격자 배열
③ 고용탄소 ⇌ 유리탄소

그림은 열처리된 탄소강의 현미경 조직의 특징을 나타낸 것이며, 강을 변태점 이상으로 가열하여 서냉시킨 조직을 탄소강의 표준 조직이라 하고, 강의 서냉 조직은 다음과 같다.

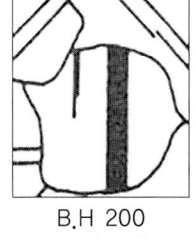
B.H 200
오스테나이트

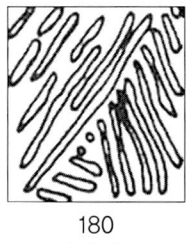
180
펄라이트

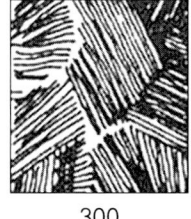
300
미세펄라이트

450
구상투르스타이트

700
마르텐사이트

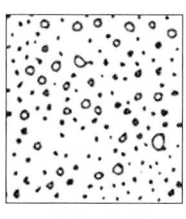
400~250
솔바이트

∴ 열처리된 탄소강의 현미경 조직

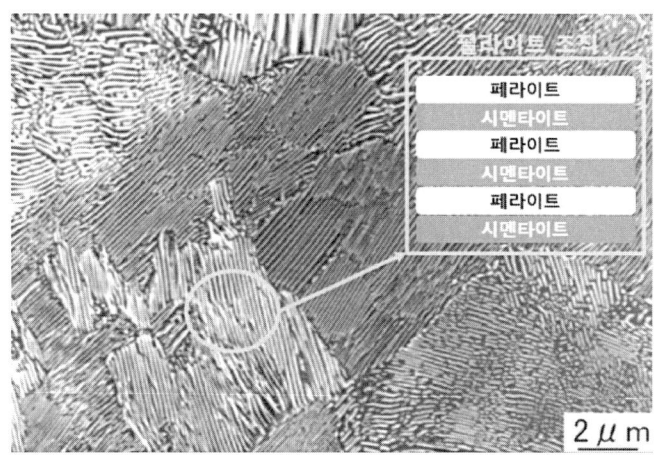

∴ 전자현미경(TEM)으로 관찰한 현미경 조직

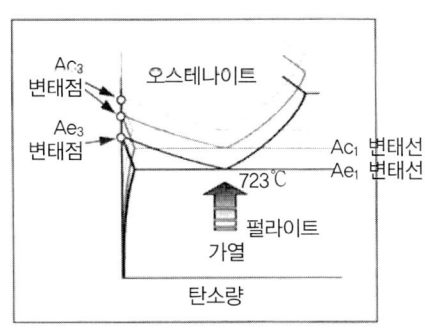
(a) 가열

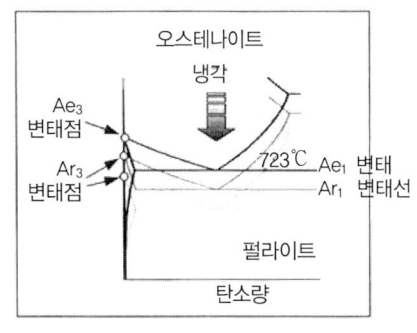
(b) 냉각

∴ 탄소강의 서냉 조직

① **펄라이트**: 페라이트와 시멘타이트(Fe₃C)이 서로 층상으로 배치된 조직으로, 현미경 조직은 흑백으로 된 파상선을 형성하고 있으며 경도 HB 180~200, 강도 60~80 kg/mm²정도로 탄소강의 기본 조직이다.

② **페라이트(지철)**: 탄소를 함유하지 않은 것으로 현미경 조직은 사진에서 백색으로 보이며, 평균적인 철강 조직에 비하여 연하고 강도가 작다.

경도는 HB80, 인장강도는 30kg/mm²이며 강자성체로 순철의 바탕 조직이다.

③ **시멘타이트**: 철과 탄소의 화합물로서 침상이고 회백색이며 조직이 취약하다. 경도(HB800)가 매우 높으며 이 조직으로는 실용화할 수 없다.

일반적으로 상온의 철강을 가열하면 A_1 변태점 이상에서는 펄라이트가 전부 오스테나이트 조직으로 변하고, 이것을 냉각하면 냉각 속도에 따라 위 그림에 표시된 각종의 열처리 조직이 생기게 된다.

2) 강의 경화능과 질량 효과

강재를 담금질했을 때 경도는 그림과 같이 그 강재의 탄소 함유량으로 결정되며, 합금 원소는 이 담금질 경도와 무관함을 알 수 있다. 그러나 합금 원소는 경화층의 깊이를 깊게 하는 데 기여한다. 같은 크기의 물체라도 강종에 따라 경화되는 방법이 다르다. 이 때 경화되는 깊이를 지배하는 강재 자체의 성능을 **경화능**이라 한다.

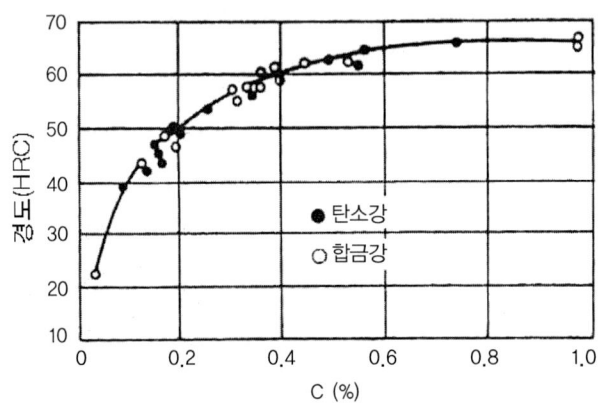

∴ **강의 C(%)의 담금질 최고 경도의 관계**

합금강은 탄소강에 비해 경화능이 좋다. 경화능은 담금질된 강재의 단면에 대한 경도를 측정함으로써 알 수 있다. 크기가 큰 강재를 담금질하면 표면과 내부의 냉각속도가 다르므로 표면만 경화되고, 중심부는 냉각 속도가 늦어 경화되지 않는다. 따라서 경도 분포를 표시하면 U자형으로 된다.

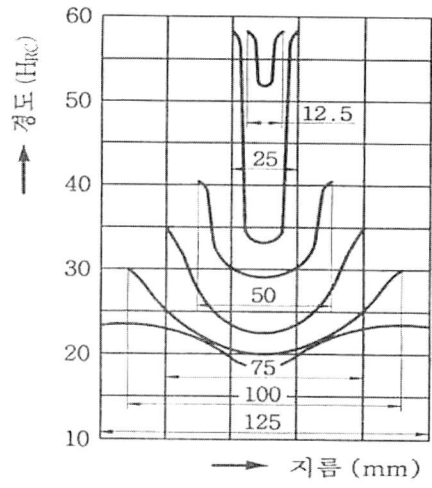

• 다양한 형상의 열처리　　　　　• 시험편 지름에 따른 담금질 경도의 차(C 0.45%)

　이와 같은 경우 담금질 경화층의 깊이를 결정하기 위해 보통 50% 마르텐사이트 조직의 경도 HRC50(HV513)을 임계 경도로 하여 표면으로부터 50% 마르텐사이트 부분까지의 깊이를 담금질 경화층 깊이라고 한다.

　강재의 크기에 따라 냉각 시 냉각속도가 다르고, 이에 따라 표면과 중심부는 조직이 달라지며 경도값에도 차이가 발생한다. 이와 같은 현상을 **질량 효과**(Mass effect: 부품이 크거나 두꺼우면 내부로 들어갈수록 냉각속도가 늦어져 경도값이 저하되는 현상)라고 한다.

　일반적으로 탄소량이 많고 결정 입자가 미세하며 합금 원소를 많이 함유할수록 경화능이 좋고 경화층 깊이도 깊어진다.

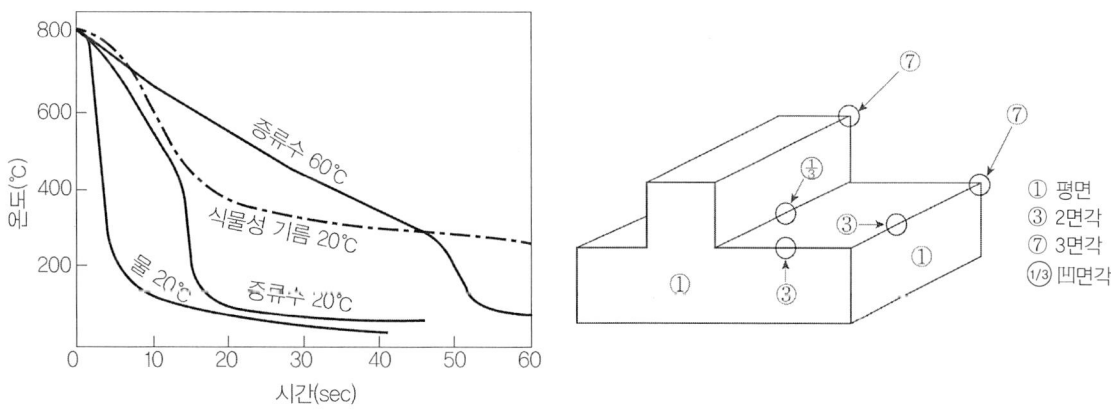

• 각종 냉각액의 냉각속도(좌)와 위치에 따른 냉각속도 차이(우)

(2) 계단 열처리

　계단 열처리의 기본 열처리 방법은 담금질(Quenching), 뜨임(Tempering), 풀림(Annealing), 불림(Normalizing) 등이 있으며, 이와 같은 열처리 과정은 가공하려는 재료 및 온도에 따라 다르다.

그림은 계단 열처리의 공정도를 표시한 것이다.

여기서 AB: 가열, BC: 정온 유지, CD: 급냉, EF: 재가열, FG: 정온 유지, GH: 냉각 등의 일련의 과정을 거쳐 작업이 진행된다. 온도 가열에서 AB → BC → CD의 과정을 담금질이라 하며, 실온에서 A_1 변태점 이상의 적당한 온도까지 AB와 같이 서서히 가열하고, 일정한 온도 BC에서 유지 시간 T_2가 되면 C에서 적당한 냉각제 중에 급냉하여 강을 경화시킨다. 담금질된 강은 경도가 크나 인성이 작아 이것을 EF → FG → GH 과정을 거쳐 뜨임하여 필요한 경도와 인성을 갖게 한다.

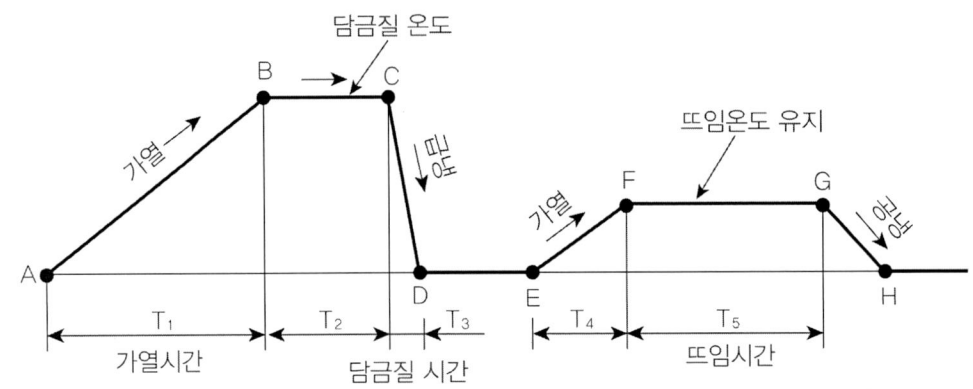

•• 계단 열처리의 공정도

1) 담금질(Quenching)

열처리의 대표적인 것으로써 강을 경화시킬 목적으로 A_1 변태점 약 50℃ 가열하여 균일한 오스테나이트 조직으로 만들어 매우 서서히 냉각하면 펄라이트가 된다. 그러나 급냉하여 냉각속도가 빠르면 A_1 변태가 완전히 끝나지 못하고 중간 조직이 된다. 이것들은 천천히 냉각하여 얻은 펄라이트보다도 경도가 크고 강하며 그 성질은 여리다. 이와 같이 급냉으로 기계적 성질을 조정하는 작업을 **담금질**이라 한다.

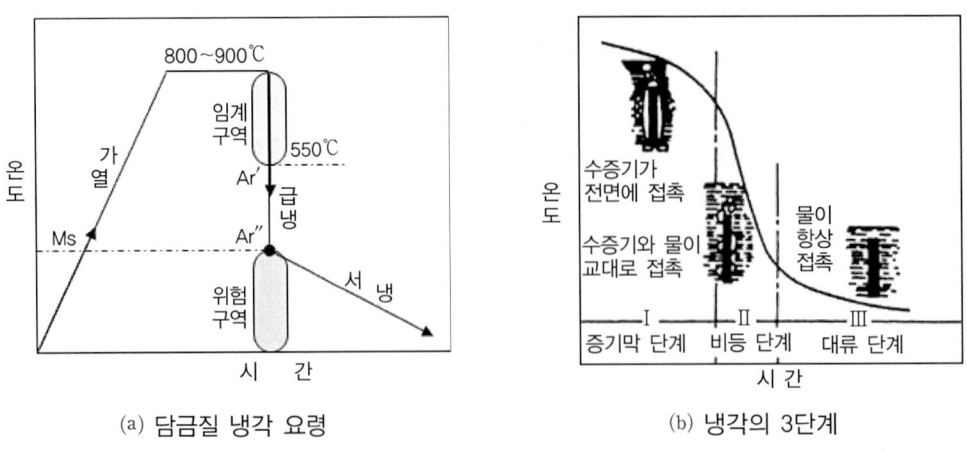

(a) 담금질 냉각 요령   (b) 냉각의 3단계

•• 담금질 방법

담금질 냉각에서 중요한 것은 그림 (a)과 같은 요령으로 임계구역(Critical range)은 급냉하고, 균열이 발생하는 위험구역은 서냉시킨다. 정체된 물 속에서의 냉각은 그림 (b)과 같이 비등 단계에서 냉각 속도가 최대가 되며 이때 담금질 효과도 크게 나타난다.

따라서 일반적인 담금질 방법은 다음과 같다.

① **시간 담금질**(Time quenching): 담금질 작업에서 Ar′점에서 빨리 냉각하고 Ar″점에서 서냉하려면 냉각도중에 냉각 속도를 변화시켜 주어야 하는데, 이 냉각 속도의 변화를 냉각시간으로 조절하는 담금질로 **인상(2단) 담금질**이라고도 한다. 핵심(key point)은 인상시점의 결정이며,

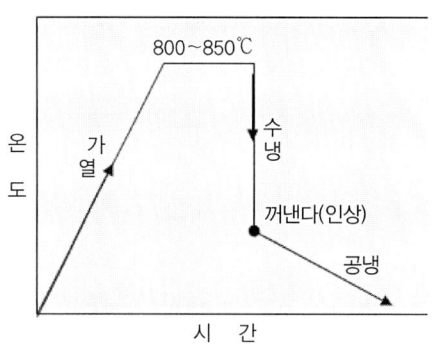

처음에는 물로 빨리 냉각시켜 주고 적당한 시간이 지난 후에 꺼내어 유냉 또는 공냉을 해주고, 유중 담금질할 때는 두께 1mm당 1초간 유침 시킨다.

② **분사 담금질**(Spry quenching): 담금질 경화 부분에 냉각액을 분사시켜 급랭시키는 방법으로 경화가 필요하지 않은 부분은 공랭시킨다.

③ **프레스 담금질**(Press quenching): 기어나 스프링 등의 담금질 변형이 우려 되는 경우, 금형으로 프레스하여 유중 담금질하는 조작을 말하며 톱날, 면도날 같은 얇은 물건에 적용한다.

④ **슬랙 담금질**(Slack quenching): 담금질과 뜨임의 한 번의 조작으로 소요 경도를 얻을 수 있으며, Ar′변태를 일으키게 하는 냉각액을 사용하여 조직을 미세펄라이트로 되게 해주며, 냉각액으로는 비눗물 또는 연마액을 사용하여, 담금질 한 후 200℃이하의 저온 구역에서 꺼내어 공랭하면 좋다.

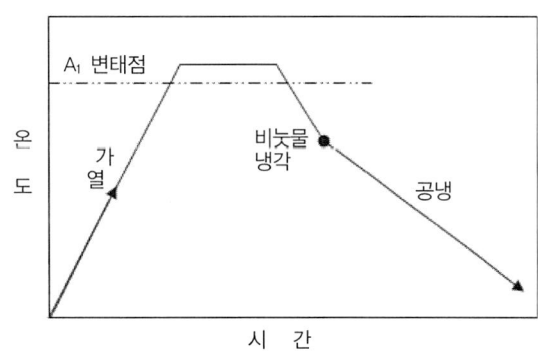

∴ **슬랙 담금질 방법**

그림에서 마르텐사이트는 강에서 가장 경도가 큰 열처리 조직으로 다음과 같이 된다.

오스테나이트(A) → 마르텐사이트(M) → 트루스타이트(T) → 솔바이트(S) → 펄라이트(P)

그리고 담금질 조직의 경도는 상호간 다음과 같은 관계가 있다.

오스테나이트 〈 마르텐사이트 〉 트루스타이트 〉 솔바이트 〉 펄라이트 〉 페라이트

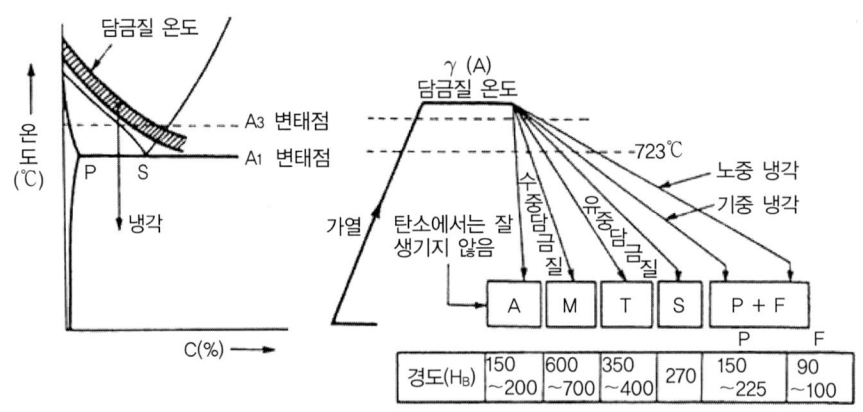

:· 열처리 조직 변화

2) 뜨임(Tempering)

담금질한 강철은 경도가 크지만 그 반면에 취성이 있으므로 다소 경도가 떨어지더라도 인성이 필요한 기계 부품에는 담금질한 강을 다시 가열하여 인성을 증가시킨다. 이와 같이 담금질한 철강을 A_1 변태점 이하의 일정 온도로 가열하여 인성을 증가시킬 목적으로 하는 조작을 뜨임이라 한다.

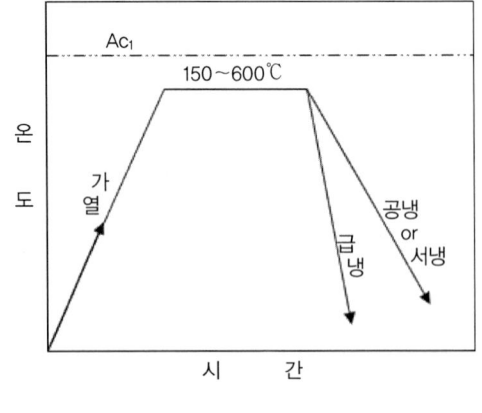

:· 뜨임 방법

뜨임을 하면 담금질할 때 생긴 내부 응력이 제거되고, 불안정한 조직이 재질에 따라 다소의 차이가 있으나 대략 표와 같다.

표   뜨임 조직의 변태

조 직 명	온도 범위(℃)
오스테나이트 → 마르텐사이트	150~300
마르텐사이트 → 트루스타이트	350~500
트루스타이트 → 솔바이트	350~650
솔바이트 → 펄라이트	700

뜨임 온도는 강재의 표면에 생기는 산화막이 온도의 차이에 따라 변화하므로 표면 피막의 정도를 나타내는 뜨임색으로 판단하는 때도 있다. 그러나 뜨임색은 가열 시간 및 재질조직 등에 따라 다르며 뜨임할 때에는 담금질 표면을 깨끗이 닦고 강철판 위에 얹어 가열하면 뜨임색이 나타난다.

표는 탄소강의 뜨임색과 뜨임 온도의 가열시간의 관계를 표시한다.

표   온도에 따른 뜨임색

뜨임 온도(℃)	뜨임색	뜨임 온도(℃)	뜨임색
200	담황색	290	농청색
220	볏짚황색	300	중청색
240	갈색	320	담청색
260	자색	350	청회색
280	적자색	400	회색

표   가열시간에 따른 뜨임색

뜨임온도	가열시간	뜨 임 색
250℃	3분	농 다갈색
250℃	10분	적근색+농다갈색
250℃	30분	적근색
250℃	45분	농근색
250℃	60분	농근색

뜨임 방법은 경도를 목적으로 하는 저온 뜨임과 조직을 목적으로 하는 고온 뜨임이 있으며, 저온 뜨임은 100~200℃에서 뜨임 마르텐사이트 조직을 얻는 조작으로 공랭이며 다음 목적으로 실시한다.

① 담금질 응력 제거

② 치수의 경년 변화 방지

③ 연마 균열 방지

④ 내마모성의 향상

고온 뜨임은 조직을 목적으로 400~650℃에서 가열하여 트루스타이트 또는 뜨임 솔바이트 조직을 얻기 위한 조작이며, 구조용강에서와 같이 강인성이 요구되는 부분에 적용된다. 일반적으로 뜨임 온도가 높을수록 강도, 경도는 감소되나 연신율, 단면 수축률 등은 증가되며, 뜨임 온도에 따라 뜨임 취성이 있고 이 뜨임 취성에는 다음의 3종류가 있다.

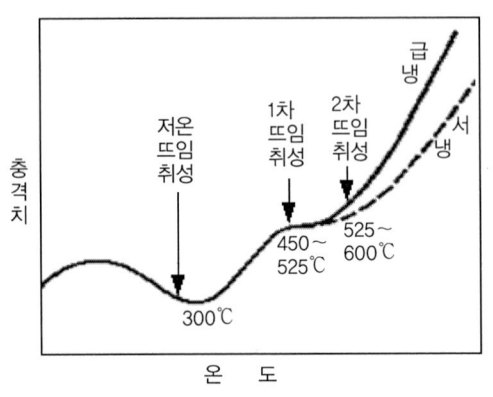

뜨임취성의 3종류

① **저온 뜨임 취성(300℃ 취성)**: 250~300℃
② **1차 뜨임 취성(뜨임 시효 취성)**: 450~525℃
③ **2차 뜨임 취성(고온 뜨임 취성)**: 525~600℃

고온 뜨임 시 냉각 방법은 급랭이 좋으나 고속도강이나 냉간 금형강의 경우는 서냉시켜 뜨임 경화, 즉 2차 경화를 하여 사용한다.

그림은 Ni-Al-Cu를 함유하는 강을 고용화하고 이것을 각종 온도로서 시효시킨 것이다. 시효 시간이 너무 길면 경도가 다시 떨어진다. 이것을 **과시효**라고 한다. **시효**(Aging)란 열간가공이나 열처리 또는 냉간가공 후 실온이나 실온 이상의 온도에서 기계적 성질의 변화가 일어나는 처리를 말한다.

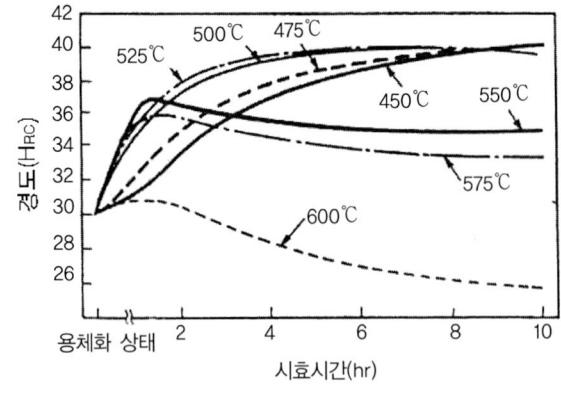

Ni-Al-Cu를 함유한 강의 시효경화

3) 풀림(Annealing)

단조 작업을 한 강철 재료는 고온으로 가열하여 작업하게 되므로 조작이 불균일하고, 거칠다. 이와 같은 조직을 균일하게 하고, 상온 가공에 의한 내부 응력을 제거하기 위한 열처리를 **풀림**이라고 한다.

그림은 풀림온도를 나타낸 것으로 강의 열처리 온도범위를 보면 모두 A1 변태점 위에 있다. 불림온도가 제일 높은 곳에 위치하고, 그 다음에 담금질이며, 풀림온도가 가장 아래에 있음을 알 수 있다. 강재의 풀림에는 완전 풀림, 항온 풀림, 구상화 풀림, 응력 제거 풀림, 연화 풀림 등 목적에 따라 적절한 온도에서 처리되고 있다.

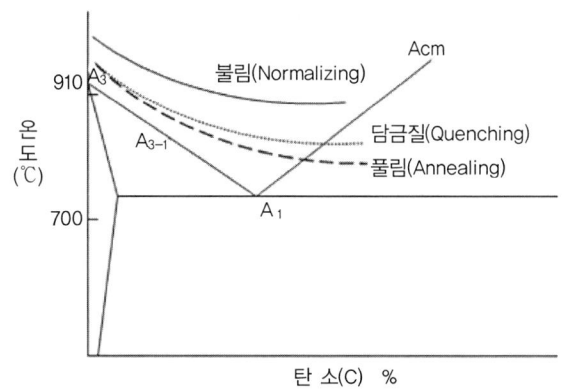

∴ 강의 풀림, 불림 및 담금질 온도

풀림 열처리의 목적은 대략 다음과 같다.
㉮ 강의 연화 및 결정조직을 균일화 시킨다.
㉯ 내부응력을 제거한다.
㉰ Gas 또는 다른 불순물을 확산(방출)시킨다.
㉱ 기계 및 물리적 성질을 변화시킨다.

① **완전 풀림(Full annealing)**
   ㉮ **목적**: 강재의 조직을 개선시키고 연화시키기 위하여 행하는 것이며 단순히 풀림이라고 하면 **완전 풀림**을 말한다. 풀림 시 서냉할수록 연하고 절삭성이 좋아진다. 이는 서냉할수록 고온에서 변태하여 조대한 펄라이트가 생성되기 때문이다. 따라서 피절삭성을 좋게 하기 위하여 완전 풀림을 행한다.
   ㉯ **방법**: 강재를 Ac_3 또는 Ac_1 선 이상의 온도로 적정 시간 가열한 후 일정 시간 유지하고 서냉한다. 가열 시간은 강편의 크기와 형상 등에 따라 결정되며 서냉하는 방법은 보통 실온까지 노중에서 냉각하나 550℃정도가 되면 노에서 집어내어 공냉 또는 수냉하여도 무방하다.

이와 같이 처음에는 천천히, 다음에는 빨리 냉각시켜 2단계의 방법으로 냉각시켜 주는 방법을 **2단 풀림**이라 한다. 이 방법은 냉각 시간을 단축시키는 장점이 있다. 그림 (b)는 2단 풀림을 나타낸 것이다.

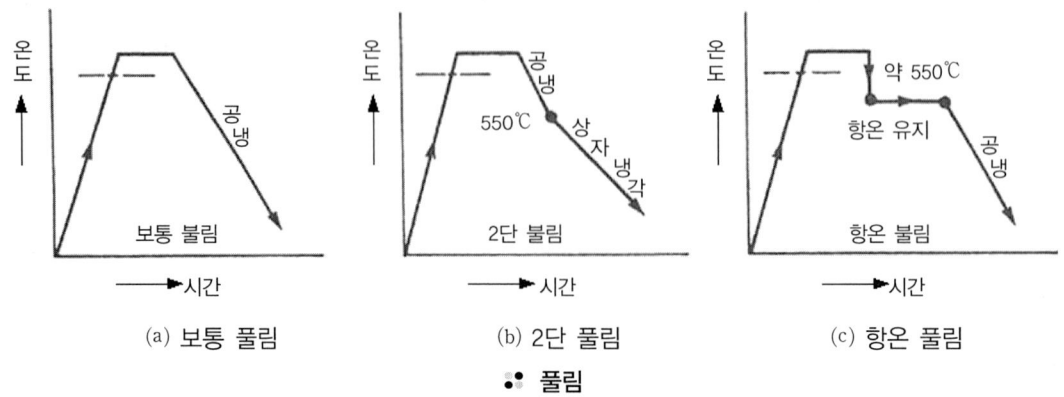

* 풀림

② **항온 풀림**(Isothermal annealing)

S곡선의 코(Nose) 혹은 이것보다 높은 온도에서 처리하면 비교적 빨리 연화되어 어닐링의 목적을 달성할 수 있다.

이와 같이 항온 변태처리에 의한 풀림을 **항온 풀림**이라 한다. 이 때 풀림 온도로 가열한 강을 S곡선의 코 부근의 온도(600~650℃)에서 항온 변태를 시킨 후 공랭 및 수냉하며, **사이클 풀림**(Cycle annealing)이라고도 한다.

그림은 S곡선에 있어서의 항온 풀림과 항온 풀림의 과정을 설명한 것이다.

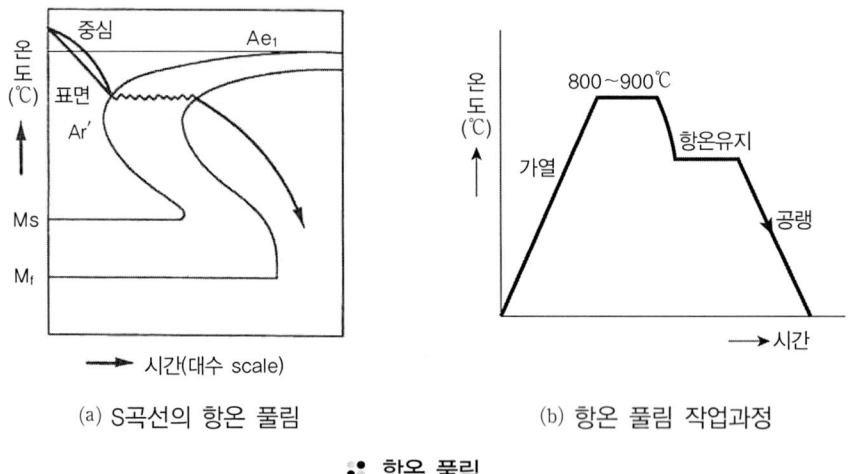

* 항온 풀림

㉮ 목적: 항온 풀림의 목적은 풀림 시간을 단축시키고 펄라이트의 층간 거리를 균일하게 하여 절삭 가공면을 개선하는 데 목적이 있으며, 등온 처리 온도는 일반적으로 S곡선의 코(Nose)의 온도와 일치한다.

㉯ 방법: 합금 공구강 및 열간 금형강의 완전 풀림 방법은 그림과 같다.

고속도 공구강은 30℃/h이하의 냉각속도로 장시간 요하는 데 비해 항온 풀림에서는 수 시간 정온에서 유지한 후 공냉이 가능하므로 현장에서 자주 사용한다.

강 종	가열 온도×시간 (℃) (h)	항온 변태 온도×시간 (℃) (h)
STS2	780 x 2	680 x 6
STS3	780 x 2	680 x 6
STD1	900 x 2	720 x 6
STD11	900 x 2	750 x 8
STD12	900 x 2	760 x 6

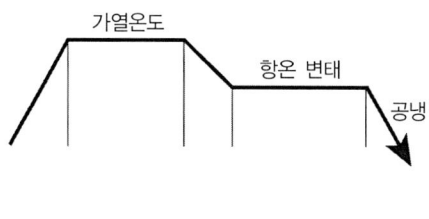

∴ 합금 공구강 항온 풀림

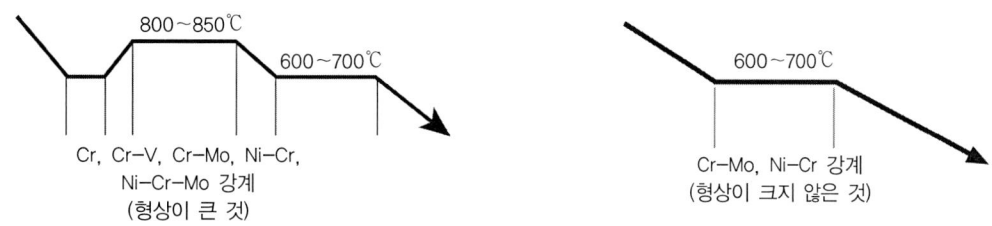

∴ 열간 금형강 항온 풀림

③ **구상화 풀림**(spheroidization annealing)

㉮ 목적: 유리상태의 망상 시멘타이트 및 층상 펄라이트를 가열에 의해서 구상화 시키는 조작으로 고탄소강(과공석강)의 기계 가공성을 증가시키고 담금질 후의 인성 및 균열을 방지한다.

기계 가공성을 증가할 목적으로 할 경우는 미세하고 균일하게 구상화 시키고 아공석 강의 냉간 단조성을 좋게 하는 효과도 있다.

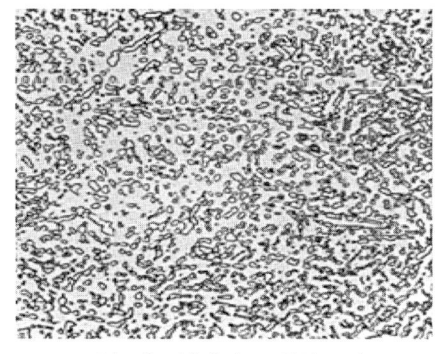 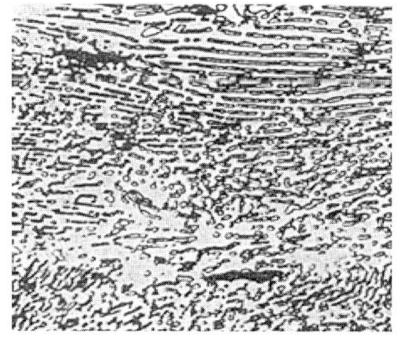

(a) 과공석강의 구상화조직 (1.20%C, 0.31%Si, 0.46%Mn)   (b) 냉간 압연된 탄소강의 구상화조직 (0.65% C, 0.26% Si, 0.21% Mn)

∴ 구상화 풀림

㉯ 방법: 강 속이 탄화물(Fe_3C)을 구상화하기 위하여 행하는 풀림이다.

공구강에는 담금질 사전처리로서 필요한 조작으로 다음과 같은 네 가지 방법이 있으며 이것을 그림에 나타내었다.

※ Ac : 가열 할 때   Ar : 냉각 할 때

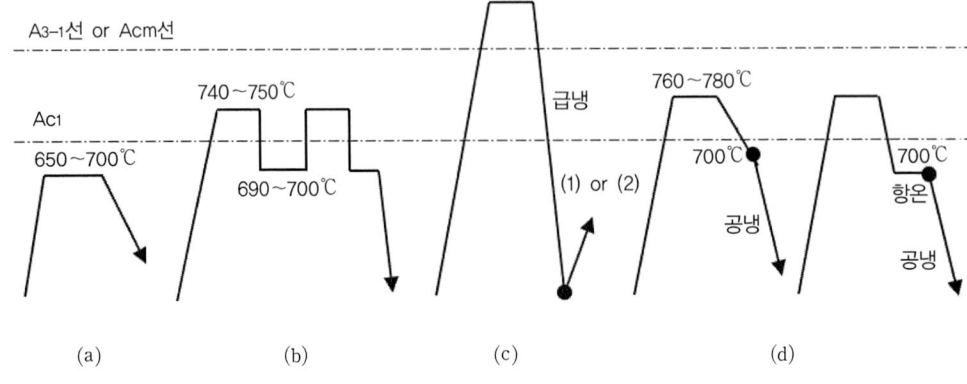

• (Fe_3C)구상화 풀림하는 방법

(a) Ac_1 점 직하로 가열(650~700℃) 유지한 후 냉각시키는 방법이다.

(b) A_1 변태점을 중심으로 하여 가열과 냉각을 반복한다.

(c) Ac_3 및 Acm온도 이상으로 가열하여 모든 시멘타이트가 오스테나이트에 완전히 고용되도록 한다. 또는 다시 가열하여 (1)나 (2)의 방법으로 시멘타이트를 구상화시킨다.

(d) Ac_1 점 이상 Acm 이하의 온도로 가열 후 Ar_1 점까지 서냉하거나 Ac_1 직하의 온도에서 장시간 유지한다.

금형 재료로서 탄소공구강 및 합금공구강의 구상화 풀림은 거의 유사하다.

또한 합금공구강은 탄소공구강에 비해 가열 유지 시간을 길게 하고 냉각 시 주의가 필요하다. 그림은 탄소공구강과 합금공구강의 구상화 풀림을 나타낸 것이다.

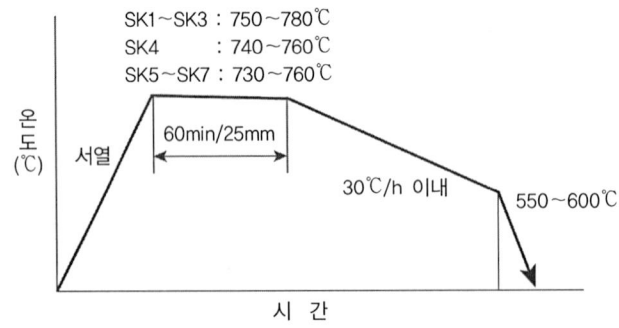

• **탄소공구강의 구상화 풀림**

강종	풀림온도 (℃)	풀림경도 (HB)
STS2		
STS21		
STD3	750~800	217 이하
STD31		
STD7		

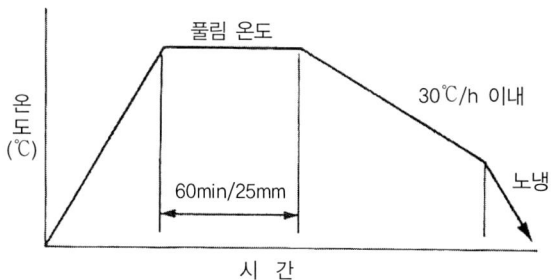

∴ 합금공구강의 구상화 풀림

④ **응력 제거 풀림(Stress relieve annealing)**

㉮ 목적: 단조, 냉간 가공, 용접, 주조 혹은 고온으로부터 급냉 시에 발생하는 잔류응력을 제거하기 위한 목적으로 행하며, 이를 통해 담금질 균열을 예방하고 담금질 변형을 감소할 수 있다.

정밀한 담금질을 요할 때에는 반드시 응력제거 풀림을 실시한다.

㉯ 방법: 보통 500~600℃로 가열하여 200℃/h 속도로 유지한 후 서냉한다. 이것은 SR(Stress Relieving) 처리라고도 한다.

⑤ **연화 풀림**

아공석강은 완전 풀림을 하면 연화되지만 저탄소일 때는 오히려 기계 가공면이 거칠어지므로 불림(Normalizing)하여 경도를 약간 증가시켜 준다. 저탄소강은 풀림 후에도 Fe_3C를 구상화한다. 보통 Ac_1보다 약간 높은 온도에서 650℃까지의 구역에서 서냉한다. 이 때 냉각 개시 온도는 탄소 함유량에 따라 달라지며 보통 0.8% 이하의 탄소강에서는 730℃이하, 탄소 함유량이 증가하면 냉각 개시 온도는 높아져서 1.2% 탄소강일 때 750℃에서 한다.

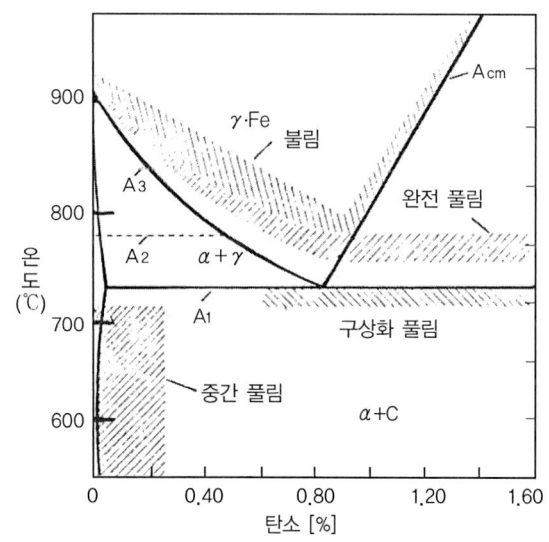

∴ 탄소강의 풀림과 불림의 설정

4) 불림(Normalizing)

불림은 강재를 표준 상태로 만드는 열처리로, 이를 통해 가공의 영향을 제거하고 결정입자를 미세화시키며 기계적 성질 및 피절삭성이 향상 된다. 즉 강재를 본래의 성질로 만드는 방법으로 주조품의 과열 조직을 미세화하고, 냉간 가공, 주조시의 내부 응력을 제거하여 성질을 표준화하는 것이 이 열처리의 목적이다.

Ac_3 또는 Acm선 이상 30~50℃ 온도로 가열하여 조직을 오스테나이트화 한 후 조용한 대기 중에서 공랭한다. 그림에 불림 방법을 나타내었다.

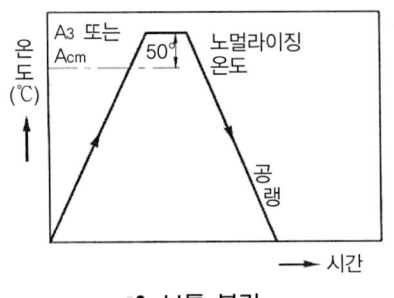
· 보통 불림

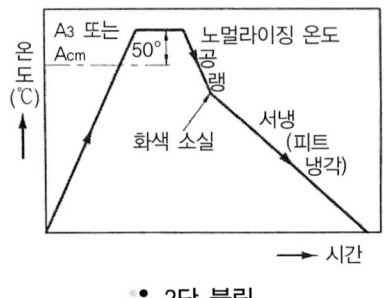
· 2단 불림

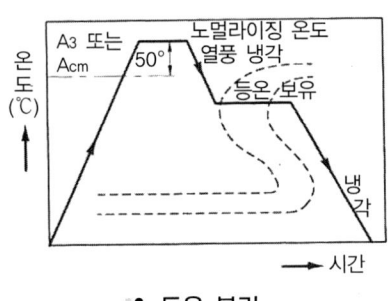
· 등온 불림

2단 불림은 두께 75mm이상의 대형 부품 또는 C 0.6~1.0%의 고탄소강에 실시하는 것이며, 백점 또는 내부 균열 방지에 효과가 있으므로 공업적으로 대단히 유효하다. 이에 비해 등온 불림은 기계 구조용 탄소강 또는 저탄소 합금강의 피절삭성 향상에 이용된다. 2중 불림은 처음 930℃로 가열 후 공랭하면 전 조직이 개선되어 저온 성분을 고용시키며 다음 820℃에서 공랭하면 펄라이트가 미세화 된다.

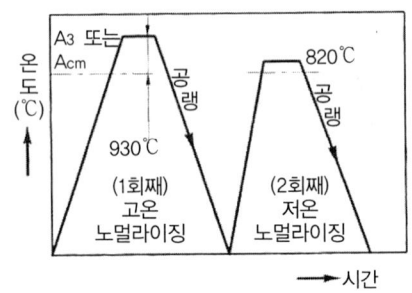
· 2중 불림

(3) 항온 열처리

강을 오스테나이트 상태에서 A_1 변태점 이하의 일정한 온도로 유지되는 항온에서 변태를 완료시키는 열처리를 말하며, 그림은 항온 열처리의 설명도이다. AB 구간에서 오스테나이트까지 서서히 가열하고 BC 구간에서 전체 가열이 균일하게 되도록 일정한 시간을 온도에서 항온 뜨임한 후에 EF 구간에서는 공기 중에서 냉각한다.

항온 열처리는 온도, 시간, 변태 등 3종의 변화를 선도로써 표시하며 강을 오스테나이트 상태에서 A_1 변태점 이하의 일정한 온도로 염욕 중에 냉각한 후 그 온도로 유지하면, 시간의 경과에 따라 오스테나이트 조직은 임의 시간 후부터 변태를 시작하여 일정 시간 경과 후 변태를 완료시키는 열처리 방법이다.

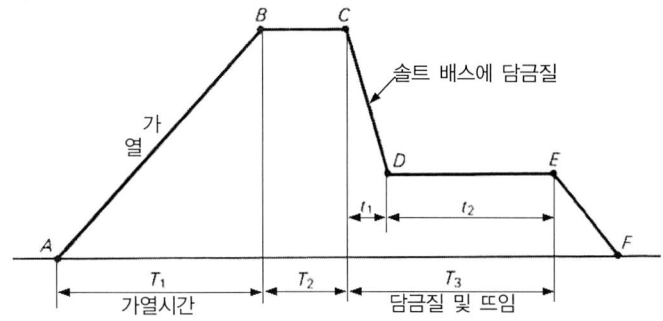

∴ 항온 열처리의 가열과 냉각

이와 같은 변태를 연속 냉각 변태(CCT곡선)와 구별하여 항온 변태(TTT곡선)를 얻을 수 있으며, 이 곡선을 **S곡선**이라 한다.

그림은 공석강의 S곡선을 나타내며 550℃ 부근의 돌출부는 **코**(Nose)라 하는데 이곳은 가장 변태가 일어나기 쉬운 온도 범위이다.

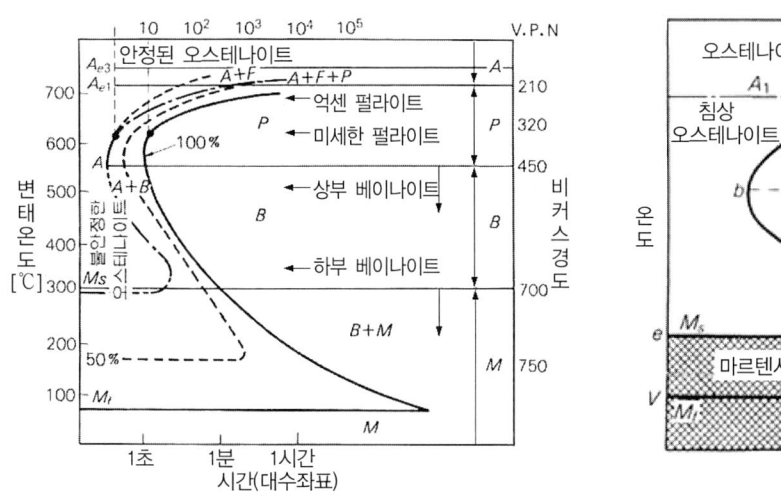 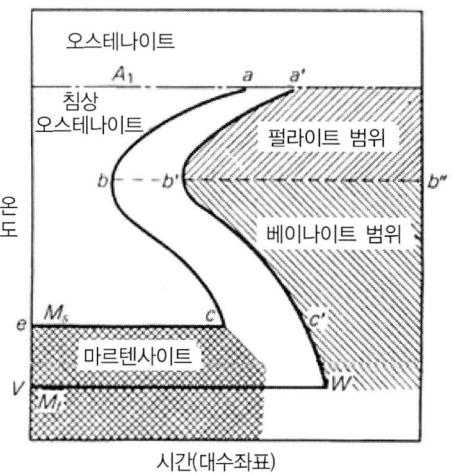

∴ TTT곡선 (S곡선)

베이나이트는 마르텐사이트보다는 연하나 상당한 경도를 가지고 있고 연성과 인성도 풍부하여 가공성도 좋다.

1) 항온 변태 열처리의 응용

항온 열처리의 응용으로 다음과 같은 것이 있다.

① 오스템퍼(Austemper)
② 마르템퍼(Martemper)
③ 타임퀜칭(Time quenching)
④ 마르퀜칭(Marquenching)
⑤ 항온 뜨임(Isothermal tempering)

⑥ 항온 풀림(Isothermal annealing)

① **오스포밍**(Ausforming)

오스포밍이란 강을 재결정 온도 이하, Ms점 이상의 온도 범위에서 소성 가공한 후 담금질하는 조작이다.

오스포밍은 마르텐사이트 핵 생성수가 많아지고 결정 성장이 지연되어 미세한 조직을 얻을 수 있어 강도 등 기계적 성질이 향상되는 장점이 있다.

또한 담금질에 따른 경화와 가공을 조합한 일종의 가공 열처리가 최근에 발달하여 초고력장력강이라고 하는 인장강도

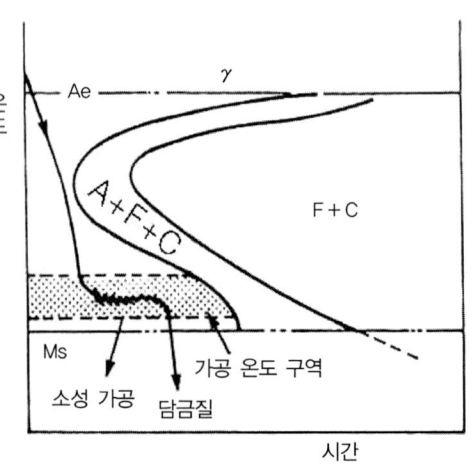

∴ TTT곡선과 오스포밍의 온도범위

$200 \sim 300 \text{kg/mm}^2$에 달하는 강철의 제조에 응용되고 있다. 특히 자동차 스프링 합금강 및 고속도강 등에 쓰이고 있다.

② **오스템퍼링**(Austempering)

오스템퍼링이란 그림(c)과 같이 강재를 마르텐사이트 변태 온도보다 높고 펄라이트 생성 온도보다는 낮은 온도에서 항온 유지하여 항온 변태를 조장하는 열처리이다. 오스템퍼링한 것은 일반적으로 템퍼링할 필요가 없으며 그대로 사용할 수 있다. 이 처리 방법으로 얻어진 재료의 특성은 인성이 크고 담금질 균열 및 변형이 작으며 일반 열처리의 경우 보다 연신율, 단면 수축률, 충격값이 크다.

오스템퍼링은 HRC 35~55 경도값을 목표로 할 때 담금질, 뜨임하지 않고 목표 경도와 기계적 성질값을 저렴한 비용으로 얻을 수 있는 열처리로서 특히 크기와 작은 부품의 열처리에 적합하다.

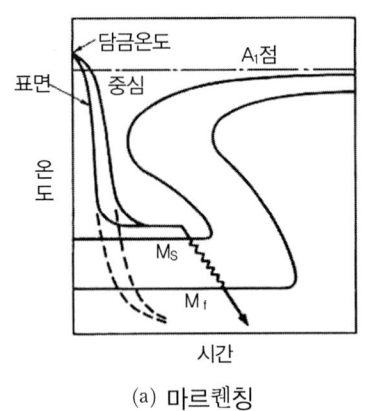 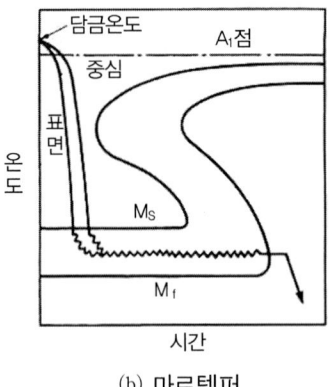 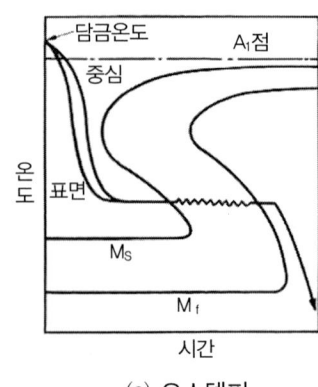

(a) 마르퀜칭　　　　　　(b) 마르템퍼　　　　　　(c) 오스템퍼

∴ 항온변태 열처리

③ 마르템퍼링(Martempering)

　　마르템퍼링이란 합금강, 공구강 및 주강재를 마르텐사이트 변태점 직상에 일정 시간 유지하여 강재의 표면과 내부의 온도를 일치시킨 다음, 마르텐사이트 변태 구간에서 냉각 속도를 늦추어 담금질(Quenching) 균열이나 열변형 없이 마르텐사이트화 한 후 뜨임하는 방법으로 위 그림 (b)에 나타내었다.

④ 항온 풀림(Ausannealing)

　　S 곡선의 코 혹은 그 이상의 온도 600~700℃에서 짧은 시간에 연화를 목적으로 실시하는 항온 처리이다. 항온 풀림은 풀림 온도까지 가열하여 항온 변태시킨 후 공랭 또는 수냉하므로 30분에서 1시간 정도에서 충분하다. 이 방법은 공구강, 특수강, 기타 자경성이 강한 재료에 적용된다.

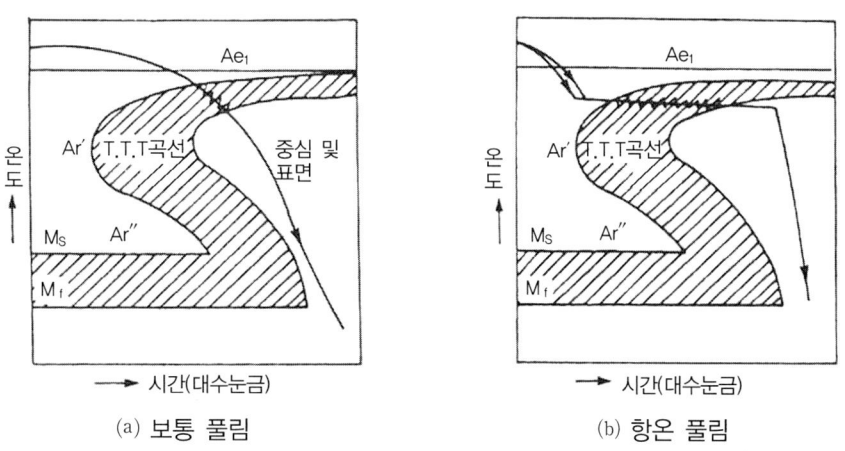

(a) 보통 풀림　　　　(b) 항온 풀림

∴ 보통 풀림과 항온 풀림의 비교

2) 열처리에서 나타나는 조직

① 오스테나이트

　　γ 철에 탄소를 최대 2.11%까지 고용한 고용체로서 결정 구조는 면심 입방 격자이며 강을 A_1 변태점 이상으로 가열할 때 얻어지는 조직이다.

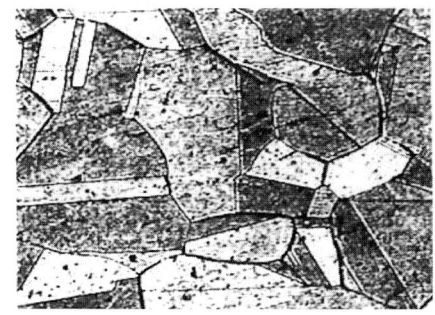

∴ 오스테나이트 조직

이 조직은 비자성으로 전기 저항이 크고 질기며 경도는 HV 100~200 정도이다. 스테인리스강과 같이 Ni, Cr이 많은 합금강에서는 상온에서도 오스테나이트 조직을 볼 수 있으며 다각형 형상으로 되어 있다.

② **시멘타이트**

시멘타이트는 Fe_3C로 표시되며 6.68%의 C와 Fe의 탄화물이다. 이 시멘타이트는 경도가 HV 1,050~1,200 으로 아주 높고 비중은 7.74이다. 시멘타이트는 불완전한 탄화물로서 900℃ 이상에서 장시간 가열하면 분해하여 흑연(검은 부분)이 된다.

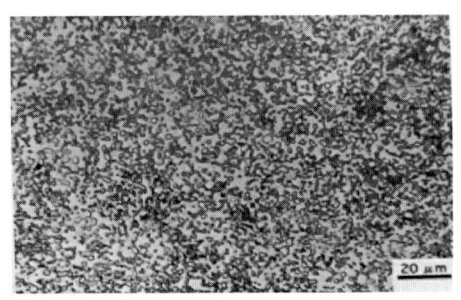

(a) 구상 시멘타이트   (b) 펄라이트와 망상시멘타이트

∴ 시멘타이트의 종류와 조직

③ **페라이트**

페라이트는 상온에서 α 철에 C 0.0218%를 함유한 고용체로서 순철에 가깝다. 페라이트의 결정 구조는 체심 입방 격자이며 현미경 관찰 시 부식이 잘 되지 않아 백색으로 보인다. 이것은 강자성체이고 HV 70~100 정도의 극히 연한 조직이다. 페라이트 조직으로 그림의 (a)과 같다.

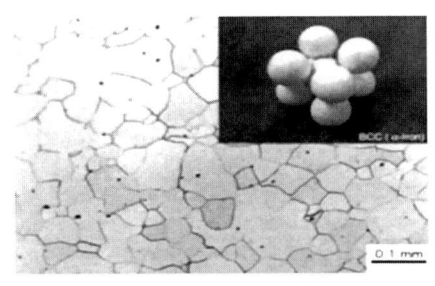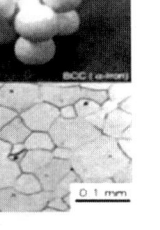

(a) 페라이트   (b) 펄라이트

∴ 페라이트와 펄라이트 조직

④ **펄라이트**

탄소강을 오스테나이트 구역으로 가열 후 서냉 시 나타나는 조직으로 페라이트와 시멘타이트가 층상으로 배열되어 있다. 경도는 Hv 240 정도로 그다지 높지 않고 강자성을 지니고 있다.

페라이트와 시멘타이트의 층간 거리 장단에 따라 다음 세 가지로 분류한다. 이 조직은 위 그림의 (b)와 같다.

- ㉮ **보통 펄라이트**: 배율 100배로 관찰되는 조대 펄라이트이다.
- ㉯ **중간 펄라이트**: 배율 2000배로 관찰시 층상 조직이 확인되며 층간 거리는 약 0.0003mm로 솔바이트라고도 한다.
- ㉰ **미세 펄라이트**: 배율 200배로 관찰이 안 되며 층간 거리 0.00025mm 이하의 미세한 조직이다. 트루스타이트라고도 한다.

⑤ **마르텐사이트**

이 조직은 탄소강을 오스테나이트 구역에서 급랭 시 나타나는 조직으로, 아주 단단하지만 취약하며 뜨임으로 인성을 부여한다.

왼쪽 그림에서 백색은 페라이트, 검은 부분은 마르텐사이트 조직이다.

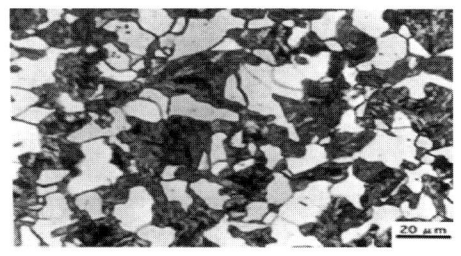 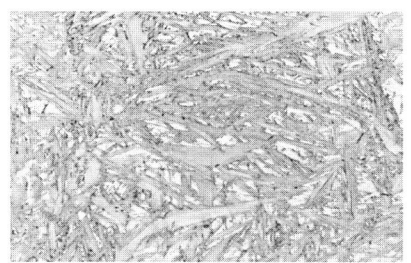

∴ 마르텐사이트와 페라이트 조직   ∴ 마르텐사이트 1000배 확대(전자현미경)

(4) 기타 열처리

1) 서브제로 처리(Sub-zero treatment)

담금질한 강을 실온 이하의 온도까지 냉각하여 잔류 오스테나이트를 마르텐사이트 변화시키기 위한 처리이다.

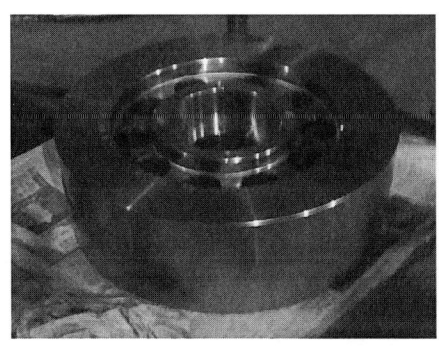 

(a) SKD11종 금형진공열처리 후 서브처리 전   (b) SKD11종 금형진공열처리 후 서브처리 후

∴ 서브제로 처리

강재를 0℃ 이하의 온도에서 냉각시키는 조작을 **서브제로(심랭) 처리**라고 한다. 이 처리의 목적은 담금질, 경화된 강 중의 잔류 오스테나이트가 마르텐사이트화하고 공구강의 경도 증가 및 성능 향상을 도모하며, 게이지 또는 베어링 등의 조직을 안정화하여 시효에 의한 치수 변화를 방지하는 데 있다.

그림은 몇 종류의 탄소강의 유중 및 수중 담금질에 의한 잔류 오스테나이트의 양과 담금질 온도의 관계를 나타내고 있다.

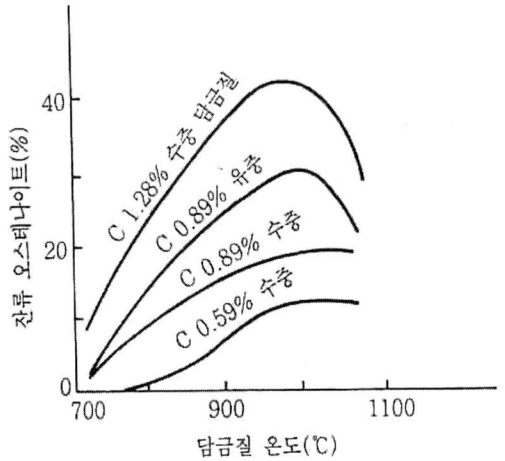

∴ 담금질온도와 잔류 오스테나이트

그림은 서브제로 처리에 일례이며 서브제로 처리 시 특히 주의해야 할 점은 잔류 오스테나이트의 안정화라는 현상이다. 이 현상에서는 강재를 수중 또는 유중에 담금질한 후 오랫동안 방치하거나 뜨임한 후 서브제로 처리하면 효과가 감소하거나 전적으로 효과가 없어지는 일이 있다.

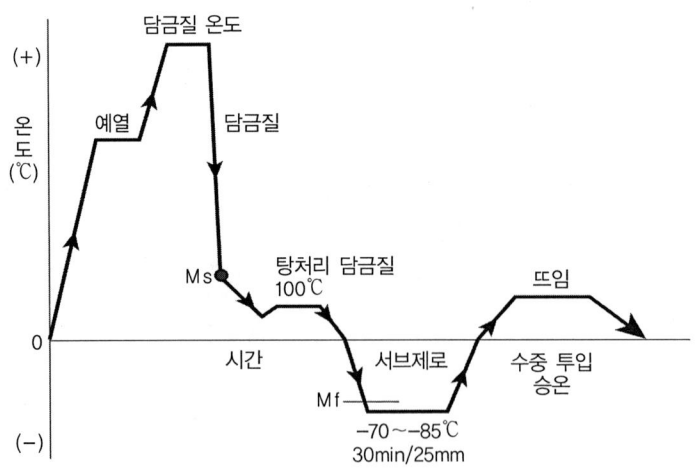

∴ 서브제로 처리곡선

2) 진공 열처리

금속의 제조 및 가공의 한 공법으로 열처리 작업을 밀폐된 용기 내에서 어느 압력수준까지 공기를 배기시킨 상태에서 수행하는 것으로 복잡한 모양이나 후미진 부분 등의 열처리를 행할 때 열처리 효과가 열처리에 비해 크다.

∴ 고압가스 Quenching에서의 금형열처리(좌)와 열처리 준비 중

피처리물 표면의 산화반응을 방지할 수 있으며 광휘성(깨끗하고 빛나며, 하얗게 만드는 성질)이 뛰어나며 열효율이 좋다. 장점으로는 소입변형이 적으며 냉각속도의 조절이 용이하다. 특징으로는 품질 및 표면광택이 우수하고 히트체크가 방지된다. 하지만 투자비가 고가이고 엄격한 작업조건이 요구되며 열처리 싸이클이 길다.

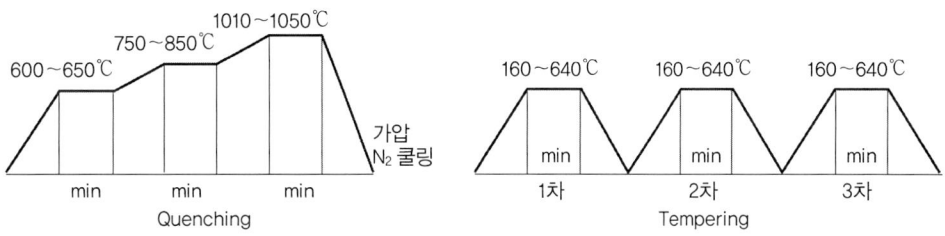

∴ 금형강(SKD11, SKD61)진공열처리 표준 작업상태도

∴ 진공열처리가 필요한 금형 들

3) 염욕 열처리

열처리해야 할 제품을 전기로, 가스로, 중유로 등으로 대기 중에서 가열하는 경우 강재의 표면에는 산화나 탈환 현상이 발생한다. 이와 같은 표면층의 산화, 탈환 및 침식을 방지하기 위해 염욕(Salt bath) 중에서 공구강이나 고속도강을 가열한다. 특히 강재를 염욕과 같은 항온 열처리에서는 필수적으로 사용되고 있다.

염욕제의 요구 특성은 다음과 같다.
① 불순물 및 흡수성 적을 것
② 용해가 용이할 것
③ 유동성이 좋고 열처리 후 용이하게 떨어질 것
④ 산화나 부식이 없고 유해 가스의 발생이 없을 것

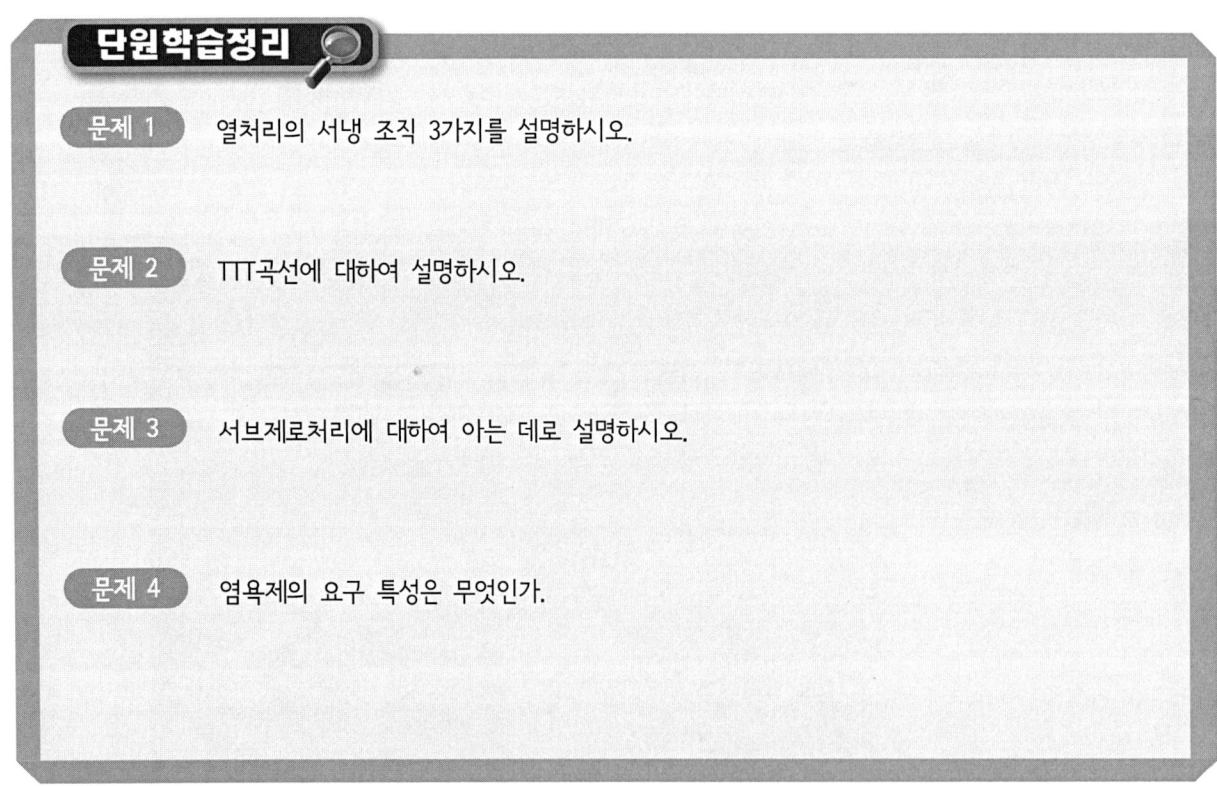

문제 1 열처리의 서냉 조직 3가지를 설명하시오.

문제 2 TTT곡선에 대하여 설명하시오.

문제 3 서브제로처리에 대하여 아는 데로 설명하시오.

문제 4 염욕제의 요구 특성은 무엇인가.

02 금형강의 열처리

① 냉간 금형강의 열처리

냉간가공은 200℃ 이하의 표면 온도인 냉간 상태에 여러 공정을 사용하여 금속제품을 가공하는 것으로 해당 공정으로는 블랭킹, 정밀 블랭킹, 인발, 냉간단조, 냉간압출, 냉간압조, 분말 성형 및 코이닝 등이 있다.

냉간용 금형 재료들은 소량 생산용으로 탄소 공구강인 STC3~STC5 등이 사용되나, 다량 생산 시 또는 열악한 조건하에서는 합금 공구강, 고속도강, 초경합금 등도 사용된다. 냉간 금형강용 재료로서 보편적으로 가장 많이 사용되는 재료는 냉간 금형용 합금강으로 그림에 종류별 열처리 온도와 경도를 나타내었다.

표 냉간 금형강의 조성과 열처리 온도 및 경도

기호	화학성분									풀림 (℃)	담금질 (℃)	뜨임 (℃)	풀림 경도 (℃)	담금 질뜨임 경도 (℃)
	C	Si	Mn	P	S	Cr	Mo	W	V					
STS3	0.90~1.00	0.35 이하	0.90~1.2	0.03 이하	0.03 이하	0.50~1.0	–	0.50~1.0	–	750~800 서냉	880~850 유냉	150~200 공냉	217 이하	60이상
STS31	0.95~1.05	0.35 이하	0.90~1.2	0.03 이하	0.03 이하	0.80~1.2	–	1.00~1.5	–	750~800 서냉	800~850 유냉	150~200 공냉	217 이하	61이상
STS93	1.00~1.10	0.50 이하	0.80~1.1	0.03 이하	0.03 이하	0.20~0.6	–	–	–	750~780 서냉	790~850 유냉	150~200 공냉	217 이하	63이상
STS94	0.90~1.00	0.50 이하	0.80~1.1	0.03 이하	0.03 이하	0.20~0.6	–	–	–	740~760 서냉	790~850 유냉	150~200 공냉	212 이하	61이상
STS95	0.80~0.90	0.50 이하	0.80~1.1	0.03 이하	0.03 이하	0.20~0.6	–	–	–	730~760 시냉	950~980 유냉	150~200 공냉	212 이하	59이상
STD1	1.80~2.40	0.40 이하	0.60 이하	0.03 이하	0.03 이하	12.0~15.0	–	–	–	830~880 서냉	950~980 유냉	150~200 공냉	269 이하	61이상
STD11	1.40~1.60	0.40 이하	0.60 이하	0.03 이하	0.03 이하	11.0~13.0	–	–	0.20~0.5	830~880 서냉	1000~1050 유냉	150~200 공냉	255 이하	61이상
STD12	0.95~1.05	0.40 이하	0.60 이하	0.03 이하	0.03 이하	4.5~5.5	0.80~1.20	–	0.20~0.5	830~880 서냉	930~1020 유냉	150~200 공냉	255 이하	61이상
STD2	1.80~2.20	0.40 이하	0.60 이하	0.03 이하	0.03 이하	12.0~15.0	0.80~1.2	2.50~3.5	–	830~880 서냉	970~1020 유냉	150~200 공냉	321 이하	61이상

(1) 냉간 금형용 탄소 공구강

냉간 금형용 탄소 공구강으로는 STC3~STC5가 많이 쓰이며 760~820℃로 가열 수냉 담금질 후 150~200℃에서 뜨임한다. 이때의 경도는 HRC 59~63 정도이며 그림에 STC3의 항온 변태 곡선을 나타내었다.

STC3의 담금질 온도와 냉각 방법에 따른 담금질 경도의 관계는 아래의 그림과 같으며, 담금질 온도 775℃에서 수냉 시 경도는 HRC67 정도이지만 온도의 상승에 따라 경도는 저하되고 유냉시는 수냉에 비해 경도가 약간 낮다. 담금질시의 잔류 오스테나이트량은 탄소량이 많을수록, 냉각 속도가 느릴수록 많고, 1,000℃ 이상으로 과열되면 오히려 열응력의 영향으로 변태가 촉진되어 감소한다.

잔류 오스테나이트는 서브제로 처리하면 마르텐사이트로 변태되며, 이 때 주의해야 할 사항은 담금질 후 상온에서 오래 방치하면 잔류 오스테나이트가 안정화되어 마르텐사이트로 변태되기 어려우므로 담금질 직후 즉시 처리하는 것이 바람직하다.

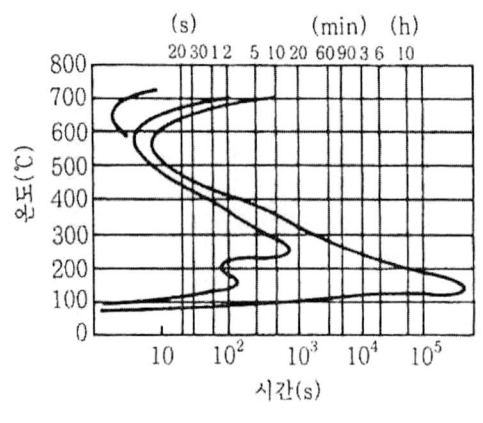

• STC3의 항온변태곡선

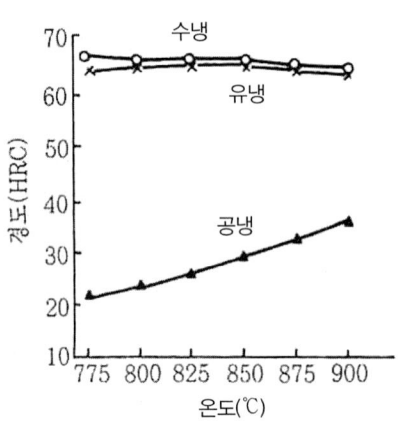

• STC3의 경도와 담금질 온도의 관계

담금질한 강재는 단단하고 깨지기 쉬워서 인성을 부여해야 하므로 뜨임을 실시한다. 탄소 공구강은 대개 150~200℃에서 두께 25mm당 60분 유지하며 이 때 내부 응력이 제거된다. 뜨임 온도에 따른 경도의 변화는 강재의 종류에 따라 다르다. 그림은 경도와 뜨임 온도의 관계를 나타낸 것이다.

탄소 공구강은 뜨임 온도가 상승할수록 경도가 급격히 떨어지므로 용도에 따라 주의하여 처리해야 한다. STC3의 경우, 170℃ 부근에서 뜨임하면 인성이 현저하게 향상된다.

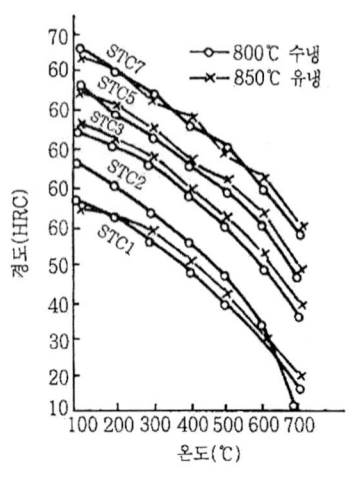

• 경도 및 뜨임온도 관계

(2) 냉간 금형용 합금 공구강

Cr, W계 저합금 공구강으로는 STS2, STS3, 고탄소 고크롬강으로는 STD1, STD11, STD12와 고속도강으로는 SKH2, SKH51 등이 많이 사용된다.

1) Cr, W계의 저합금 공구강

STS2의 경우 830~880℃로 가열 유냉 경화하며 STS3은 800~850℃로 가열 유냉 경화한다. 두 종류는 모두 150~200℃에서 뜨임하며 이 때의 경도값은 HRC60 이상이다.

그림에는 STS2의 항온 변태곡선과 각종 냉매에서의 담금질 온도와 경도를 나타내었다.

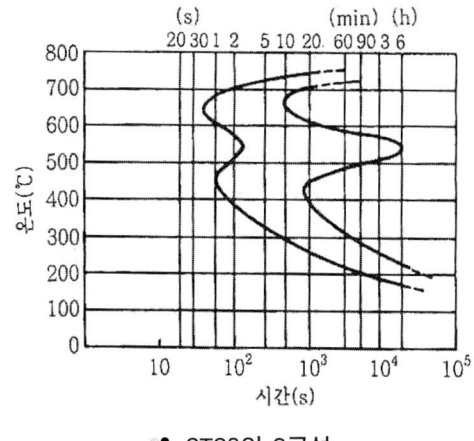

▸ STS2의 S곡선

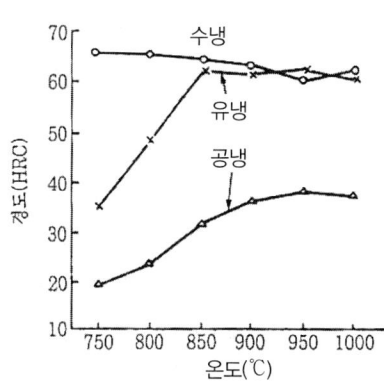

▸ STS2의 경도와 담금질 온도의 관계

담금질 시 약 600℃에서 예열하면 금형의 치수 변화를 최대한 억제할 수 있다. 가열시 탈탄에 특히 주의해야 하며, 이를 위해 염욕 또는 아르곤 등 불활성 가스 분위기에서 가열한다. 담금질 오일의 온도는 30~80℃가 적당하고 Ms보다 15~30℃ 높은 염욕 속에 담금질하며, 금형 내외의 온도를 균일하게 유지한 후 공랭하는 마르템퍼링은 변형 및 균열 예방에 특히 좋은 방법이다.

뜨임은 금형 온도가 실온까지 내려오기 전에 노에 장입하여 가장 두꺼운 부위의 치수 25mm당 1시간씩 유지한 후 공랭한다. Cr, W계의 저합금 공구강은 탄소 공구강에 비해 열처리 시 변형이 적다.

그림에 STS2의 뜨임 온도에 따른 충격값과 경도값의 경향을 나타내었으며 탄소 공구강에 비해 경도 저하가 완만하다. 다른 그림은 STS2의 담금질 후 뜨임 표준 조직을 나타낸 것이다.

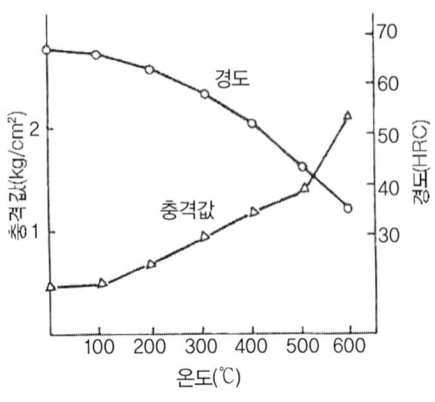
STS2의 뜨임에 의한 충격값과 경도의 변화(850℃)

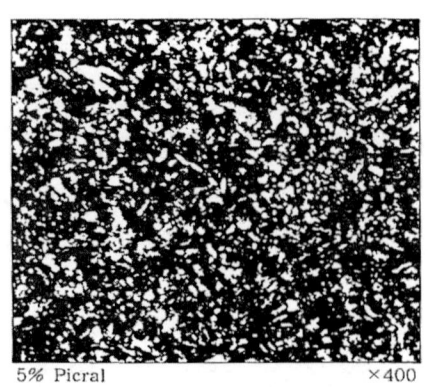
STS2의 담금질 후 뜨임조직

2) 고탄소 고크롬강

고탄소 고크롬강은 경화능이 매우 우수하고 보통 풀림 상태로 공급된다. 이들의 항온변태 곡선은 그림과 같이 코 부분이 시간축으로 멀리 떨어져 있으므로 STD11, STD12의 경우 공랭으로도 마르텐사이트 변태를 하여 경화된다.

담금질 온도로 가열할 때는 800℃를 서서히 가열, 예열하고, 두께 25mm당 1시간씩 유지하며 탈탄 방지를 위해 염욕이다 분위기로 사용한다. 담금질 경도는 STD11의 경우, 100mm 각재 중심의 경우 HRC 60~61, 표면은 HRC 61~62 정도이다.

담금질 온도로 가열할 때는 800℃를 서서히 가열, 예열하고, 두께 25mm당 1시간씩 유지하며 탈탄 방지를 위해 염욕이다 분위기로 사용한다.

담금질 경도는 STD11의 경우, 100mm 각재 중심의 경우 HRC 60~61, 표면은 HRC 61~62 정도이다.

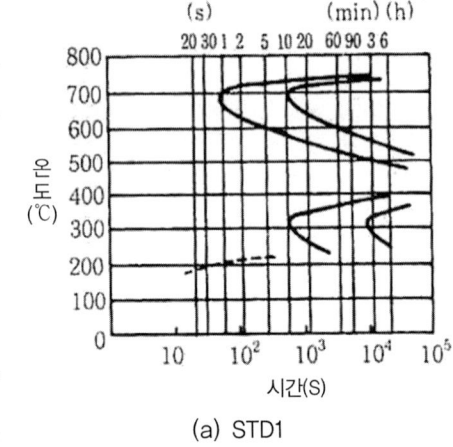
(a) STD1

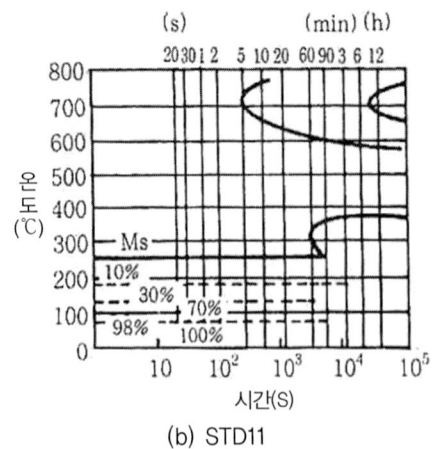
(b) STD11

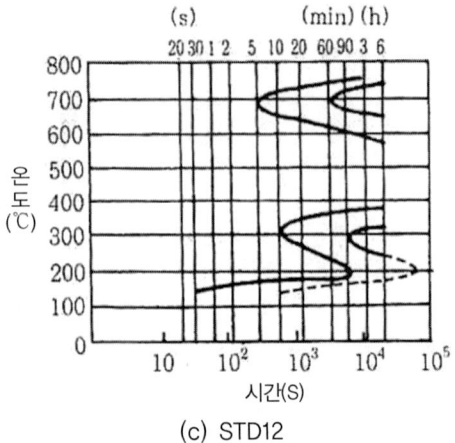
(c) STD12

고탄소 고크롬강의 항온변태 곡선

고탄소 고크롬 냉간 금형강은 탄소 공구강, Cr, W계 저합금 공구강에 비해 뜨임 시 연화 저항이 크다.

특히 STD1은 약 400℃, STD11 및 STD12는 약 500℃에서 잔류 오스테나이트의 마르텐사이트에 의한 2차 경화현상을 나타낸다. 일반적으로 뜨임 시 상온까지 냉각되기 전에 균열 방지를 위해 뜨임을 2~3회 반복 실시한다. 그림에 STD11, STD12의 뜨임 온도에 따른 내마모량과 경도값의 변화를 나타내었다.

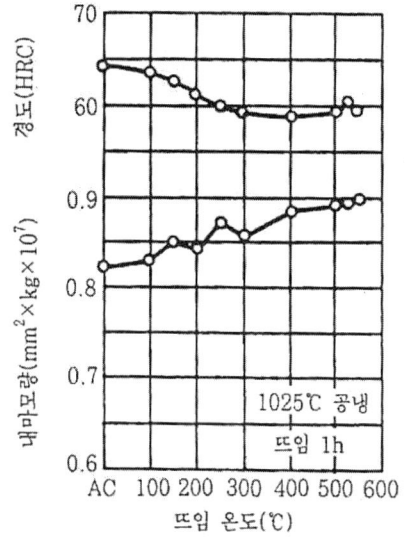
•° STD11의 뜨임온도와 내마모량 관계

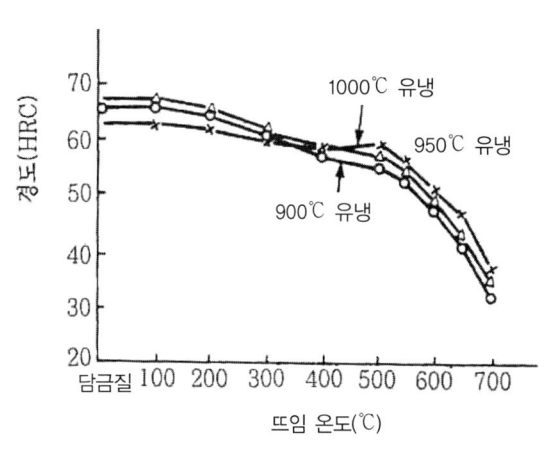
•° STD12의 뜨임온도와 경도의 관계

마모 특성에 있어서 담금질 온도는 높을수록 좋고 경도도 높을수록 우사하다. 그림은 STD11의 담금질 후 뜨임 표준 조직을 나타낸 것이다.

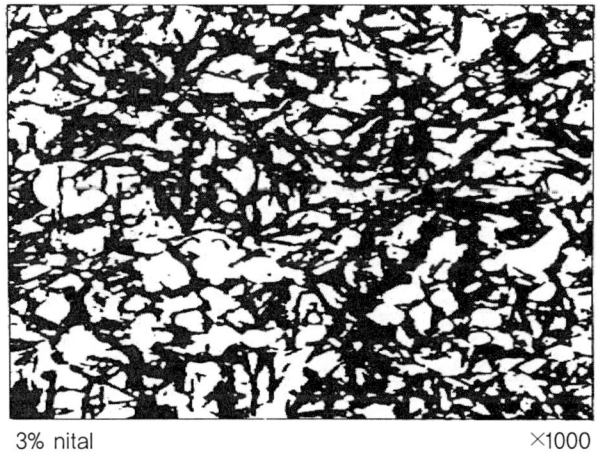
•° STD11의 담금질 후 뜨임조직

3) 고속도강

냉간 단조에 사용되는 고속도강은 주로 SKH51이다. 이 강종은 고온 경도와 내마모성이 뛰어나다. 그림의 항온 변태 곡선과 같이 S 곡선의 코가 시간축으로 멀리 있어 공랭으로도 경화가 가능하다.

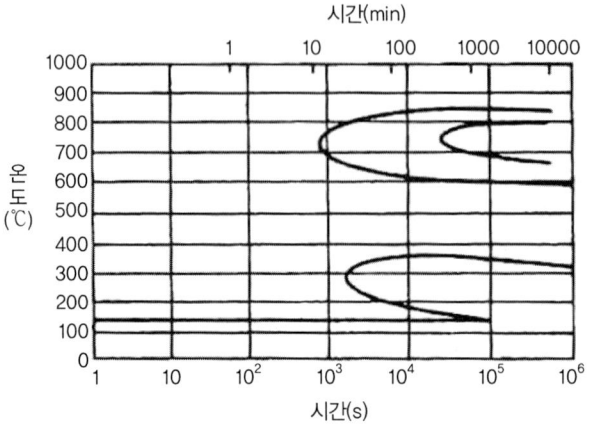

∴ SKH51의 S곡선(최고가열온도 1250℃)

고속도강의 담금질로에는 염욕로, 전기로, 가스 분위기로가 있으나 염욕로가 가장 일반적이다.

담금질 시 예열은 1차 550~600℃, 2차 800~850℃, 3차 1,000~1050℃로 3단 가열시 균열 예방에 좋다. 고속도강의 담금질 온도는 융용 온도에 가까워 매우 주의해야 하고 강인한 금형이 요구될 때 언더 하드닝을 위해 1,150℃로 가열한다. 일반적으로 담금질 온도는 1,200~1,250℃에서 유냉하며 뜨임은 540~570℃에서 공랭한다. 뜨임 시 온도에 따른 경도값의 변화와 SKH51의 담금질 후 뜨임 표준 조직을 나타낸 것이다.

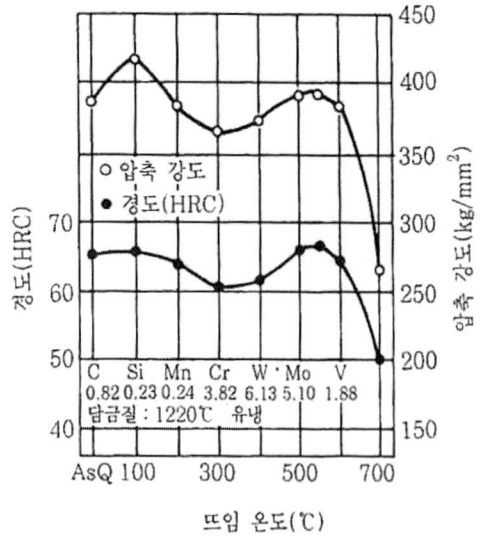

∴ SKH51의 뜨임온도와 압축강도 및 경도의 관계

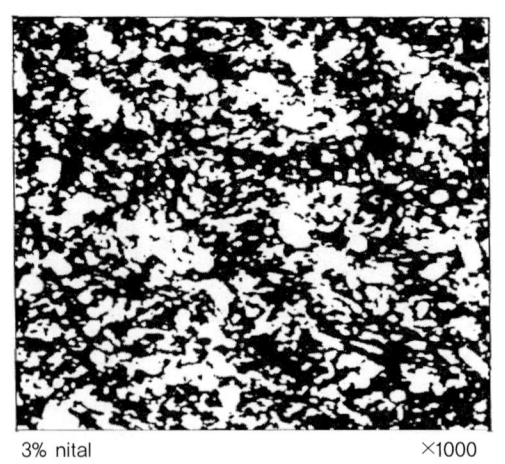

∴ SKH51의 담금질 후 뜨임조직

2 열간 금형강의 열처리

열간 단조, 열간 프레스, 다이캐스팅, 열간 압출 등에 사용되는 금형강에는 중탄소-Ni-Cr-Mo계의 STF강종과 Cr, W, Mo계의 STD강종, 3Ni-3Mo계의 석출 경화강, 마레이징강 등이 있다.

열간 금형용 재료로서 보편적으로 가장 많이 사용되는 재료는 열간 금형용 합금강으로, 그림에 종류별 열처리 온도와 경도를 나타내었다.

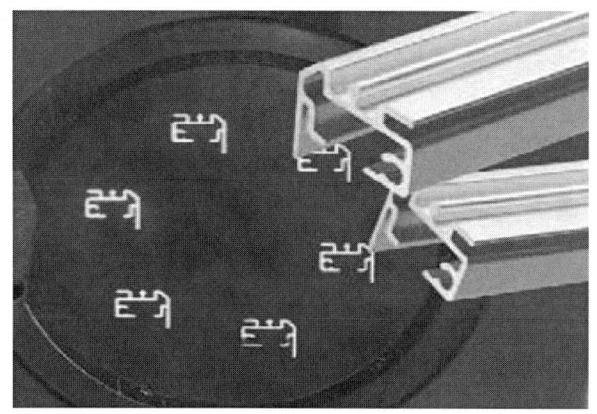

• 열간합금 금형공구강-압출(크롬-몰리브덴-바나듐계)

표 열간 금형강의 조성과 열처리 온도 및 경도

기호	화학성분(%)									풀림 (℃)	담금질 (℃)	뜨임 (℃)	풀림 경도 (℃)	담금질 뜨임경도 (HRC)
	C	Si	Mn	P	S	Ni	Cr	Mo	W	V					
STD4	0.25~0.35	0.40 이하	0.60 이하	0.03 이하	0.03 이하	–	2.0~3.0	–	5.00~6.00	0.30~0.50	800~850 서냉	1050~1100 공냉	600~650 공냉	235 이하	50 이하
STD5	0.25~0.35	0.40 이하	0.60 이하	0.03 이하	0.03 이하	–	2.0~3.0	–	9.00~1.00	0.30~0.50	800~850 서냉	1050~1100 공냉	600~650 공냉	235 이하	50 이하
STD6	0.32~0.42	0.80~1.20	0.50 이하	0.03 이하	0.03 이하	–	4.50~5.50	1.00~1.50	–	0.30~0.50	820~870 서냉	1000~1050 공냉	550~650 공냉	229 이하	53 이하
STD61	0.32~0.42	0.80~1.20	0.50 이하	0.03 이하	0.03 이하	–	4.50~5.50	1.00~1.50	–	0.80~1.20	820~870 서냉	1000~1050 공냉	550~650 공냉	229 이하	53 이하
STD62	0.32~0.42	0.80~1.20	0.50 이하	0.03 이하	0.03 이하	–	4.50~5.50	1.00~1.50	–	0.20~0.60	820~870 서냉	820~880 공냉	550~650 공냉	229 이하	53 이하
STF2	0.50~0.60	0.35 이하	0.80~1.20	0.03 이하	0.03 이하	–	0.80~1.20	–	–	–	760~810 서냉	820~880 공냉	–	229 이하	–
STF3	0.50~0.60	0.35 이하	0.60~1.00	0.03 이하	0.03 이하	0.25~0.6	0.90~1.20	0.30~0.50	–	–	760~810 서냉	820~880 공냉	–	235 이하	–
STF4	0.50~0.60	0.35 이하	0.50~1.00	0.03 이하	0.03 이하	1.30~2.0	0.70~1.00	0.20~0.50	–	–	760~810 서냉	820~880 공냉	–	241 이하	–
STF5	0.50~0.60	0.35 이하	0.60~1.00	0.03 이하	0.03 이하	–	1.00~1.50	0.20~0.50	–	0.10~0.30	760~810 서냉	820~880 공냉	–	235 이하	–
STF6	0.70~0.80	0.35 이하	0.60~1.00	0.03 이하	0.03 이하	2.50~3.0	0.80~1.10	0.30~0.50	–	–	740~810 서냉	820~880 공냉	–	248 이하	–

1) STF계 열간 금형강

열간 단조와 프레스의 다이 블록 등의 금형 재료와 저온 합금의 다이캐스팅 금형 재료로 사용되는 STF계 금형강의 경화능은 그림과 같다.

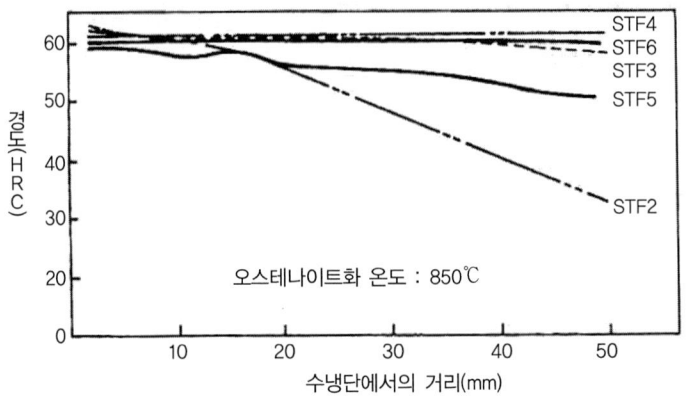

∴ STF2 ~ STF6의 담금질 곡선

STF1, STF2는 경화능이 적은데 반해 STF3~STF5는 경화능이 비교적 양호하다.

담금질 온도는 850℃에서 최고값을 나타내고 뜨임 온도에 따른 경도값의 변화는 그림에 나타낸 바와 같이 급격히 저하한다. 따라서 뜨임 온도를 약간 낮게 할 필요가 있다.

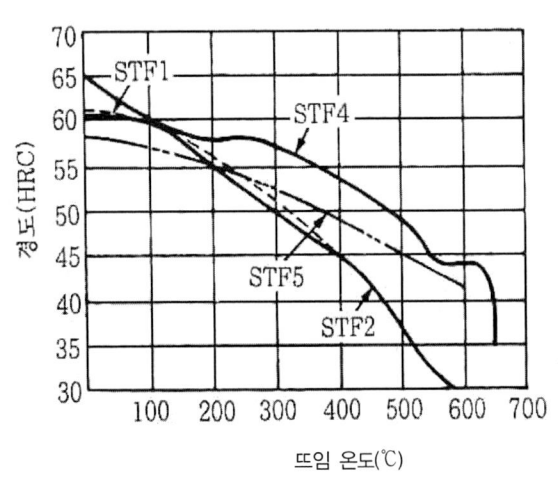

∴ 뜨임온도와 경도와의 관계

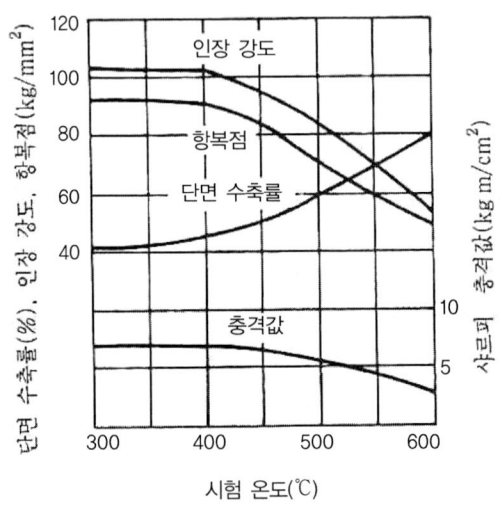

∴ STF2 열간의 기계적 성질

STF의 열간에서의 기계적 성질값은 위의 그림에 나타내었다.

인장 강도는 400℃ 이상에서 급격히 저하하고 단면 수출률은 300℃ 부근의 청열 취성 구역에서 최소값을 나타낸다.

2) Cr계의 열간 금형강

열간 단조, 열간 압출 및 다이캐스팅 금형강으로 주로 사용되는 것으로 STD6, STD61, STD62 등이 있다. STD6 및 STD61은 경화능이 매우 양호하며 항온 변태 및 연속 냉각 곡선은 그림과 같다. 연속 냉각 곡선에서 A와 C의 경우 결정 경계 탄화물이 없으나 B, D, E의 경우는 냉각 속도가 느려서 결정 경계에 탄화물이 석출하여 취성이 증가한다.

STD61의 경우, 담금질이 유냉일 때 1,000~1,050℃, 공랭일 때 1,050~1,100℃에서 실시하며, 500~550℃에서 뜨임 시 2차 경화 현상에 의해 경도가 약간 상승하나 600℃ 이상에서는 급격히 저하한다.

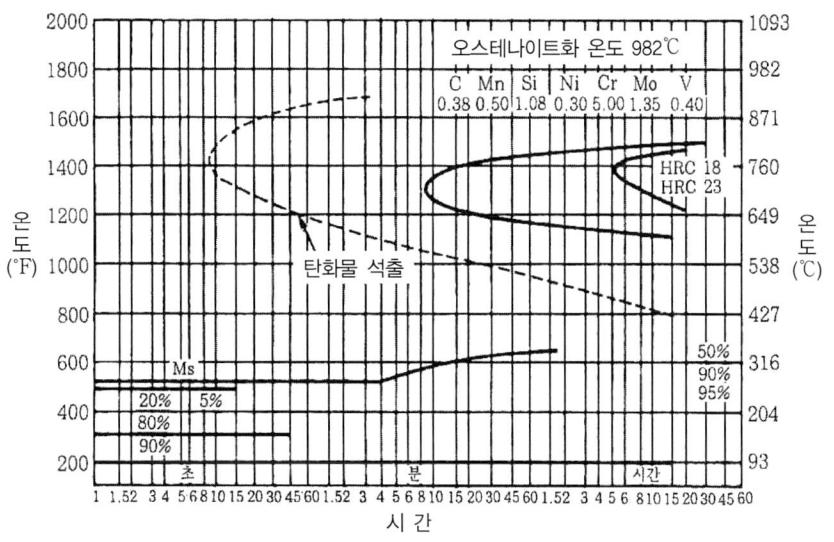

① STD6의 S곡선

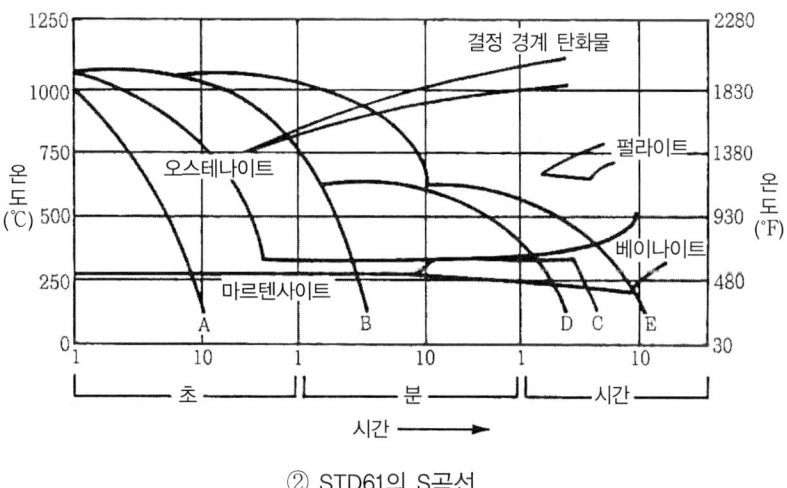

② STD61의 S곡선

• STD6, STD61의 S곡선과 연속냉각 곡선

뜨임 온도에 따른 경도값의 변화는 그림에 각각 나타내었다.

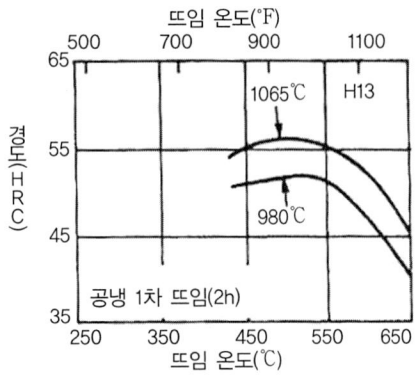
※ STD6의 뜨임온도와 경도의 관계

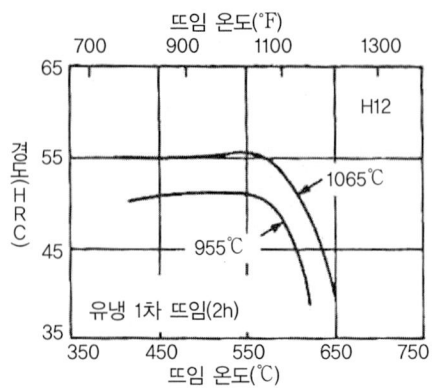
※ STD6의 뜨임온도와 경도의 관계

다이캐스팅 금형 재료로서 STD61은 사용 중 피로 파쇄가 일어나기 쉬우므로 이를 방지하기 위해 내히트 체크 요구되는 경도를 HRC 50~51로 높게 하고, 냉각수 구멍 근처는 HRC 40~45로 보다 낮게 해야 한다. 또한 사용 중에 반드시 응력 제거 뜨임을 해야 하는데, 그 방법은 금형 수명을 100으로 보았을 때 30%사용 후와 60%사용 후 최초 뜨임 온도보다 25℃ 낮은 온도에서 약 2시간 유지시켜야 한다. 이렇게 함으로써 금형의 수명은 약 130%까지 연장된다.

STD61의 담금질-뜨임 조직은 그림과 같다.

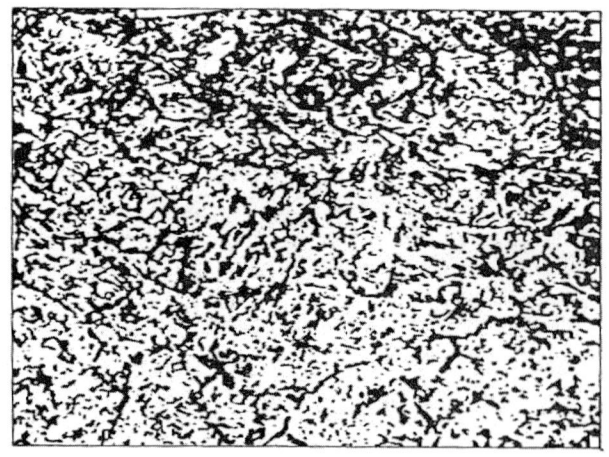
※ STD61의 담금질-뜨임 조직

담금질 조직에는 템퍼드 마르텐사이트가 나타나야 하나 냉각 속도가 늦으면 경계 탄화물, 베이나이트, 조대 탄화물들이 나타나 조기 파손의 원인이 된다. 그러나 마르텐사이트 변태 구간에는 균열 방지를 위해 서냉해야 한다.

그림에 Cr계 열간 금형강의 담금질 및 뜨임 곡선의 일례를 나타내었다.

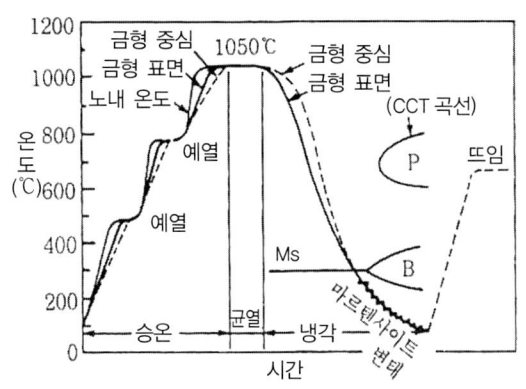
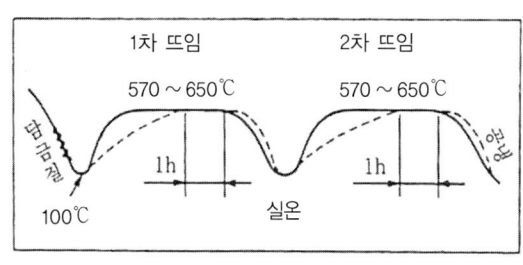

- Cr계 열간 금형강의 담금질-뜨임 곡선

3) 3Ni-3Mo계 열간 금형강

3Ni-3Mo계 금형강의 경화능 특성은 그림의 항온 변태 곡선에서 나타나낸 바와 같이 상측 코가 시간축으로 멀리 떨어져 있어 펄라이트 조직이 나타날 가능성이 적지만 하측 코는 상당히 가까워 베이나이트가 나타날 확률이 높다.

1,015℃에서 공랭 후 뜨임 온도에 따른 경도와 인성의 관계를 그림에 나타내었다.

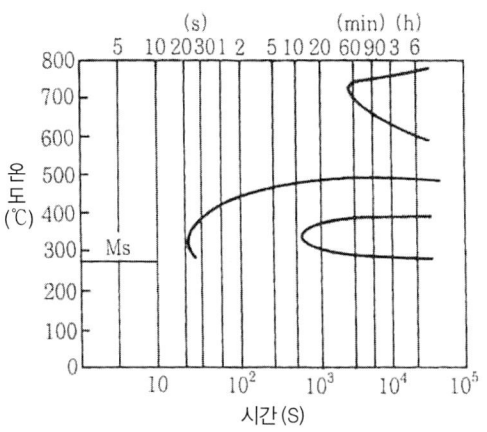

- 3Ni-Mo강의 S 곡선

그림에 나타나듯이 뜨임 시 550℃ 부근에서 2차 경화 현상에 경도값이 상승하나 600℃ 이상에서는 정도가 급격히 떨어진다. 또한 2차 경화 현상시 강재의 변형률은 최대값이 된다.

기타 열간 금형강으로 저온 합금 다이캐스팅 및 소량 생산용 다이캐스팅 금형 강재인 SCM3, SCM4의 열처리 방법은 STF계 열간 금형강과 유사하게 행한다.

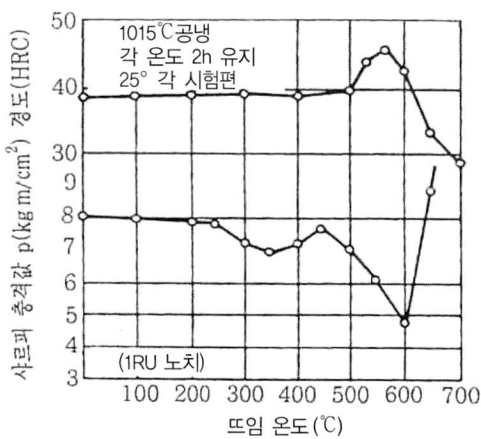

- 3Ni-Mo강의 뜨임온도에 따른 경도변화

마레이징강은 용해화 처리 후 시효 처리하는 강종으로 MASI의 경우, 815℃에서 오스테나이트화하고 Ms점은 155℃, Mf점은 100℃ 정도이다. 따라서 용체화 상태에서 마르텐사이트 조직을 나타내지만 탄소 함유량이 극히 적어 경도는 HRC28~32 정도를 나타낸다. 그림에 시효 처리 특성을 나타내었다.

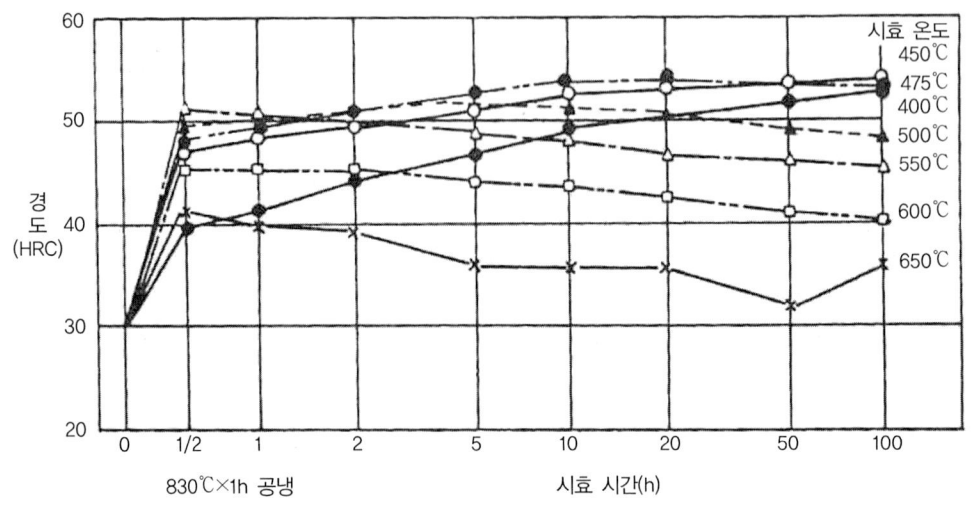

∴ 마레이징강의 시효처리 특성

3 기타 금형강의 열처리

기타 금형강의 열처리로서 철-니켈 기지, 니켈 기지, 코발트 기지의 내열강 및 내열 합금에 대한 고용체와 열처리(용체화 처리) 및 시효 처리를 들 수 있다.

대표적인 용체화 처리 및 시효 처리를 그림에 나타내었다.

표 대표적 슈퍼 알로이들의 용체화 및 시효처리 방법

합금명	용제화 처리			시효 처리		
	온도(℃)	시간(h)	냉각 방법	온도(℃)	시간(h)	냉각 방법
〈철 기지 합금〉						
A-286	980	1	유냉	720	16	공냉
Discaloy	1010	2	유냉	730	20	공냉
N-155	1165~1190	1	수냉	815	4	공냉
Incoloy 903	845	1	수냉	720	8	노냉
Incoloy 907	980	1	공냉	775	12	노냉
Incoloy 909	980	1	공냉	720	8	노냉
Incoloy 925	1010	1	공냉	730	8	노냉

합금명	용제화 처리			시효 처리		
	온도(℃)	시간(h)	냉각 방법	온도(℃)	시간(h)	냉각 방법
〈니켈 기지 합금〉						
Astroloy	1175	4	공냉	845	24	공냉
Inconel 901	1095	2	수냉	790	2	공냉
Inconel 625	1150	2	공냉 유냉 수냉	–	–	–
Inconel 706	925~1010	–	–	845	3	공냉
Inconel 718	980	1	공냉	720	8	노냉
Inconel 725	1040	1	공냉	730	8	노냉
Inconel 750	1150	2	공냉	845	24	공냉
Nimonic 80A	1080	8	공냉	705	16	공냉
Nimonic 90A	1080	8	공냉	705	16	공냉
Renet 41	1065	0.5	공냉	760	16	공냉
Udimet 500	1080	4	공냉	845	24	공냉
Udimet 700	1175	4	공냉	845	24	공냉
Waspaloy	1080	4	공냉	845	24	공냉
〈코발트 기지 합금〉						
S816	1175	1	공냉 유냉 수냉	760	12	공냉

④ 열처리 불량의 원인과 방지책

열처리에서 가장 문제가 되는 결함으로는 변형과 균열을 들 수 있다.

열처리변형에는 치수가 변화하는 경우(Size change)와, 형상이 변화하는 경우(Shape change)의 두 종류가 있다. 여기에서 치수변화란 담금질 변태에 의해 제품의 치수가 늘어가거나 줄어드는 것을 의미하며, 형상의 변화란 자중에 의해 휘어지거나 응력에 의해 모양이 변하는 것(휨, 비틀림 등)을 말한다.

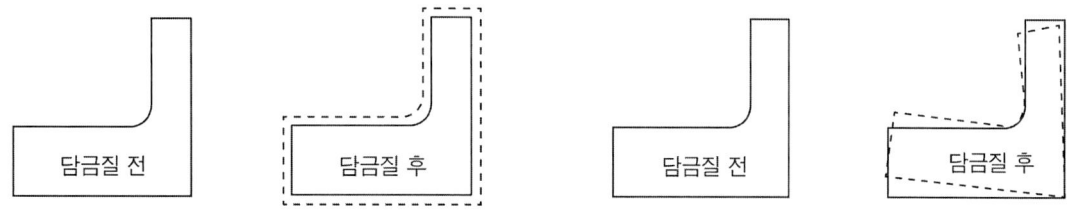

∙ 열처리 변형 설명도

표 열처리 변형의 주원인

처리	조 작	치수변화의 원인	형상변화의 원인
담금질	담금질온도까지 가열	오스테나이트의 생성 탄화물의 고용	잔류응력의 해소 열응력, 자중
	급 냉	마르텐사이트의 생성 펄라이트 또는 베이나이트 생성	열응력, 변태응력, 잔류응력의 발생
서브제로 처리	영하온도까지의 냉각 영하온도로 유지 실온까지 승온	마르텐사이트의 생성	열응력, 변태응력, 잔류응력의 발생
뜨임	뜨임온도가지의 가열 뜨임온도로 유지	마르텐사이트의 분해 잔류오스테나이트의 변태	응력의 해소 열응력
	뜨임온도에서의 냉가	잔류오스테나이트의 변태	잔류응력의 해소 열응력

(1) 담금질 불량

금형의 파손 원인은 여러 가지가 있으나 부적절한 열처리로 기인한 경우가 70% 이상을 차지한다. 담금질 불량은 예열, 오스테나이트화 및 담금질 과정에서 발생한다.

1) 예열 과정

담금질 시 예열하는 목적은 급격한 가열 시 열응력으로 인한 균열의 예방, 담금질 온도까지 금형 내·외부 온도의 균열화, 담금질 온도에서 금형 표면이 과다하게 노출되는 것의 예방 등이다.

2) 오스테나이트화

예열된 금형을 담금질 온도로 가열시 강은 오스테나이트 상태가 된다. 이 때의 온도는 강종에 따라 최고 경도와 입자의 미세화를 고려하여 선정하고 유지 시간의 설정에도 세심한 주의가 필요하다.

3) 담금질 과정

담금질 시 금형에 요구되는 성질이 부여되는 과정으로 가장 중요한 열처리 공정이다. 금형의 형상에 따라 내외부의 냉각 속도 차이가 유발되고 이에 의한 응력이 담금질 균열의 주요 원인이다. 따라서 비록 냉각 속도가 빠르다 해도 균일하게 냉각되면 균열이 유발되지 않는다.

담금질 균열의 원인은 다음과 같다.
① 담금질 직후에 생기는 균열: 외부는 급격한 냉각으로 인하여 수축이 생기나 내부는 냉각이 느려 나중에 펄라이트로 변하여 팽창되는 결과로 균열이 생긴다.
② 담금질 2~3분 후에 생기는 균열: 외부가 마르텐사이트로 변하여 팽창하므로 1)과는 반대되는 작용으로 균열이 생긴다.

(2) 뜨임 불량

뜨임의 목적은 담금질 후 탄소 원자의 확산을 주반응으로 목표 경도를 유지하면서 연신율, 단면 수축률, 충격값을 개선하는 데 있다. 강재에 따라 어떤 온도에서는 충격값이 낮아지고 취성을 일으킬 수 있으므로 이러한 온도 영역을 피해야 한다.

(3) 강의 탈탄

강을 고온으로 가열하여 열처리할 때 또는 고온 가공을 하기 위하여 장시간 가열하면 산화가 생기고 산화막이 형성된다. 이 때 강 중의 탄소도 산화되어 CO_2, CO 가스로 되어 제거되는 현상을 탈탄이라 한다.

(4) 강의 산화

열처리 가열 중에 강이 공기 중의 산소 또는 산화성 연소가스와 작용하여 산화철을 만드는 현상을 산화(Oxidation)라 하고, 산화에 의해서 생긴 검고 단단한 피막을 스케일(Scale)이라 한다.

(5) 기타 불량

① 시효 균열(Season crack)

담금질 또는 담금질 후 뜨임한 강재를 대기 중에 방치하고 있는 동안 발생하는 균열을 말하며 자연 균열이라고도 한다. 대개의 원인은 잔류 오스테나이트가 온도 저하 및 외력에 의해 마르텐사이트화 하면서 인장 응력이 한계값 이상으로 증가되었을 때 발생한다. 이에 대한 대책으로는 적절한 뜨임 또는 서냉 처리와 뜨임을 병행하는 것이 좋다.

② 시효 변형(Season distortion)

상온에서 장시간 방치되는 동안에 치수 및 형상이 변화되는 것을 말하며, 담금질 후 뜨임하지 않고 방치하면 마르텐사이트로부터 탄화물 석출, 또는 잔류 오스테나이트가 서서히 팽창하면서 마르텐사이트화하고 이어서 탄화물이 석출되면서 수축하여 발생된다. 그림은 예리한 코너와 구멍부에서 열처리 시 발생된 균열의 모습을 보여주고 있다.

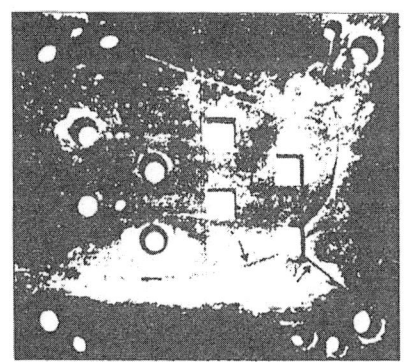 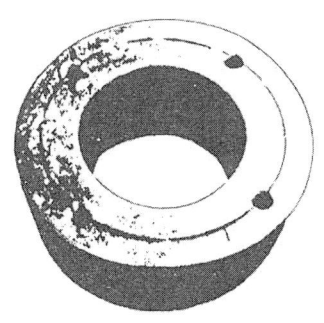

•• 열처리 시 발생된 균열

단원학습정리

문제 1 냉간 단조에 사용되는 고속도강의 재료를 말하시오.

문제 2 냉간가공은 몇°C 이하의 표면 온도상태에서 금속제품을 가공하는 것인가?

문제 3 열간 단조, 열간 프레스, 다이캐스팅, 열간 압출 등에 사용되는 금형강에 대하여 아는 데로 설명하시오.

문제 4 열처리에서 가장 문제가 되는 결함으로는 무엇인가?

03 표면 경화처리

① CVD

(1) CVD의 분류

CVD란 화학적 증착(Chemical Vapor Deposition)을 말하며 진공실에 불어 넣은 가스가 높은 온도로 가열된 피처리물 표면 또는 표면 부근에서 열분해되거나, 반응성 가스 간에 화학 반응을 일으켜 생성되는 고체 금속 또는 화합물, 복합물 등이 표면에 흡착과 축적되어 코팅층을 형성하는 기법이다.

CVD를 분류하면 그림과 같으며, 고온 CVD가 가장 많이 사용되고 있다.

표 CVD의 종류

CVD		온도	피막
열 CVD	고온 CVD	1000℃	TiC · TiN · Al_2O_3
	저온 CVD	300~550℃	W_2C
	플라즈마CVD	300~500℃	TiN · TiC C-BN · Si_3N_4
	광 CVD		TiC

내마모성을 목적으로 공구나 금형에 적용하는 코팅은 다음과 같은 열 CVD의 반응식으로 형성된다.

$$TiC : TiCl_4 + CH_4 + H_2 \rightarrow TiC + 4HCl + H_2$$
$$TiN : TiCl_4 + 2H_2 + 1/2N_2 \rightarrow TiC + 4HCl$$
$$Al_2O_3 : 2AlCl_3 + 3CO_2 + 3H_2 \rightarrow Al_2O_3 + 6HCl + 3CO$$
$$W2C : 2WF_6 + 1/6C_6H_6 + 5\,1/2H_2 \rightarrow W_2C + 12HF$$

이상과 같은 반응식은 고압 CVD법으로 TiC, TiN, Al_2O_3와 저압 CVD법으로 W_2C가 피막을 형성하는 일례이다. 저압 CVD법 외에 고압 CVD법이 있고, 탄화물, 질화물, 산화물뿐만 아니라 TiC + TiN, TiC+Al_2O_3 + TiN 등의 다층 박막 및 다이아몬드(DLC) 박막도 합성이 가능하게 되었다.

표에 저압 및 고압 CVD법의 비교를 나타내었다.

| 표 | 고압 및 저압 CVD법의 비교 |

구 분	고압 CVD 시스템	저압 CVD 시스템
노내 압력	대기압	저기압(대기압 이하)
장비	배기가스 처리 장비 필요	배기가스 장비 필요 없음
결정 석출 속도	빠르다.	느리다.
코팅 형상	거칠고 조용하다.	미세하다.
균일성	좋지 않다.	좋다.
노내 유효 면적	적다.	크다.
운용비	가스 소모량이 많아 비싸다.	가스 소모량이 적어서 싸다.
작업 능률	작업이 어렵고 장시간 소요	세척 시간 등이 짧고 작업이 쉽다.

(2) CVD의 특징

그림은 CVD의 대표적인 코팅 장치의 개략도 및 제조공정을 나타낸다.

CVD의 장점은 다층 박막이 가능하고 PVD에 비해 코팅층의 균일성이 뛰어나 코팅막 자체에 핀홀 등이 거의 없으며, 윤활성, 내마모성, 밀착성 등이 PVD에 비해서 뛰어나다는 것이다.

또한 TiC 코팅막의 경도는 무려 $3,200kg/mm^2$로 초경합금을 훨씬 능가한다. 이에 비해 CVD의 단점은 고온 처리이기 때문에 처리 온도 1,000℃ 정도로 코팅 후 재열처리를 해야 하는 점과 탄소량이 부족한 강재(C 0.5% 이하)는 탄소를 첨가해야 점착성이 좋아지는 특성 때문에 처리가 곤란하다는 점 등이다.

이 외에도 CVD는 PVD 등 다른 코팅 방법에 비하여 투자비가 저렴하고 파이프 모양의 내경면에도 피복이 가능하여 PVD에서 곤란한 처리물들을 처리할 수 있는 장점이 있다.

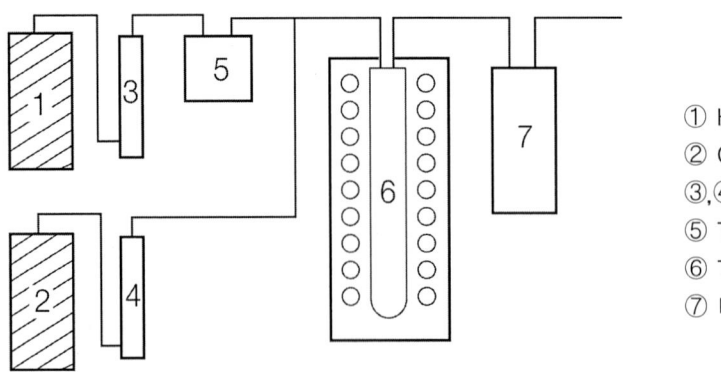

① H_2가스
② CH_4가스
③,④ 유량계 CH_4가스
⑤ TiCl 증발기
⑥ TiCl 증발기
⑦ 배기가스 처리장치

∴ TiC코팅 장치

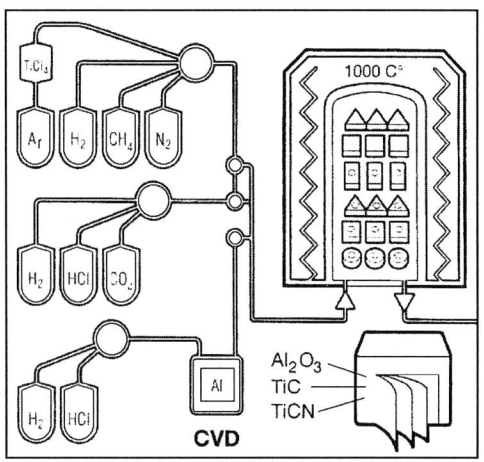

∴ CVD코팅 제조공정 모식도

열 CVD의 일반적인 특징은 다음과 같다.
① 코팅층은 모재와 강한 금속 결합을 하므로 밀착 강도가 강하다.
② 결정성이 양호한 코팅막을 얻을 수 있다.
③ 가스에 의한 코팅이므로 피막의 밀착성이 PVD에 비해 양호하며 균일한 코팅막을 얻을 수 있다.

(3) CVD의 적용

CVD는 초경공구에 적용하면 가장 좋다. 공구강에는 고속도강이나 열간 및 냉간 공구강으로 STD61, STD11 등에 적용이 가능하나 코팅 후 진공에서 재열처리를 해야 한다.

주로 절삭 공구용 인서트 코팅에 적용되고 있으며 금형 분야의 적용 예는 그림에 나타난 바와 같이 비처리품에 비해 수명이 10배 이상도 가능한 것으로 평가되고 있다.

(a) DLC코팅　　　(b) TiN코팅　　　(c) TiCN코팅

∴ CVD코팅된 초경공구

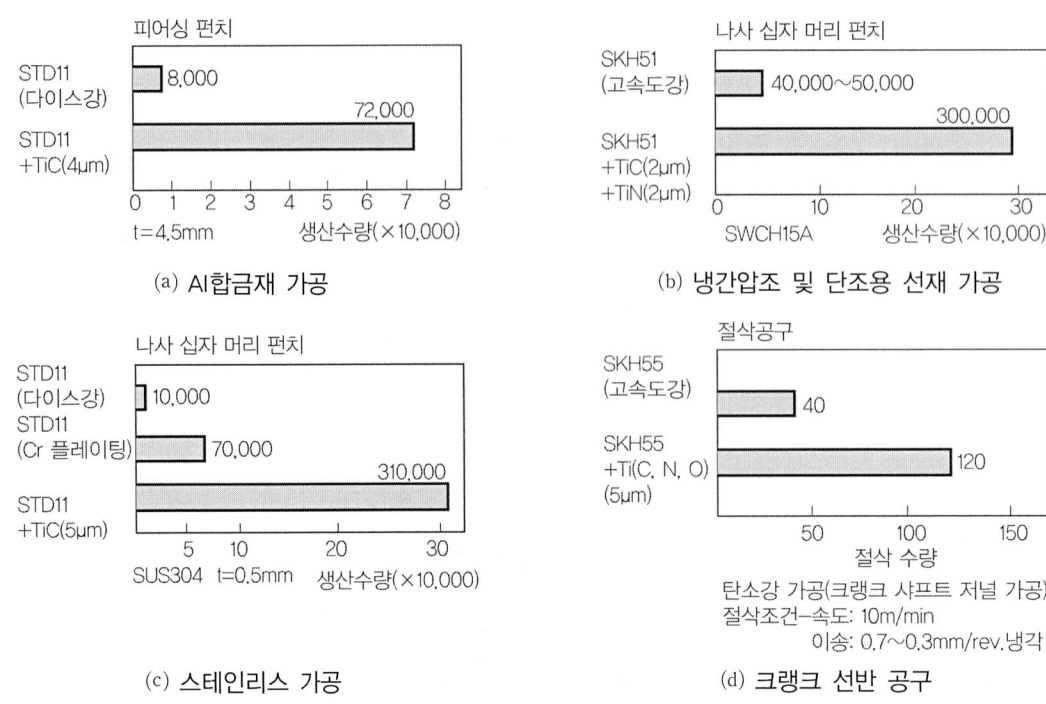

∴ CVD코팅된 제품과 비코팅 제품의 수명비교

2 PVD

(1) PVD의 분류

PVD란 물리적 증착(Physical Vapor Deposition)을 말하며 공구나 금형의 표면에 단일 또는 복합 금속상을 탄화물, 질화물, 산화물 등의 형태로 진공 중에서 코팅하는 표면처리 기법이다.

PVD은 크게 2가지로 분류할 수 있다.

① **이온을 이용하지 않는 방법**: 진공증착법
② **이온을 이용하는 방법**: 스퍼터링 법. 이온 플레이팅법, 이온 주입법, 이온빔 믹싱법

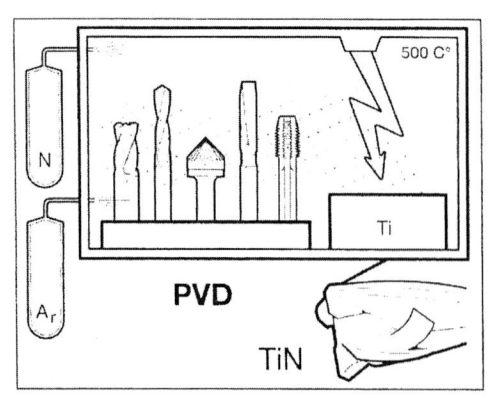

∴ PVD코팅 제조공정 모식도(TiN박막)

대표적인 코팅 방법(이온 플레이팅법)은 그림과 같고 최근 이온이 갖는 에너지를 유효히 사용하여 저온 영역에서 우수한 피막을 형성할 수 있는 것으로서 이온 플레이팅, 이온 주입 및 이온빔 믹싱법 등의 방법이 주목받고 있다.

코팅 처리방법의 종류

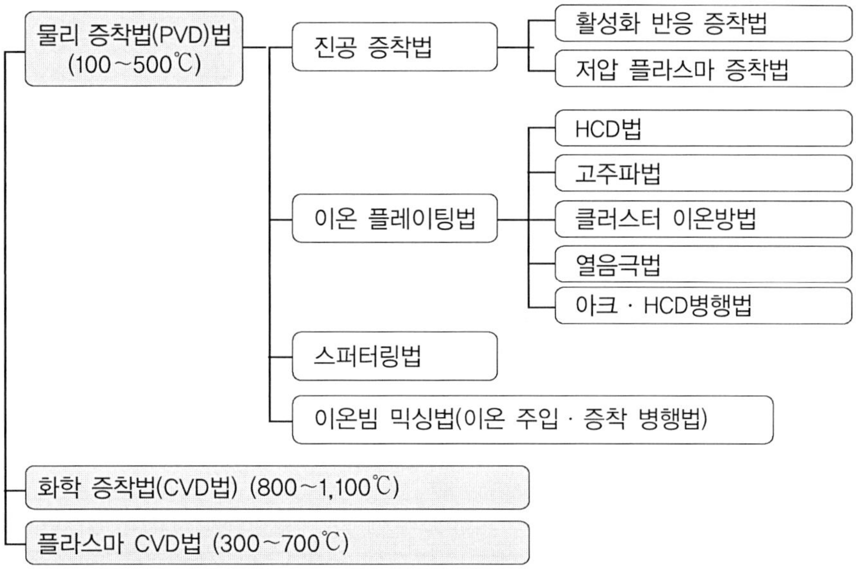

- 물리 증착법(PVD)법 (100~500℃)
  - 진공 증착법
    - 활성화 반응 증착법
    - 저압 플라스마 증착법
  - 이온 플레이팅법
    - HCD법
    - 고주파법
    - 클러스터 이온방법
    - 열음극법
    - 아크 · HCD병행법
  - 스퍼터링법
  - 이온빔 믹싱법(이온 주입 · 증착 병행법)
- 화학 증착법(CVD법) (800~1,100℃)
- 플라스마 CVD법 (300~700℃)

그림은 PVD와 CVD를 비교한 것이다.

표 VD법과 PVD법의 비교

구분	이온 플레이팅법 (PVD법)	화학 증착법 (CVD법)
반응온도	100~500℃	800~1100℃
후처리	없음	진공 담금질, 뜨임
변형	없음	발생한다.
내충격성	양호	불량
부착력	양호	매우 양호

1) 진공 증착법

코팅하고자 하는 물질을 저항 가열 필라멘트나 전자 빔으로 가열하여 코팅하는 방법이다. 진공 증착법은 아래 그림의 (a)에 나타내었다.

2) 스퍼터링법

아르곤과 같은 불활성 가스를 코팅 물질과 코팅 공구 사이에 넣어 전기장을 걸면 글로방전이 일어나 전하된 이온들이 발생하고, 이 이온들이 코팅 물질인 타깃을 격렬하게 이온 폭격하여 코팅 물질의 원자가 증기상으로 방출하게 된다. 이 코팅 물질들은 비교적 높은 에너지로 코팅 공구에 부착되며 그림 (b)에 나타내었다.

3) 이온 플레이팅법

진공 용기 내에서 금속을 증발시켜 증발입자가 피증착물에 도달하기 전에 이온화하고 피증착물에는 (−)전위를 걸어 진공 증착보다 밀착력이 우수한 피막을 얻는 방법으로 그림(c)는 개념적인 이온 플레이팅을 나타낸다.

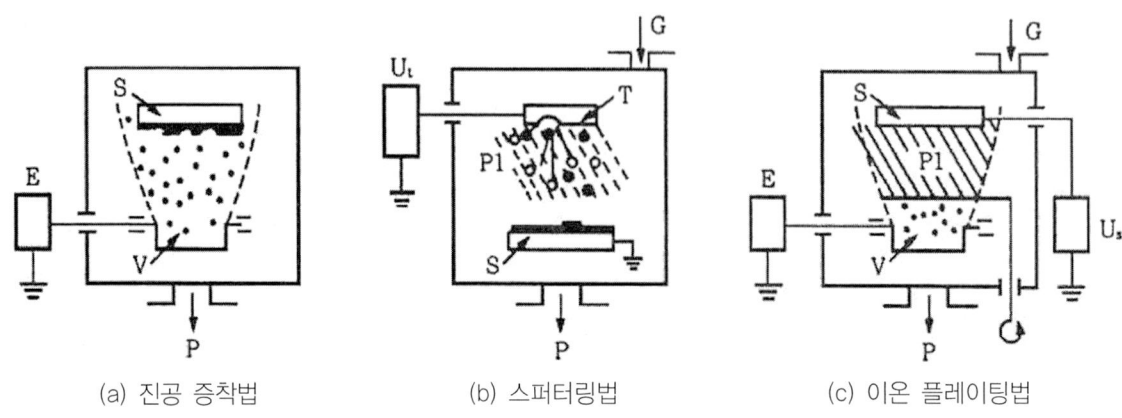

(a) 진공 증착법　　　(b) 스퍼터링법　　　(c) 이온 플레이팅법

PL : 진공 펌핑　　V : 증발원　　S : 피처리물 장치대　　T : 증발 물질(코팅 물질)　　U : 피처리물 전압
E : 전원 공급　　Pl : 플라스마　　G : 불활성 가스　　U : 음극 전압

: PVD 코팅 원리

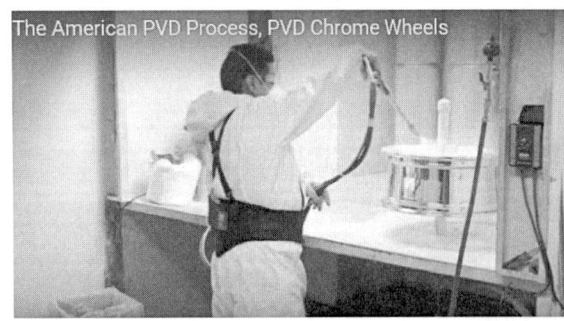

: PVD코팅 작업과 완성제품

4) 이온 주입법

이온 주입법은 원소를 이온화한 후 가속하여 고체 표면에 충돌시켜 물질 내부에 주입하는 물리적 방법이다.

그림은 이온 주입 시에 일어나는 충돌 과정을 나타낸다.

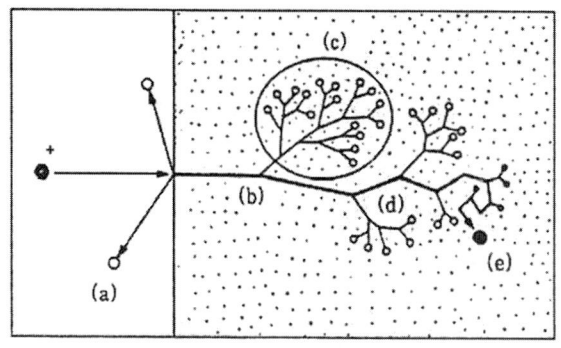

(a) 스퍼터링
(b) 직접 탄성 충돌
(c) 가스케이드 충돌
(d) 열 스파이크
    (굵은 선으로 나타내는 이온 길 근방에서 일어나는 순간적 원자 진동)
(e) 이온 주입

∙ 이온주입 시에 일어나는 충돌과정

5) 이온빔 믹싱법

천이금속, 귀금속 등은 금속 이온의 대전류를 발생시키기가 어려우므로 기판에 코팅한 금속 원자를 Ar^+ 등으로 조사하여 기판과 합금화시킨다. 이것을 이온빔 믹싱이라 한다.

그림은 이온빔 믹싱법의 금속막 적층법을 나타낸 것이다.

기판에 코팅시키는 금속박막의 적층법은 그림에 나타냈듯이 (a) 마커, (b) 일층, (c) 이층, (d) 다층이 있다. (d)의 다층법은 실용적인 응용에 많이 사용된다.

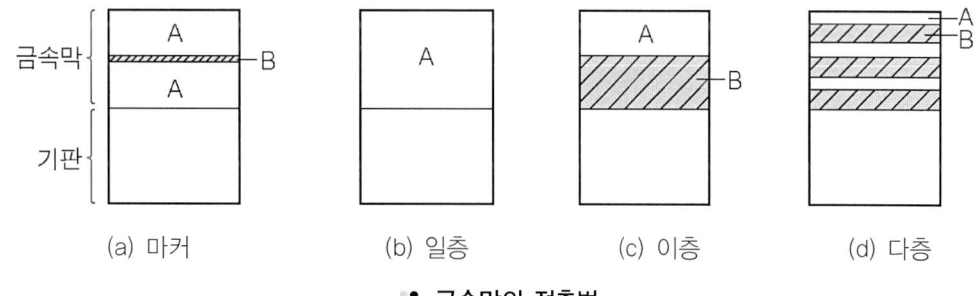

∙ 금속막의 적층법

(2) PVD의 특징

PVD의 방법 중 진공 증착법이나 스퍼터링법은 이온화 에너지 및 운동 에너지가 작아 이온 플레이팅에 비해 밀착성과 균일성이 떨어지며, 금형의 내마모 특성을 향상시키기 위한 PVD법은 이온 플레이팅법이다.

1) PVD의 적용

PVD의 적용 분야는 절삭 공구와 금형 등으로 다양하다. 코팅 물질은 TiN이 거의 대부분이며 TiAlN, TiZrN 등 3원계 코팅에도 적용되고 있다.

그림은 TiN 코팅 금형과 코팅의 종류를 나타내고 있다.

∴ PVD처리된 펀치와 다이스

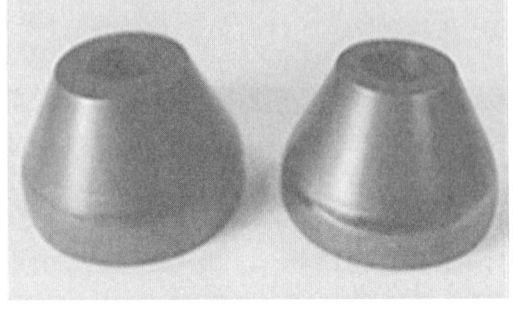
∴ 냉간 성형된 PVD코팅 다이스

표 PVD코팅의 종류

코팅막	색 상	경도(Hv)	내마모성	내소착성	내식성	내산화성	적용
TiN	금색	2,500	중	중	중	중	절삭공구, 금형, 기능성 부품, 장식
TiAlN	검정	3,000	상	중	중	상	절삭공구
CrN	Metal	2,000	하	상	상	중	금형, 기계부품 (내식성)

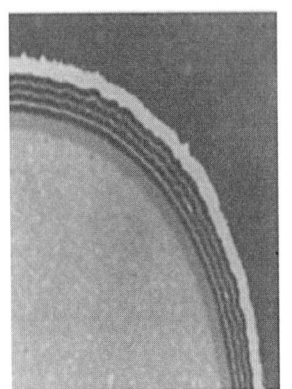 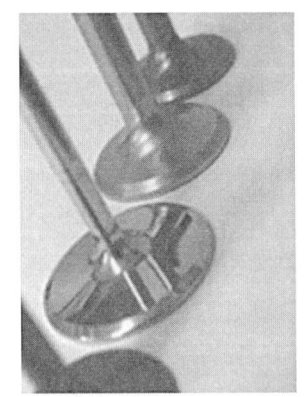 
∴ PVD코팅 제품과 코팅된 금형

TiN 코팅층의 경도는 코팅법에 따라 다소 차이가 있으나 Hv2400 정도이며 이는 초경합금보다 우월한 경도값이다. 따라서 TiN 코팅으로 냉간 압출, 냉간 단조, 디프 드로잉, 냉간 포밍, 트리밍 등에서 3~10배의 금형 수명 연장 효과를 보이고 있으며 알루미늄 다이캐스팅 및 열간 단조 등에서도 괄목할 만한 효과를 나타내고 있다.

2) PVD 코팅의 장점은

- 저마찰계수 : 무윤활 조건에서 0.4~0.8(200℃까지 일정)
- 처리온도 : 200℃~500℃ 이하
- 내식성 : 산 및 알칼리에 용해하지 않음
- 내마모성 : 비커즈 경도가 1500~2500Hv으로 높고 내마찰, 마모에 효과가 있다.

그림에는 각종 이온 플레이팅법의 비교를 나타내었다.

표 이온 플레이팅 특성 비교

구 분	스퍼터링	전자 빔법	아크 증발법
코팅 물질의 위치	노의 바닥, 측면, 천장	노의 바닥면	노의 바닥, 측면, 천장
코팅 물질 배치수	다수 가능	1	12개까지 가능
N_2가스 화학 당량비 조절 범위	좁다	좁다	넓다
제품 장입 높이	낮다	낮다	높다
가동 난이도	보통	고난도 처리	쉽다
제품 장입 모양	복잡	복잡	단순
피코팅물 표면 세척(노내)	글로 방전	글로 방전	이온빔/글로 방전
이온 생성 구조	간접(가스-플라즈마)	간접(고체 → 액체 → 플라즈마)	직립(고체 → 플라즈마)
이온화 레벨(Ti)	10%	10%	80%
이온 에너지 레벨(Ti)	3eV	3eV	50eV
처리 온도	200~300℃	약 450℃	200℃
처리시간(3~4μm TiN)	6~8시간	4시간	2시간
코팅층 밀착성·균일성	보통	우수	양호

3 PCVD

(1) PCVD의 분류

PCVD란 플라즈마 화학 증착(Plasma-Chemical Vapor Deposition)을 말하며 플라즈마의 생성 방법에 따라 직류(DC)법, 고주파(RF)법, 마이크로파법 등이 있다. 이러한 플라스마 생성 방법들은 단독으로 이용되는 경우도 있지만 조합되어 이용되는 경우도 있다. 이들 각종 PCVD법은 그림에 나타낸 저온 플라즈마 영역을 이용하고 있다.

직류 PCVD법의 경우 생성된 이온은 그림에 나타냈듯이 음극 전위 강하부에 의해서 코팅이 가속화되고 피처리물에 충돌하여 밀착성이 좋은 피막을 형성한다.

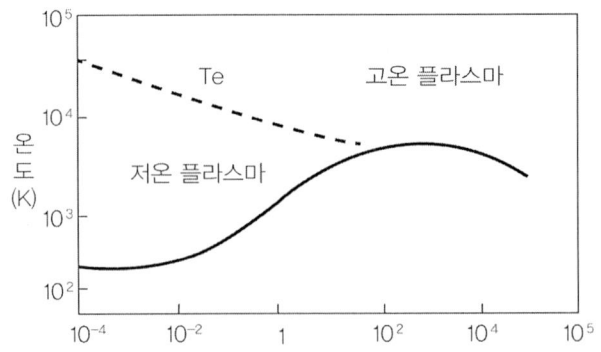

∴ 플라즈마 전자온도(Te)와 가스온도(Tg)의 압력 의존성

예를 들어 TiN을 코팅하는 경우, 다음과 같은 화학 반응을 열에너지와 플라즈마 에너지를 이용하여 일으키게 한다.

$$2TiCl_4 + N_2 + 4H_2 \rightarrow 2TiN + 8HCl$$

이와 같은 반응에 의해서 코팅하는 대표적인 코팅물은 TiN, TiC, TiCN이 있다.

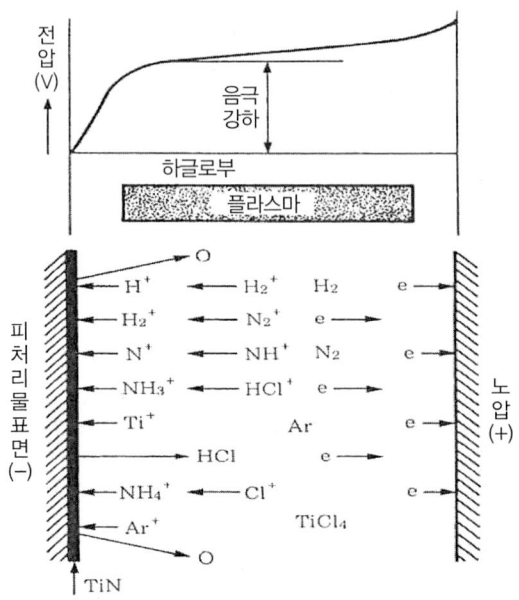

∴ 플라즈마 PCVD의 원리

(2) PCVD의 특징

PCVD법으로 코팅한 TiN피막의 경도는 TiN의 경우 Hv 2000, TiC는 Hv 3000, TiCN은 TiN과 TiCN의 중간 정도이다.

스크래치 테스터에 의한 코팅층의 밀착성 실험 결과, PCVD법으로 코팅한 피막이 PVD나 CVD에 대해서 밀착 강도가 높은 것으로 평가되었으며, 그림의 핀 디스크 실험 결과 PVD에 비해 마찰 계수가 현저히 작다는 사실이 알려져 있다.

디스크재	마찰 계수
모재(SKH51)	0.50~0.52
A사 PVD TiN: 4μm	0.65~0.76
B사 PVD TiN: 2μm	0.50~0.74
PCVD TiN: 2μm	0.48~0.52
PCVD TiN계 다층막: 2μm	0.16~0.20

- 핀 : SUJ2, ∅6, HV 860
- 디스크: SKH51, 5-∅60, HV790
- 하중: 500g
- 회전속도: 100mm/s
- 회전 거리: 500m
- 회전 반지름: 6mm

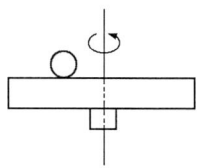

∴ 핀 디스크 마찰에 의한 시험결과

이와 같은 결과는 PCVD법으로 생성된 코팅막이 어떤 것보다도 치밀한 조직을 가지고 있다는 사실을 뒷받침해 준다. 그림에 각종 경질 피막 피복의 비교를 나타내었다.

표 각종 경질 피막 피복법의 비교

| 처리법
비교항목 | OE 프로세스
(PCVD) | PVD | CVD | | | TD 프로세스 | 비고 |
			저온 CVD	중온 CVD	고온 CVD		
피막	TiN, TiC, TiCN	TiN, TiC, TiCN	W$_2$C	TiCN	TiN, TiC, TiCN	VC	※범례: 상:탁월 중:우수 하:보통
처리 방법	플라스마 반응	플라스마 반응	열화학 반응	열화학 반응	열화학 반응	염욕 중의 열화학 반응	
처리 온도(℃)	300~600	200~600	300~600	700~900	약 100	약 1000	
처리 압력(torr)	10^{-2}~10	10^{-3}~10^{-4}	50~760	50~760	50~760	760	
밀착성	상	하	하	상	상	상	
치밀성	상	중	하	하	하	하	
붙임성	중	하	상	상	상	상	
촌법 정도	상	상	상	하	하	하	
국부 피복	상	상	하	하	하	하	
중량물의 처리	상	하	상	상	상	상	
작업 환경	상	상	하	하	하	하	
런닝 코스트	상	상	하	하	하	상	
전처리	불필요	Ti 코팅 필요	Ni-B 도금 필요	불필요	불필요	불필요	

(3) PCVD의 적용

PCVD 코팅은 PVD에서 단점으로 대두된 핀홀, 밀착성, 균일성 등을 보완한 저온 처리 기법으로 CVD에서 야기되는 변형과 치수 변화를 방지할 수 있어서 냉간 가공 금형, 플라스틱 금형, 알루미늄 다이캐스팅 및 압출 금형 분야에 폭넓게 적용되고 있다. 특히 플라스틱 금형 중 CD 금형, LD 금형 등 고경면 요구 금형은 PVD의 경우 드로플릿이나 핀홀 등이 많아 PCVD 코팅의 수요가 늘고 있다. 또한 붙임성과 밀착성이 우수하여 금형의 굴곡진 형상과 슬리브 내경면도 균일한 코팅이 가능하며 알루미늄 다이캐스팅 금형 분야에서 가장 우수한 특성을 보이고 있다.

그림에 냉간 가공용 금형에 대한 PCVD 적용 효과 예를 나타내었다.

표 냉간가공용 금형에 대한 PCVD 적용 효과 예

적용 품명	금형 재질	내구성 효과
냉간형 배기 펀치 피가공재: SM12C, 두께 3.1mm	SKH51	• 미코팅: 2,000 쇼트 • PCVD: 33,000 쇼트
냉간 압조 다이 피가공재: 폴조인트부 소켓 SCM415, 두께 5mm	SKH51	• CVD(TiC): 15,000개 • PCVD: 48,500개
냉간 성형 다이 피가공재: SUS304, 두께 1.6mm	STD11	• TD 프로세스(VC): 25,000개 • PCVD: 120,000개
트리밍 다이 피가공재: 볼트	고속도강	• CVD: 30,000 쇼트 • PCVD: 61,900 쇼트
냉간 단조 펀치 피가공재: 볼트	SKH55	• 미코팅: 45,000개 • PVD(TiN): 45,000개 • CVD(TiN+TiC+TiCN): 75,000개 • PCVD: 150,000개
강관 가공용 맨드렐 피가공재: SUS304 두께 4 → 2mm	분말 고속도강	• TD 프로세스(VC): 530개(재코팅품은 신품의 1/2 이하) • CVD: 780개(재코팅품은 신품의 1/2 이하) • PCVD: 12,000개(재코팅품은 1015본)
좌압 버링 펀치 피가공재: SUS304 두께 0.5mm	SKH51	• CVD(TIC: 6μm): 15,000 쇼트 • PCVD: 52,000 쇼트
모터 케이스 가공용 펀치 피가공재: 두께 1.5~3.5mm	DC53	• 미코팅: 60,000 쇼트 • Cr 도금: 70,000~800,000 쇼트 • CVD(TiN+TiC+TiCN): 200,000쇼트 • PCVD: 40,000 쇼트 이상

④ DLC

(1) DLC의 개요

DLC(Diamond Like Carbon)는 다이아몬드의 높은 경도와 흑연의 윤활성을 가지며 탄소와 수소로 구성된 비정질 코팅막이로, 주로 PVD 또는 PACVD 공법으로 100~300℃의 온도에서 합성되고 내마모성, 윤활성이 우수하고 전기적 절연, 화학적 안정성 및 광투과성을 가지고 있다.

철 또는 비철계 금속 및 플라스틱, 세라믹에도 코팅이 가능하다.

주요 탄소계 코팅은 수소의 함량과 원자간의 결합구조에 따라 DLC, Ta-C, Diamond코팅으로 구분된다.

•❋ DLC코팅제품과 금형

1) DLC 코팅의 장점은

- **저마찰계수** : 무윤활 조건에서 0.1~0.2(200℃까지 일정)
- **처리온도** : 150℃~250℃ (일부는 450℃이상)
- **내식성** : 산 및 알칼리에 용해하지 않음
- **내마모성** : 비커즈 경도가 1500~2500Hv으로 높고, 내마찰, 마모에 효과가 높음
- **초평활성** : 기재의 평활성을 손상하지 않고, 박막 치수정밀도 확보가 가능
- **절연성** : 진기저항이 큼

2) DLC 코팅의 효과

- **이형성** : 연질금속의 응착, 소착이 감소함
- 피가공물의 융착 등의 문제를 해결함
- 면의 품질향상
- Maintenance주기 대폭감소
- 이형성 내식성이 요구되는 제품에 효과적

:• Ta-C코팅제품

⑤ TD 프로세스

(1) TD 프로세스의 원리

TD 프로세스란 도요타 디퓨전 프로세스(Toyota Diffusion process)의 약어이다. 금형 공구 및 기계부품의 표층부에 내열, 내식 내마모성이 뛰어난 표면물질을 형성시키는 표면경화(침탄)처리법으로 그동안 이용되었던 열처리기법보다도 내마모성이 우수(표면경도 3,000~3,800Hv)할 뿐 아니라 작업이 편한 특징을 가지고 있다.

선진 각국에서 금형 및 내마모성을 요하는 기계부품의 수명향상을 위하여 널리 사용하는 표면처리이다.

:• TD코팅된 금형

TD는 950~1050℃의 바나듐 성분의 염욕에서 제품에 있는 탄소성분과 확산 결합시켜 VC(Vanadium Carbide)층을 형성하는 공법이다.

확산결합 반응에 의한 우수한 코팅의 밀착력과 고경도, 내소착 특성으로 프레스 금형, 단조금형 등의 가혹한 작업에 뛰어난 성능을 발휘한다.

TD코팅의 장점으로는
- 초경합금보다 훨씬 높은 경도(HV3500 이상)
- 초경합금 이상의 내마모성, 내소착성

- 스테인리스강보다 우수한 내식성, 내산화성
- 크롬도금, PVD등 보다 우수한 내박리성
- 우수한 절삭 및 절단성능 등

TD코팅 시 주의할 점으로는

- 고온 담금질에 의한 변형 및 치수의 변화
- Sharp한 부분으로부터 발생할 수 있는 크랙
- 미세 균열의 확대로 인한 제품의 손상 등이다.

염욕의 원소는 약 950~1050℃로 유지하며 요구 특성에 따라 1~10시간 유지한 후 금형을 꺼내어 담금질과 뜨임을 실시한다.

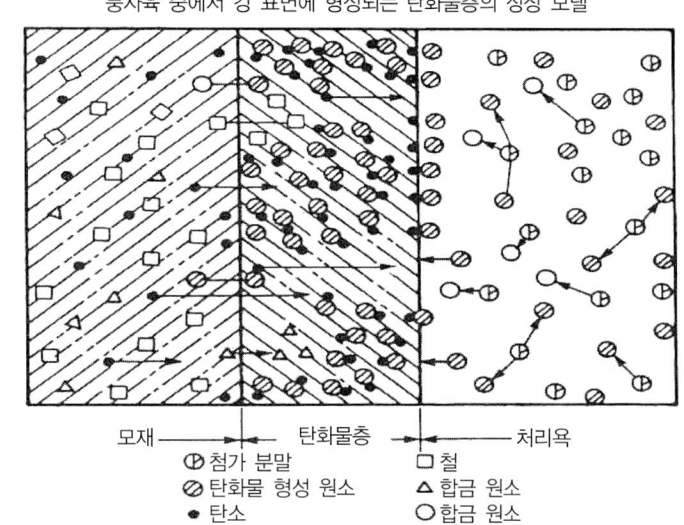

붕사욕 중에서 강 표면에 형성되는 탄화물층의 성장 모델

모재 — 탄화물층 — 처리욕
① 첨가 분말 □ 철
② 탄화물 형성 원소 △ 합금 원소
• 탄소 ○ 합금 원소

∴ TD 프로세스의 원리

∴ TD 코팅공정

∴ TD 코팅 염욕제

TD 프로세스의 처리 온도는 CVD와 유사하므로 처리 중에 변형 및 치수 변화가 발생하는 경우가 있고, 처리 시간이 긴 장점이 있는 반면 두꺼운 피막이 가능하며 뛰어난 내식성을 나타낸다. 또한 모재와의 사이에 확산층이 존재하며 밀착성이 뛰어나다.

(2) TD 프로세스의 적용

TD 프로세스의 주요 코팅 피막은 VC, NbC, CrC 등의 탄화물이며 냉간 단조, 제관용 공구, 성형 롤 등에 초경합금 대용으로 적용된다. TD 프로세스가 PVD보다 널리 응용되지 못하는 이유는 고온처리로 인한 변형과 재열처리 등 경제적인 측면에서 불리한 면이 있기 때문인 것으로 알려져 있다.

그림은 TD 처리된 성형 롤을 나타내었다.

∴ TD 처리된 성형 롤

6 화학적 표면경화

스핀들, 클러치, 기어, 캠, 캠 샤프트 등의 강제품은 내마모성과 인성이 요구되므로 표면경화법을 이용하여 기계적 성질을 개선한다. 이와 같이 강의 표면을 경화시키는 화학적인 표면경화법은 강의 표면층에 여러 가지 원소들을 확산 침투시켜서 표면 조성의 변화에 의한 경화층을 얻는 방법으로서 침탄법, 질화법, 금속 침투법 등이 있다.

(1) 침탄법(Carbonizing)

각종 기계 부품 등의 표면은 경도가 크고 내부는 인성이 큰 것이 요구될 때가 많다. 이와 같은 용도에는 내마모성과 인성이 요구되므로 표면 경화법(Case Hardening)을 이용하여 표면 경화하여 사용한다.

(a) 뚜껑 분리

(b) 재료 분리

(c) 완성

∴ 침탄 열처리(액체침탄)

1) 침탄법의 종류

침탄법에는 침탄제에 따라 고체 침탄법, 액체 침탄법, 가스 침탄법 등이 있다.

① 고체 침탄법

고온에서 금속이나 비금속을 주강의 표면에 확산 침투시킴으로써 표면에 합금층을 생성시키는 방법으로 철재(4~10mm)의 침탄상자에 목탄 등의 고체침탄제와 장입하고 내화점토로 밀봉한 후 900~950℃정도에서 가열 침탄 후 퀜칭(담금질)하는 방법이다.

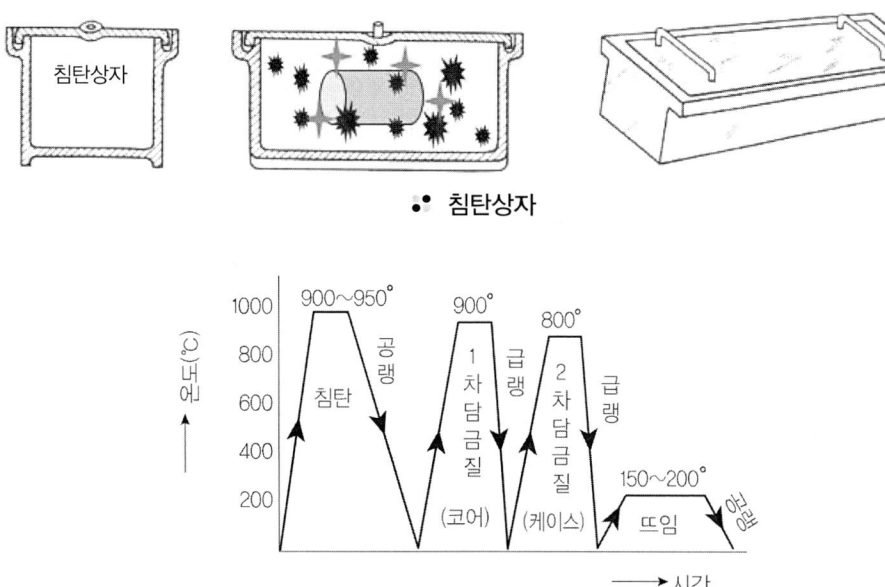

•: 침탄상자

•: 고체 침탄담금질의 열처리 작업과정

최근에는 양산성과 탄소농도 조절 등의 저하로 사용되지 않고 있다.

고체 침탄법의 최대 결점은 시간이 길다는 점이다. 보통 0.1mm 침탄깊이를 얻는데 1hr 정도가 필요하다.

그림은 침탄 온도와 침탄 깊이를 나타낸 것이다.

표 침탄온도와 침탄깊이

가열 온도	60% 목탄과 40% BaCO$_2$	K$_4$Fe(CN)$_6$	목탄	비 고
800℃	0.51	0.51	0.51	
900℃	2.2	2.0	1.2	1시간 기준
1000℃	3.0	3.0	2.4	
1100℃	4.7	5.2	3.5	

침탄 후의 열처리는 중심부를 미세화시키기 위해 900℃에서 1차 담금질을 하고 표면의 경화를 목적으로 800℃에서 2차 담금질한 후 연마 균열을 방지하기 위하여 150~200℃로 뜨임을 한다.

② 액체 침탄법

액체 침탄에는 시안화소다(NaCN), 시안화칼륨(KCN)을 주성분으로 하여 중성염, 탄산염을 첨가한 침탄제의 융액 속에 침탄할 재료를 담구어 침탄시키는 방법이다.

실제로는 침탄과 질화가 동시에 이루어지기 때문에 액체침탄질화법이라 부르기도 한다.

침탄층의 깊이는 약 0.2~0.5mm이고, 침탄 후의 열처리는 침탄 시간이 짧기 때문에 직접 담금질한 후 뜨임하며 주로 자동차 부품, 사무기기 부품의 내마모성의 표면처리에 응용된다. 액체 침탄법의 화학적인 반응은 다음과 같다.

$$2NaCN + O_2 \rightarrow 2Na(CN)O$$
$$4Na(CN)O \rightarrow 2NaCN + Na_2CO_3 + N_2 \uparrow$$
$$2CO + 3Fe \rightarrow CO_2 + Fe_3C$$

침탄제로는 보통 NaCN 54%, Na_2CO_3 44%, 기타 약 2%를 혼합한 것이 가장 많이 사용된다.

∴ 액체 침탄법

∴ 가스 침탄법

∴ 가스 침탄작업 중

③ 가스 침탄법

침탄법 중에서 가스 침탄법과 액체 침탄법이 가장 많이 이용되고 있으며, 가스 침탄법은 일산화탄소, 메탄, 에탄, 프로판, 천연 가스 등 탄화수소계 가스를 사용하여 침탄하는 방법으로 열효율이 높고 공정도가 간단하여 널리 사용된다.

가스 침탄은 고체 침탄에 비해 전반적으로 침탄시간이 짧게 걸린다. 또한 온도 가열을 고주파를 이용하면 침탄시간을 현저히 단축시킬 수 있다.

가스 침탄의 침탄 온도는 900~950℃가 적당하며, 침탄 후 직접 담금질하여 150~200℃로 뜨임한 후 사용한다.

표 침탄법의 비교

방 법	침 탄 제	침탄깊이	장 점	단 점
고체침탄	목탄 골탄 40%$BaCO_3$ + 목탄16%	0.4~2.0mm	큰 부품 처리 가능 소량생산 적함 설비비 비쌈	경화분포 차이 큼 과잉침탄 되기 쉬움 작업환경이 열악함
액체침탄	NaCN, KCN	0.2~0.5mm	소형부품 처리 유용 얇은 경화층 얻음 설비비 싸다	폐수처리 설비 필요 침탄방지 곤란
가스침탄	CO, CO_2	0.25~3.0mm	탄소농도 조절가능 자동화가 용이 대량생산 좋음	설비비 비쌈 양산이 아니면 처리비 다소 비쌈

(2) 질화법(Nitriding)

저탄소강을 500~550℃의 암모니아 가스 중에서 장시간(50~100시간) 가열하여 표면에 질소 화합물, 즉 Fe_2N, Fe_4N 등을 만들어 경화하는 열처리 방법으로 액체 질화법, 가스 질화법, 연질화법, 등이 있으며 침탄법과 다른 점은 담금질 조작을 안 한다는 것이다.

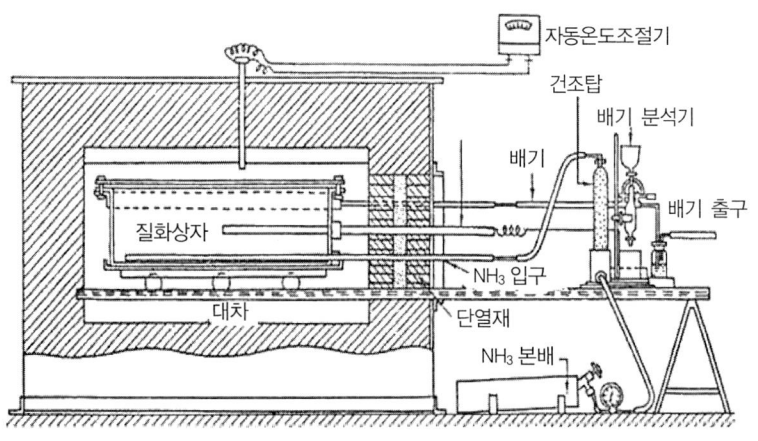

∴ 질화로 구조

질화 처리한 것은 다음과 같은 특징이 있다.
① 마모 및 부식에 대한 저항이 크다.
② 침탄강은 침탄 후 담금질 열처리를 하지만, 질화강은 담금질할 필요가 없고 변형이 적다.
③ 600℃ 이하의 온도에서는 경도가 감소되지 않고 산화도 잘 안 된다.
④ 경화층은 얕고 경화는 침탄한 것보다 크다.

1) 액체 질화법

NaCN(55~65%)+KCN(35~45%)의 액체 침질용 혼합염을 사용하여 500~600℃에서 가열 질화 처리하고 800~900℃에서 침탄하는 방법이며, 주로 질화만을 하기 위한 것으로 침질 시간이 가스 질화보다 짧아 30분에서 1시간이면 충분하다.

2) 가스 질화법

암모니아 가스 중에서 질화강을 500~550℃로 약 2시간 정도 가열하는 방법으로 암모니아 가스가 질화 온도에서 분해하여 발생기의 질소가 침투된다.

$$2NH_3 \rightarrow N_2 + 3H_2$$

질화된 강의 표면 경도는 HV 1000~1300에 이르면 내마모성과 내식성이 있어 고온에서도 안정되지만 침탄 처리보다 10배의 시간이 더 걸리며 비용이 많이 드는 결점도 있다. 또한 침탄법은 침탄 후에도 수정이 가능하나 질화 후의 수정은 불가능하다.

3) 연질화

액체질화의 일종으로 연질화용 염을 530~570℃로 용융시켜 공기를 약 30% 계속 송입하고 20~30분간 가열한 후 냉각한다.

연질화하면 표면 경도가 HV 500 전후로 그다지 경하지 않으나, 내마모성이나 내피로성이 향상되므로 자동차 부품, 축, 기어 등에 많이 응용된다. 최근에는 가스에 의한 연질화도 이용되는 경향이 크다.

그림은 침탄법과 질화법을 비교하여 나타낸 것이다.

표 침탄법과 질화법의 비교

침 탄 법	질 화 법
경도는 질화법보다 낮다	경도 높다.(충격 큰 부분에 사용할 수 없다)
침탄 후의 열처리 필요	열처리 필요 없다
경화에 의한 변형 발생	경화에 의한 변형 적다
질화층보다 여리지 않다	질화층이 여리다
수정 가능하다	수정 불가능하다
질화법보다 침탄법이 단시간 내에 같은 경화깊이를 얻을 수 있다.	질화층을 깊게 하려면 긴 시간이 걸린다.
높은 온도로 가열할 때 뜨임이 되고 경도가 낮아진다.	높은 온도로 가열할 때 경도가 낮아지지 않는다.
침탄강은 질화강처럼 강재 종류에 대한 제한이 적다	처리강의 종류에 많은 제한을 받는다.

(3) 청화법(Cyaniding)

탄소, 질소가 철과 작용하여 침탄과 질화가 동시에 일어나게 하는 것으로서 침탄 질화법이라고도 한다. 청화제로는 NaCN, KCN 등이 사용된다.

장점은
- ㉮ 균일한 가열이 이루어지므로 변형이 적다.
- ㉯ 산화가 방지된다.
- ㉰ 온도 조절이 용이하다.

단점은 다음과 같다
- ㉮ 비용이 많이 든다.
- ㉯ 침탄층이 얇다.
- ㉰ 가스가 유독하다.

(4) 금속 침투법

강철 표면에 타금속인 Cr, Al, Zn, B, Si 등을 삼투 시켜 그 표면에 합금층 및 금속 피복을 만드는 방법을 금속 침투법(Metallic Cementation)이라 하며, 일반적으로 금속보다 증기압이 높고 모재 표면에서 용이하게 분해될 수 있는 가스상 금속 화합물을 사용한다.

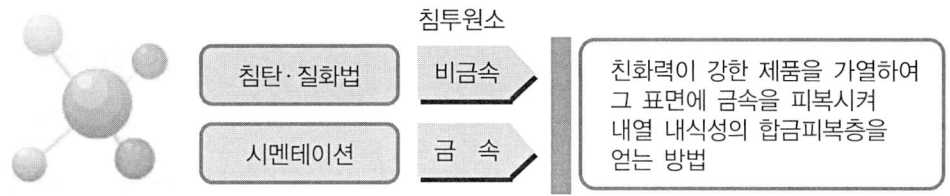

• 침탄과 금속침투법의 차이

1) 크로마이징(Chromizing)

Cr은 내식, 내산, 내마모성이 좋으므로 철강 표면에 Cr을 확산 침투시키는 방법으로, Cr 분말에 Al_2O_3를 20~25% 정도 첨가하여 환원성 또는 중성 분위기 중에서 1,000~1,400℃에서 8~15hr 가열하여 0.05~0.15mm의 Cr을 침투시킨다. Cr 침투를 용이하게 하기 위하여 모재는 보통 탄소 0.2%이하의 연강을 사용한다.

2) 카로라이징(Calorizing)

Al을 강의 표면에 침투시켜 내스케일성을 증가시키는 방법으로, Al분말 49%, Al_2O_3 분말 49%, NH_4Cl 2%와 강 부품을 용기에 넣어 노 내에서 950~1050℃로 가열하고 3~15시간 유지시켜 0.3~0.5mm정도의 깊이로 침투시킨다.

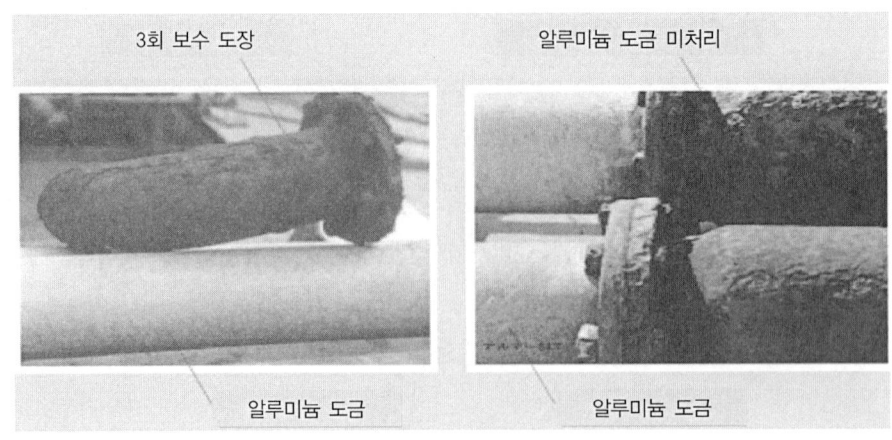

∴ Al도금강관 (내해수 용도의 사용 예)

3) 실리코나이징(Siliconizing)

내식성을 증가시키는 방법으로서 강철 표면에 Si을 침투 확산시키는 처리이며, 이 방법에는 고체 분말법과 가스법이 있다. 침투층의 두께는 950℃에서 11시간 처리로 약 1.2mm이다. 열 및 마모가 문제되는 부품에 효과가 크다.

4) 보로나이징(Boronizing)

강재 표면에 붕소(B)를 침투 및 확산시켜 경도가 높은 보론화 층을 형성시키는 표면경화법이다. 붕소 처리에서 경화 깊이는 약 0.15mm이다. 이 처리는 처리 후의 담금질이 필요치 않으며 각종 강철에 적용이 가능한 이점이 있다.

7 물리적 표면경화

기계 부품의 표면은 경도가 크고 내부는 인성이 큰 것이 요구될 때가 많다. 이와 같은 용도에는 내마모성과 인성이 요구되므로 표면 경화법(Case Hardening)을 이용하여 표면 경화하여 사용한다. 물리적인 경화법은 표면층의 조성은 변화시키지 않고 조직만을 변화시켜서 경화층을 얻는 방법으로서 화염 경화법, 고주파 담금질법 등의 방법이 있다.

(1) 화염 경화법

화염 경화법은 쇼터라이징(Shorterizing)법이라 하며 산소-아세틸렌 화염으로 강재의 표면을 가열하여 담금질하는 방법으로 중탄소강, 주철류, 스테인리스강 등에 적용한다. 경화층 깊이는 1.5~6.5mm이며 표면의 경도는 강재의 탄소량에 따라 정해진다.

그림은 화염 경화 작업과 원형 가스버너를 표시한 것이다.

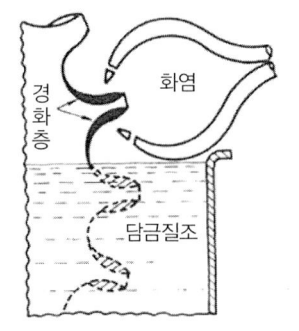
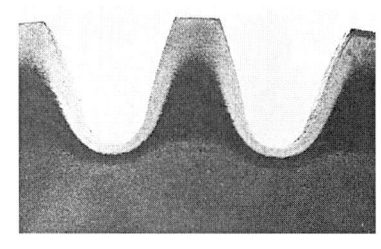

∴ 화염 경화 　　　　　　　　　　　　　　　　∴ 유도 경화된 기어이의 표면

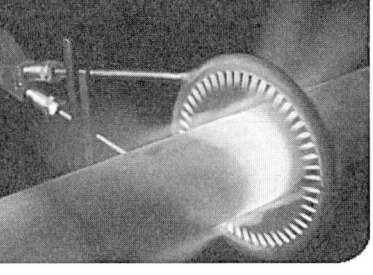
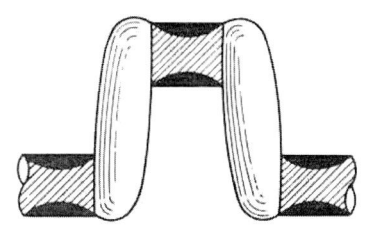

∴ 화염 경화된 크랭크 축

　　가열 기구는 토치 등의 버너를 사용하여 중성화염으로 가열하고, 이 때의 최고 온도는 약 3,500℃ 정도로 가열시 강 표면이 용해되지 않도록 주의한다. 또한 화염 경화법의 장점은 다음과 같다.

㉮ 일반 담금질법에 비해 담금질 변형이 적다.
㉯ 부품의 크기가 형상에 제한이 없다.
㉰ 국구 담금질이 가능하다.
㉱ 설비비가 적게 든다.

(2) 고주파 유도가열법

　　고주판 전류를 강재부품의 형상에 대응시킨 1차 코일 쪽에 통하게 하고, 그 가운데에 강재 부품에 고주파 유도를 통해 강재의 표면을 A_1 변태점 이상으로 가열하여 담금질하는 방법이다. 중단소깅, 보통 주철, 가단 주철, 구상 흑연 주철 등에 적용하며 경화층 깊이는 0.4~3.2mm정도이다.

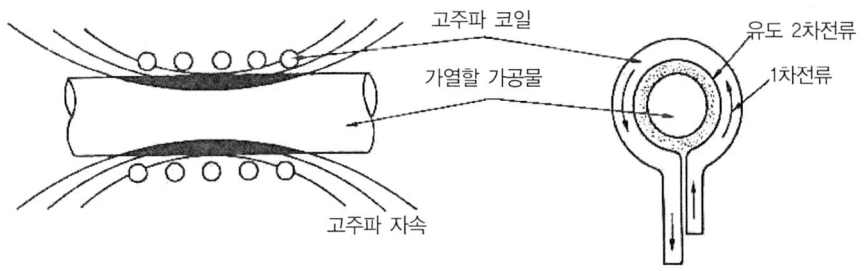

∴ 고주파 가열

경화시키고자 하는 강을 6,000~15,000A의 전류로 가열하여 즉시 급랭하면 표면만 경화되고 중심부는 거의 변화가 없다.

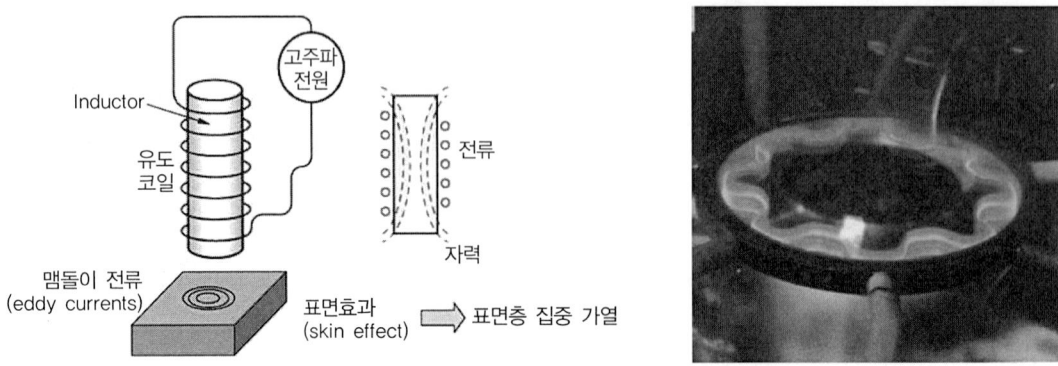

:· 고주파 가열부위와 가열

고주파 담금질의 냉각방법은 분사 냉각, 지체 냉각, 낙하 투입 냉각, 중단 냉각, 자기 냉각 등이 있으며, 보통 분사 냉각 방법을 가장 많이 사용하고 있다. 또한 가열 시간이 수초 정도로 짧기 때문에 산화, 탈탄, 결정 입장의 조대화 등이 일어나지 않는다는 장점이 있다.

:· 분사냉각 방식

그림은 고주파 담금질법에서의 공작물과 유도자의 관계를 보여 주는 것으로 적당한 코일을 선택하는 것이 고주파 경화를 잘하기 위한 첫 조건이 되며 고주파 담금질법의 중요한 이점은 다음과 같다.

① 가열 시간이 짧다.
② 피로 강도가 증가한다.
③ 제한된 국부적 경화법이다.
④ 표면 산화와 탈탄이 최소로 일어난다.
⑤ 변형이 적다.

⑥ 경화시키지 않은 표면에 필요한 교정 작업을 실시할 수 있으며, 어느 정도 범위까지는 경화한 표면에도 실시할 수 있다.
⑦ 공정을 생산 라인과 바로 연결시켜 사용할 수 있다.
⑧ 유지비가 저렴하다.

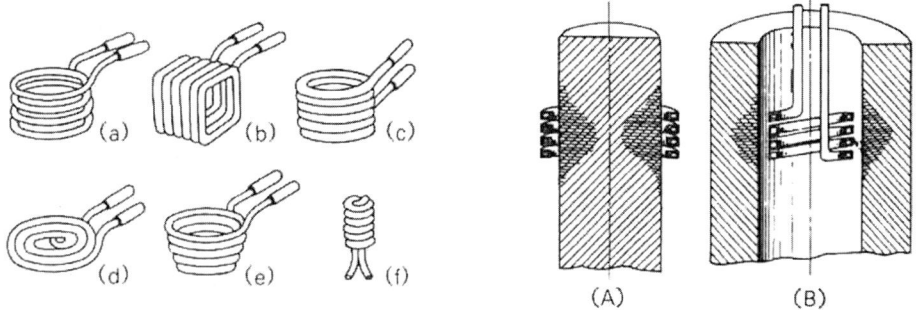

(a), (b), (c) 축, 봉재의 경화용
(d) 평면의 경화용   (e) 기어 등의 경화용
(f) 구멍 내부의 경화용

•• 공작물과 유도자의 관계

이에 대하여 유도 경화의 결점은 다음과 같다.
① 시설비가 고가이다.
② 유도 경화에 적당한 형상을 갖는 부품에 대해서만 적용할 수 있는 제한된 방법이다.
③ 유도 경화시킬 수 있는 강종이 제한되어 있다.

8 기타 표면경화

(1) 무전해 니켈도금

무전해 니켈도금이란 기존의 전기 화학적인 도금과는 달리 전기를 사용하지 않는 도금 방식으로, 도금하려고 하는 금속의 이온과 환원제가 용액중에 공존하면 환원제가 산화됨으로써 방출하는 전자가 용액중의 금속 이온을 환원시켜 도금 소재 위에 금속으로 석출하게 하는 원리이다. 이 도금에는 무전해 구리 도금, 무전해 니켈도금 및 무전해 금도금 등이 있다.

무전해 도금의 특징은 다음과 같다.
① 절연물이나 반도체, 금속 (철, 비철금속(동, 알루미늄 가능) 등 모든 기판상에 도금이 가능하다.
② 형상에 관계없이 균일한 도금이 가능하다.
③ 결정 입자가 미세하고 밀도가 높으며 비공질의 도금층을 얻을 수 있다.

④ 선택적 도금이 가능하다.

무전해 니켈 도금의 응용은 도금층의 석출 상태에서 경도가 Hv 500이지만 열처리를 하면 Hv 800~900으로 더욱 강해져 각종 내마모 부품에 적용할 수 있다. 특히 플라스틱과 같은 부도체에도 도금이 가능하며 PVD나 CVD를 적용할 수 없는 분야에 응용이 가능하므로 이용 범위가 점점 확대되고 있다.

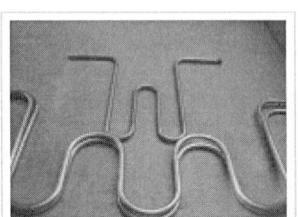
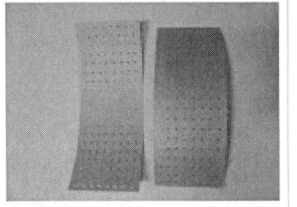
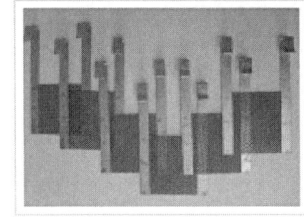
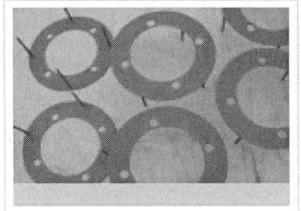

∴ 무전해 니켈도금 제품

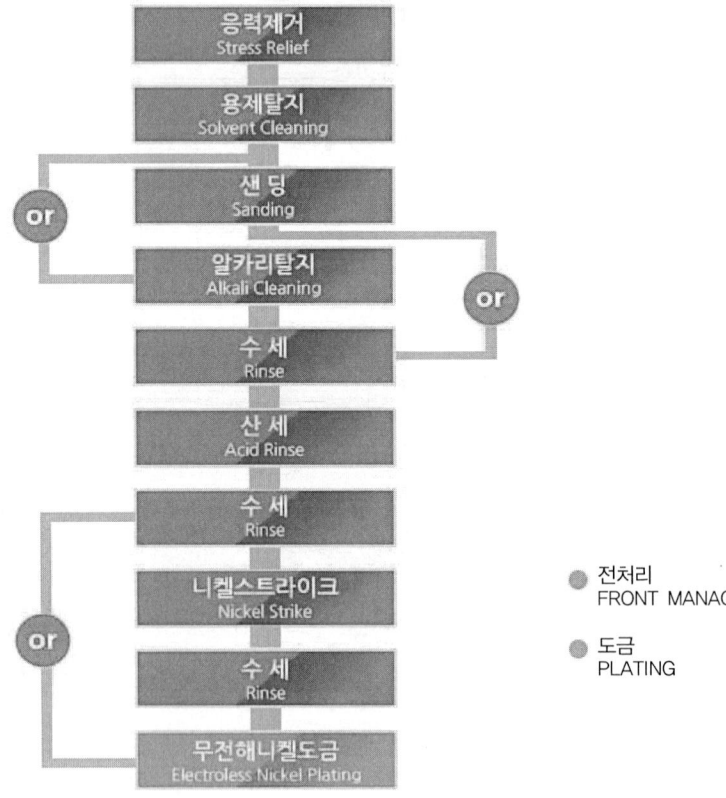

∴ 무전해 니켈도금 공정

(2) 방전 경화

방전 경화(Spark Hardening)는 표면 경화 중 하나로서 방전 현상을 이용하여 강의 표면을 침탄 질화시키는 방법, 즉 음극에 WC나 TiC 등의 초경합금을 사용하고 이것을 공구의 피경화 부분을 향하여 방전시켜, 공구 표면에 WC이나 TiC을 용착시킴과 동시에 그 열로 주위를 경화시키는 방법이다. 전압 120V로서 두께 50~70 μm 두께의 경화층이 얻어지며 경도는 HV 1,400~1,600으로 공구의 내마모성과 수명을 향상시킨다.

(3) 양극 산화 처리(Anodizing)

양극(Anode) 산화(Oxidization)처리는 표면에 강인한 산화 피막을 생성시켜 내식성과 외관을 아름답게 하고 경도를 증가시키는 등의 성질을 이용하기 때문에 비철금속(Al-대표적인 소재) 등을 활용할 때 주로 사용된다.

또한 도장 시 하지로서 내식성이나 밀착성을 향상시킬 목적으로 유용하게 이용된다.

알루미늄과 같은 비철 금속을 금형 부품등 기계적 용도로 사용할 때 백색 부식을 방지하고 내마모성을 주기 위해서 양극 산화 피막을 형성시키는 경우가 많다.

• 양극산화(아노다이징) 처리한 각종 금형

(4) 크로마이드 처리

크로마이트(Chromite)처리는 아연 도금된 것을 크롬산 화합물 및 산을 함유한 용액에 침적시키면 크로마이트 피막을 얻을 수 있다. 피막의 내식성은 피막 자체의 강도와 6가 크롬의 함유량에 따라 결정되며, 피막의 두께는 건조하기 전에 수 μm이지만 건조한 후에는 0.5 μm 이하로 얇다. 이 피막의 약점은 열에 약하다는 것이다.

따라서 130℃ 이상에서는 아연에 대한 방식력이 없어지고 350℃이상에서는 파괴되어 분상의 크롬 산화물이 된다. 일반적으로 크로마이트 처리는 아연 합금 사용 시 내식성 확보를 위하여 적용한다.

(5) 플라즈마 용사법

동축으로 연결된 W 음극 전극과 Cu로 제작된 노즐 형태의 양극 사이에 가스 또는 가스 혼합물을 송입하고, 고전극 아크 방전에 의하여 가스를 여과시켜 플라즈마상태로 만든 다음 플라즈마가 용사총을 빠져 나오는 순간 분해된 가스가 결합되면서 추가적인 열이 방출 온도를 더욱 높여 준다. 이 플라즈마의 흐름 내에 분말을 송입 용융 시킨 후 고속(650m/sec)으로 피처리물 표면(충돌)에 분사 코팅시키는 방법이다.

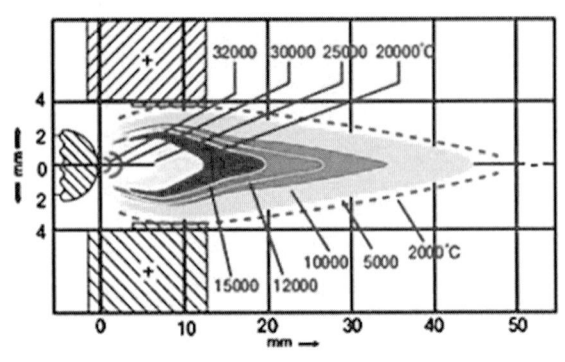

∴ 플라즈마 화염온도 분포도

플라즈마 용사법은 섬유, 제지 공업의 각종 특수 롤, 철강 공업의 롤, 금형, 라이너, 비철용 압연 롤, 플라스틱 사출용 스크루 등 기계, 금형 부품의 내마모성과 내식용으로 주로 사용된다.

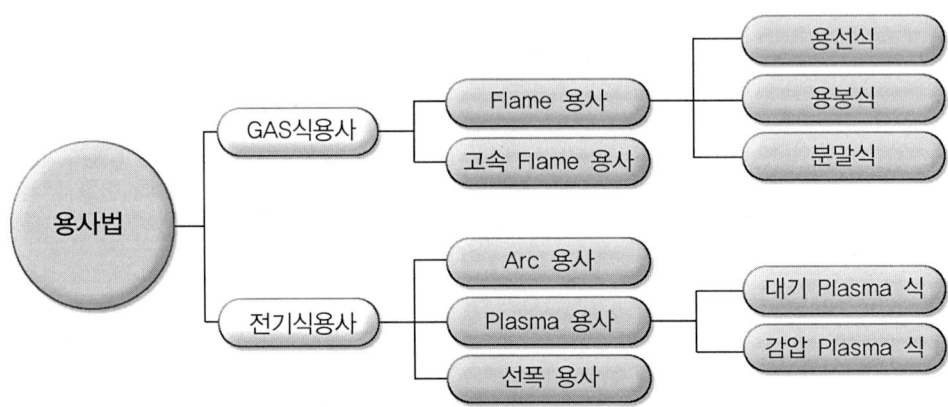

(a) 아크 용선식 용사법	(b) 제철소 hearth roll	(c) 사출기 압축스크류 Mo코팅

∴ 플라즈마 용사와 코팅제품

(6) 경질 크롬도금

경질도금은 일반적인 니켈도금이나 크롬도금과는 달리 경도, 내마모성, 내식성 및 내열성이 탁월하여 금형 표면에 도금하면 이와 같은 효과를 이용하여 금형의 내구 수명을 현저하게 증가시킬 수 있다.

크롬도금의 수용액은 무수크롬산에 황산을 첨가한 수용액으로 도금하기 전에 충분한 탈지와 도금층의 평활성을 유지시키기 위하여 연마를 실시한다.

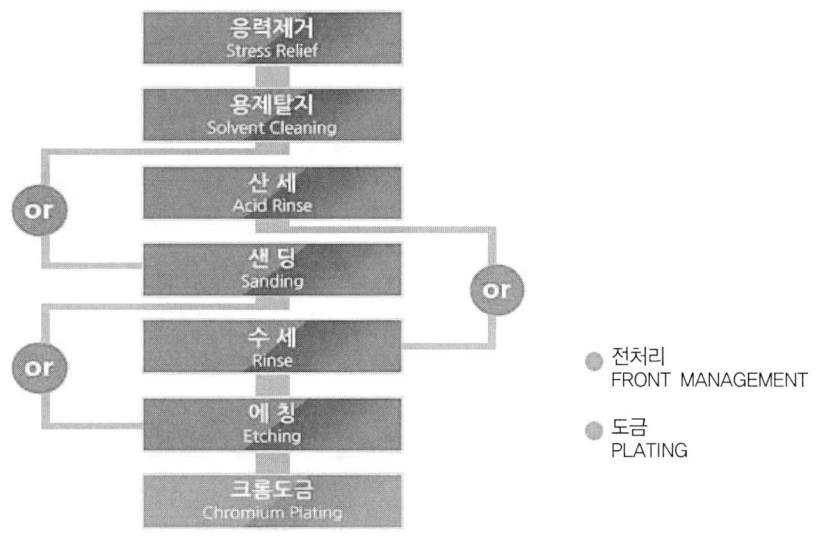

∴ 크롬 도금공정

연마 후 도금층의 밀착성을 증진시키기 위하여 양극 처리를 하는데, 도금의 정반대 원리로 금형표면의 이물질을 완전히 제거한 뒤 표면을 활성화시킨다. 경질 크롬 처리된 경도는 700~1000Hv 정도의 것이 사용되며, 이 경도는 열처리강, 질화강보다 높다.

용도로는 로, 금형, 실린더 및 라이너, 피스톤 및 피스톤 로드와 공구 등에 도금되며 용도가 넓다.

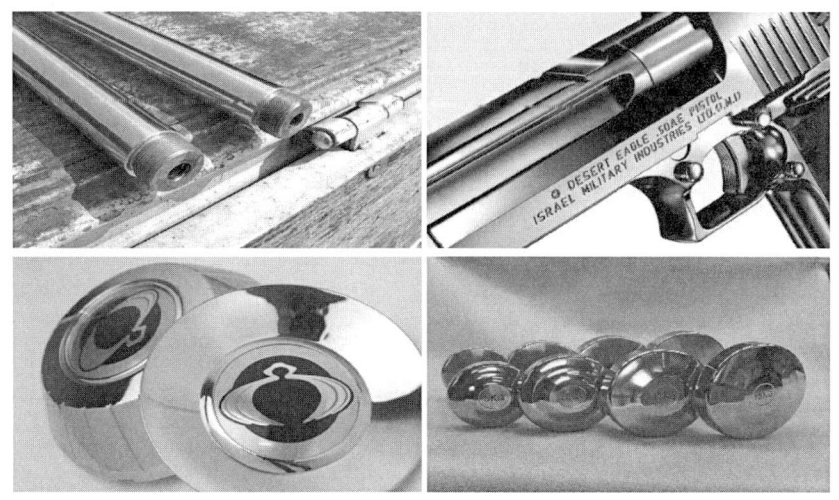

∴ 경질 크롬을 도금 처리한 금형과 물

장점으로는 경질 크롬은 마모 저항성에 매우 강하며, 매끈한 표면을 가지고 있어 표면에 이물질이 부착되는 것을 방지한다.

내식재료, 탄소강, 동 합금, 플라스틱 등과 같은 연성 재질에 고부하의 내마모 막을 형성하고 밀착력이 우수하다.

단원학습정리

문제 1 침탄법과 종류에 대하여 설명하시오.

문제 2 금속 침투법(Metallic Cementation) 대하여 설명하시오.

문제 3 물리적인 경화법과 종류에 대하여 설명하시오.

문제 4 양극 산화 처리(Anodizing)에 대하여 설명하시오.

제 08 장
비철금속 재료

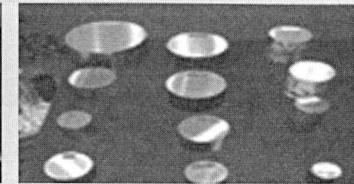

chapter 01 비철금속 재료

01 알루미늄과 Al 합금

알루미늄은 비중 2.7이며 Fe의 약 1/3정도로 가볍고 내식성과 가공성이 좋으며 전기 및 열전도도가 높고 색깔도 아름답다. 따라서 엔진부품, 열교환기, 반사경, 단열벽 및 화학공업의 부재로서도 널리 사용되고 있다.

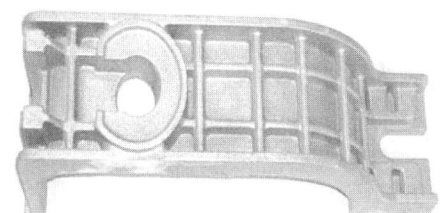

∴ 자동차용 마스터실린더와 기타 알루미늄 부품

∴ 알루미늄 저압 중력주조금형(좌)과 제품(우)

금형 재료로서 알루미늄 합금은 플라스틱 사출금형의 몰드 베이스, 고무 성형 금형, 열간 단조 모델형 재료 등으로 사용된다.

알루미늄 합금은 크게 주조용 알루미늄 합금과 가공용 알루미늄 합금으로 구분되며, 순수 알루미늄 가공재의 기계적 성질은 아래와 같다.

표: 알루미늄 가공재의 기계적 성질

냉간 가공도 (%)	순도(99.4%)		순도(99.6%)		(99.8%)	
	인장강도 (MPa)	연신율 (%)	인장강도 (MPa)	연신율 (%)	인장강도 (MPa)	연신율 (%)
0	80	46	75	49	69	48
33	115	12	104	17	91	20
67	139	8	141	9	114	10
80	151	7	146	9	125	9

① 주조용 알루미늄 합금

알루미늄 합금의 주조방법으로는 사형 주조법, 금형 주조법 및 다이캐스팅법이 가장 많이 이용되는 주조법이며, 이 중 다이캐스팅법이 대량 생산 등의 이점이 있어 가장 보편화된 주조 방법이라 할 수 있다.

그림과 같은 주조용 Al 합금은 일반용, 내열용, 내식용 합금으로 분류된다. 알루미늄 합금 주물의 대표적인 것에는 일반적 용도로 Al-Cu, Al-Si, Al-Cu-Si 및 Al-Mg, Al-Zn계가 있으며, 내열용으로 Ni을 첨가시킨 Al-Cu-Ni계, Al-Si-Ni계, 내식용으로 Al-Mg-Si계가 있다.

∴ 다이캐스팅 기계(금형)과 제품

> **TIP**
>
> ■ 주조 금형(Casting Mould)이란?
>
> 주물사, 석고, 알루미늄 등을 이용하여 주형을 제작하거나, 내열 특수강, 베릴륨동 등으로 금형을 제작하여 금형 내 공간에 용융재료를 주입 냉각하여 제품을 만드는 금형을 말한다.

표 각종 주조용 알루미늄 합금

종류	주조법	성 분(%)									명칭
		Al	Cu	Si	Mg	Fe	Mn	Ni	Zn	Ti	
Al-Cu계 (4% Cu)	모래형 금속형	나머지 나머지	4~5 4~5	<1.5 2~3	0.03 0.05	<1.0 <1.5	<0.3 <0.5	— <0.3	<0.3 <0.5	<0.2 <0.2	알코아195 또는 AC1A
Al-Cu계 (8% Cu)	모래형 금속형 다이캐스트	나머지 나머지 나머지	6~8 6~8 6~8	1~4 3.5 3.5	0.07 0.1 0.1	<1.4 <1.4 <2.3	<0.5 <0.5 <0.5	<0.3 <0.3 <0.3	<2.5 <2.5 <2.0	<0.2 <0.2 <0.2	NO. 1, 2
Al-Cu-Si계	모래형 금속형 다이캐스트	나머지 나머지 나머지	3.5~4.5 4~5 4.5~8.5	2.5~6.5 5~6 0.1	0.2 0.6 0.1	<1.0 <1.0 <2.3	<0.3 <0.3 <0.3	— — <0.5	<0.5 <0.1 <0.1	<0.2 <0.2 <0.2	AC2A 또는 라우탈
Al-Si계	모래형 금속형 다이캐스트	나머지 나머지 나머지	0.1 0.1 0.1	4.5~6 4.5~6 4.5~6	0.05 0.05 0.1	<0.8 <0.8 <0.8	<0.3 <0.3 <0.3	— — <0.5	<0.3 <0.3 <0.5	<0.2 <0.2 —	실루민 또는 알팩스
Al-Si-Mg계	모래형 금속형 다이캐스트	나머지 나머지 나머지	— 0.2 0.3	6~10 6.5~7.5 6.5~8.5	0.3~0.8 0.2~0.4 0.2~0.4	<0.8 <0.6 <2.0	0.3~0.8 0.1 0.2~0.4	— — —	<0.1 <0.1 <0.1	— <0.2 —	
Al-Si-Mg계	모래형 금속형	나머지 나머지	1~1.5 1~1.5	4.5~5.5 4.5~5.5	0.4~0.6 0.4~0.6	<0.6 <0.6	<0.1 <0.5	— —	<0.1 <0.1	— —	
Al-Mg계 (4%Mg)	모래형 금속형	나머지 나머지	0.1 0.3	0.3 1.4~2.2	3.2~4.3 3.5~4.5	<0.6 <0.6	0.6 <0.8	— —	<0.1 <0.3	<0.2 —	알코아214 또는 하이드로 날리움
Al-Mg계 (7~10%Mg)	모래형 금속형	나머지 나머지	0.2 0.2	0.2 0.3	5.5~10.6 7.5~8.5	<0.3 <1.8	<0.1 <0.3	— <0.3	<0.1 <0.1	— —	코아214 또는 하이드로 날리움

(1) 사형 및 금형 주조용 합금(JIS)

사형 및 금형 주조용 합금(JIS)에는 Al-Cu계 합금(AC1A), Al-Cu-Si계 합금(AC2A, AC2B), Al-Cu-Mg-Ni계 합금(AC5A), Al-Si계 합금(AC3A), Al-Si-Mg계 합금(AC4A, AC4C), Al-Mg계 합금(AC7A, AC7B)이 있다.

1) Al-Cu계 합금(AC1A)

Al에 Cu를 첨가하면 강도와 절삭성은 향상되나 반면에 고온강도와 내식성은 크게 저하되고 고온균열 및 Cast cracking을 발생하게 된다. 그러나 일반적인 사용에는 지장이 없다.

그림은 알루미늄 합금의 기본이 되는 Al-Cu 2원계 평행상태도로서 공정온도에서 Al은 Cu 5.7%를 고용한다.

온도가 내려감에 따라서 용해도는 감소하여 400℃에서 Cu 1.5%를, 200℃에서 Cu 0.5℃를 고용한다. 따라서 이러한 상태는 대단히 불안정하므로 제2상을 석출하려는 경향이 크며, 시간의 경과에 따라 강도, 경도가 증가한다. 이러한 현상을 **상온시효**(Natural aging)라고 한다.

Al-Cu계 실용합금 중에서 Cu8%, Cu12% 합금이 강도, 경도가 높으며 내마모성도 우수하고 열전도도가 좋으므로 실린더 헤드, 피스톤 등에 사용되었

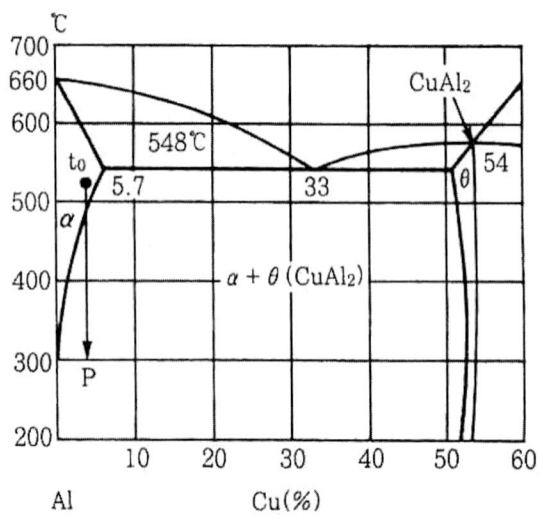

❖ Al - Cu계의 평형상태도

으나, 현재는 Cu 4.5% 합금이 주조성이 좋고 열처리에 의한 강도향상이 기대되므로 많이 이용된다.

2) Al-Cu-Si계 합금(AC2A, AC2B)

Al-Cu 합금에 주조성을 좋게 하기 위하여 Si 첨가함으로써 절삭성과 기계적성질을 개선시킨 합금 있다. 이 계의 합금은 유동성과 내압성이 우수하며 열간 균열이나 수축공 등이 적어 기계부품, 자동차용 부품, 매니폴드(manifold) 등에 널리 사용되어지며 금형주물에 적당한 성질을 갖고 있다.

Si의 함량이 많을 경우에는 AlFeSi와 같은 3원 화합물을 형성하여 재질을 취약하게 한다. 시효경화성이 있으며 이 종류의 합금을 로우탈(lautal)이라 하고 Cu 3~8%, Si 3~8%의 조성이다.

3) Al-Si계 합금(AC3A)

그림은 Al-Si계 평형상태도로서 공정형을 표시하며 공정온도에서의 Al에 대한 Si의 용해도는 1.65%이다. 공점점 부근의 조성을 갖는 것을 일반적으로 실루민(Silumin)이라 한다.

20%까지 Si을 함유하고 공정점은 Si 11.7%, 온도 577℃이다. 또한 용해도가 매우 적어 Al에 대한 Si의 용해도가 적으므로 열처리 효과는 기대할 수 없다.

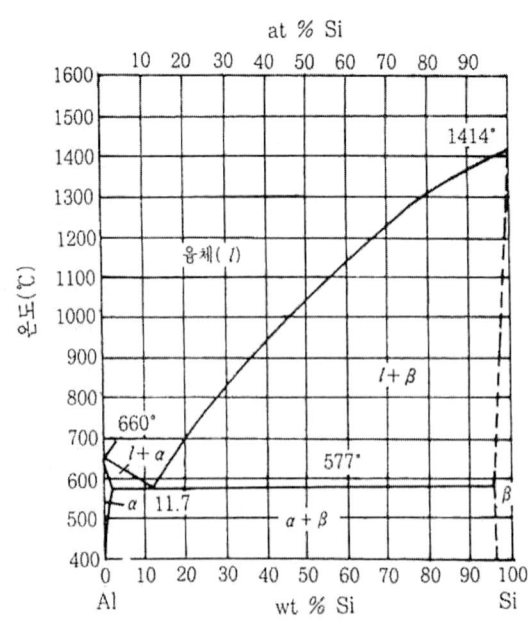

❖ Al - Si계의 평형상태도

최근 공정점 이상의 Si 17~25%가 함유된 과공정 Al-Si 합금이 열팽창계수가 적고 내마모성이 우수하기 때문에 실린더, 피스톤 등에 널리 사용된다.

다이캐스팅의 경우에는 주조 시 급랭되므로 개량 처리를 하지 않아도 미세 조직이 된다.

4) Al-Mg계 합금(AC7A, AC7B)

이 합금은 하이드로날리움(Hydronalium)으로 알려져 있으며 산화하기 쉽기 때문에 드로스(Dross)가 생기기 쉬운 경향이 있고 유동성이 나쁘다.

3.5~5.5%의 Mg 첨가 합금은 내식성 특히 해후에 대한 내식성과 절삭성이 우수하고 주조용 Al합금 중에서 연신율이 가장 크다.

Al(3.3~3.5%)-Mg 합금(AC7A)은 유동성이 나빠 금형주조가 어려우며 Zn과 Si을 첨가함으로써 주조성을 크게 개선시킬 수 있다. 이 때 Zn의 첨가량은 0~3% 범위이다.

실용 합금 중에 Mg 4~5%를 갖는 합금은 내식성, 특히 해수 및 약알칼리 용액에 대하여 내식성이 양호하고 절삭성이 우수하므로 선박 및 화학, 식료품 산업에 응용된다.

5) 기타 Al 합금

기타의 주조용 Al 합금에는 내열용 Y합금(Al 92.5%, Cu 4%, Ni 2%, Mg 1.5%)으로 실린더 헤드, 피스톤 등에 사용되는 것과 다이캐스팅용 합금이 있다. 다이캐스팅용 합금은 Si를 10.5~12% 함유한 실루민을 많이 사용하여 Si 첨가량이 많아서 유동성이 좋고 열간 취성이 적다. 주로 피스톤으로 사용되는 로엑스(Lo-Ex) 합금(Al, Si 12~14%, Cu 1%, Mg 1%, Ni 2~2.5%, Ti 0.2%, Cr 0.2~1%) 등이 있다.

∴ 알루미늄 주물 제조

(2) 다이캐스팅 합금(JIS)

다이캐스팅 합금(JIS)에는 Al-고Si 합금(ADC1), Al-Si-Mg계 합금(ADC_3), Al-Mg계 합금(ADC5, ADC6), Al-Si계 합금(ADC7), Al-Si-Cu계 합금(ADC10, ADC12)가 있다.

1) Al-고Si 합금(ADC1)

AC3A와 동일한 조성인 Al 12% Si 2원 공정 합금이지만 다이캐스팅 작업 시 불순물 특히 Fe가 적을 때는 금형에 Al이 용착하기 때문에 일반적으로 1%정도의 Fe를 첨가했을 때 최적의 주조성과 강도가 나온다.

때문에 강도보다는 오히려 내식성이 요구되는 부품에 주로 사용된다.

2) Al-Si-Mg계 합금(ADC3)

AC4A와 합금 조성이 거의 동일하지만 다이캐스팅용으로는 불순물을 조절하여 사용한다. 주조성, 내식성, 내압성 외에 특히 인장강도, 연신율, 내충격성이 우수하다.

3) Al-Si계 합금(ADC7)

이 합금은 전신재 4043과 동일한 조성이며 전신성이 우수하고 내압성, 내식성도 우수하다. 그러나 금형에 용착이 일어나기 쉬우며, 주조성은 오히려 나쁜편이다. 다이캐스팅용 합금 중 가장 강도가 낮으며 주요 용도로는 조리 용기, 건축용 파이프 부속품 등으로 이용된다.

2 가공용 알루미늄 합금

가공용 알루미늄 합금을 크게 나누면 Al-Mn, Al-Mg, Al-Mg-Si계를 주체로 하는 내식성 합금계와 두랄루민계의 Al-Cu-Mg계, Al-Zn-Mg계를 주체로 하는 고강도 합금계로 나눌 수 있다.

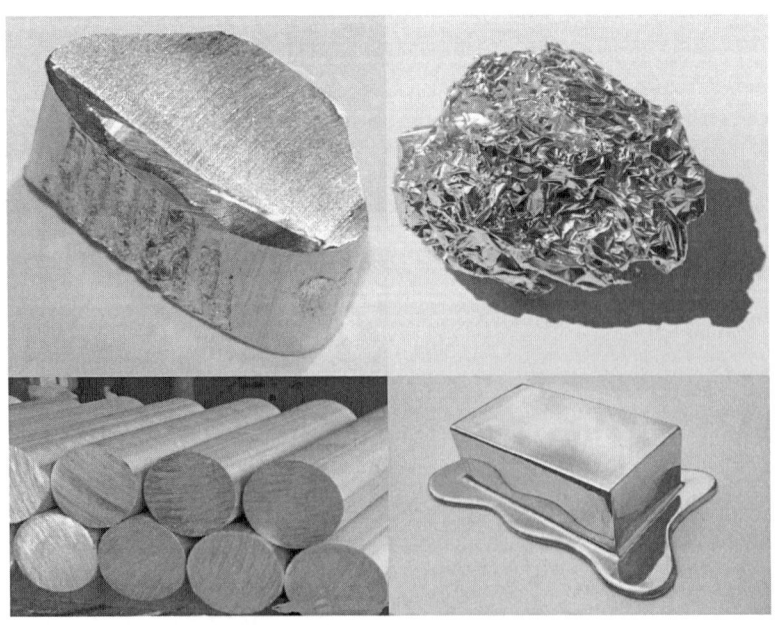

•: 알루미늄

Al 가공재는 AA규격(Aluminium Association of America)의 기호에 준하여 4자리수로 나타내며 다음과 같이 7종류로 크게 분류하고 기호를 붙인다.

① 1×××계열: 순도 99.00% 이상의 알루미늄
② 2×××계열: Al-Cu(-Mg)계 합금
③ 3×××계열: Al-Mn계 합금
④ 4×××계열: Al-Si계 합금
⑤ 5×××계열: Al-Mg계 합금
⑥ 6×××계열: Al-Mg-Si계 합금
⑦ 7×××계열: Al-Zn-Mg-(Cu)계 합금
⑧ 8×××계열: 기타
⑨ 9×××계열: 예비번호

(1) 내식성 알루미늄 합금

내식성을 악화하는 원소는 Cu, Ni, Fe 등이며 실용 내식 합금은 AA 번호 3003, 3004, 5000번대 및 6000번대의 개량 합금들이 있다. 이들은 Al-Mn계, Al-Mg-Si계, Al-Mg계가 주요한 것들이다.

1) Al-Mn합금

Al-Mn합금의 실용합금으로는 2% Mn 이하의 것이 사용되며 Al-1.5% Mn의 3003(3S)합금은 가공성·용접성이 좋다.

2) Al-Mg합금

Al-Mg계의 합금이 주조용으로 사용되기도 하지만 가공용으로도 사용된다.

3) Al-Mg-Si합금

Al-Mg-Si합금 Mg_2Si상을 석출하고 595℃ 공정온도에서 그 고용도는 약 1.85%이나 온도의 강하에 따라 감소한다.

(2) 고강도 알루미늄 합금

두랄루민(Duralumin)을 원조로 발달한 시효 경화성 알루미늄 합금의 대표적인 것으로, Al-Cu-Mg계와 Al-Zn-Mg계로 분류된다. 이외에 단조용으로 Al-Cu계, 내열용에 Al-Cr-Ni-Mg계의 합금도 있다.

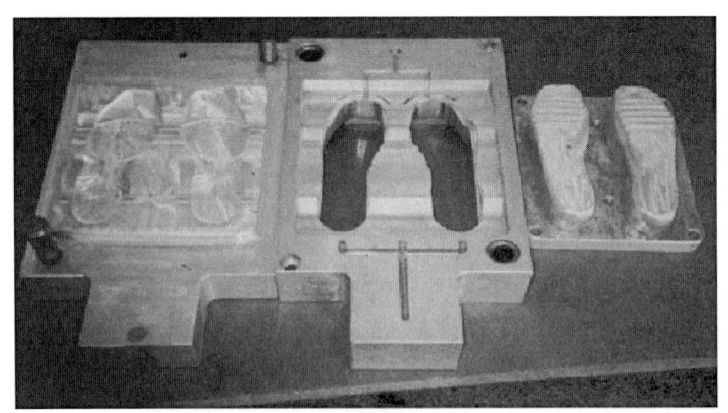

고강도 알루미늄합금에 의한 신발 부품

1) 두랄루민(Duralumin)

2017 합금으로 Al, Cu 4%, Mg 0.5%, Mn 0.5%의 성분을 가지며 500~510℃에서 용체화 처리 후 수냉하여 상온 시효 경화시키면 그림과 같이 기계적 성질이 개선된다. 강도가 크고 성형성도 양호한 이 합금은 용체화 처리 후 시효 경화 처리 전에 가공하는 것이 보통이며, 시효 후 다시 냉간 가공하면 시효 효과는 더욱 진행된다.

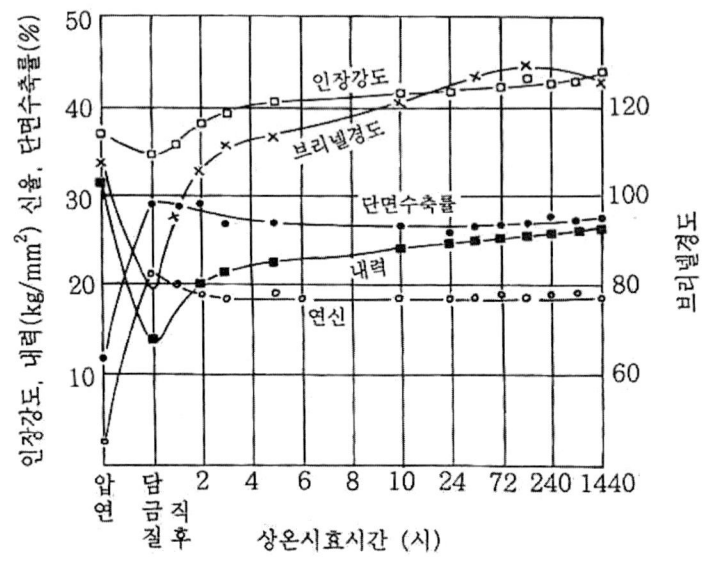

두랄루민 판의 상온 시효

2014 합금은 강도, 성형성 및 경도가 높고 T4 처리재는 2024 합금보다 강도가 작으나, T6 처리하면 2024 합금과 같은 강도를 가진다. T6 처리는 170℃에서 10시간 실시하는 것이 좋다.

2) 초두랄루민(Super Duralumin : SD)

2024 합금으로 Al, Cu 4.5%, Mn 0.6%, Mg 1.5%의 성분을 가지며, T4 처리하면 약 48kg/mm^{2}의 강도를 가지며 항공 재료로 사용된다.

3) 초초두랄루민(Extra Super Duralumin : ESD)

Al-Zn-Mg계 합금으로 항공기용 재료나 압출재 등으로 사용하는 7075 합금이다. 이 계열의 합금은 인장 강도 54kg/mm^2 이상으로, 약 5% 이상의 MgZn2를 함유하는 합금은 시효 경화성이 현저하므로 고강도 합금이다.

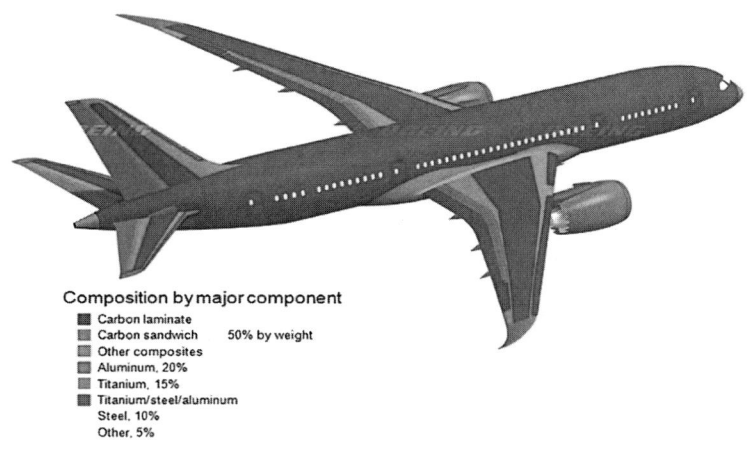

∴ 차세대 항공기재료

02 구리와 합금

구리는 다른 실용 금속과는 달리 거의 순금속에 가까운 상태로 이용되는 경우가 많은 것이 특징이며, 가장 많이 쓰이는 곳은 우수한 전기 전도가 요구되는 전기 공업이다. 순동(Cu)은 알루미늄(Al)과 더불어 비철 금속 원소 중 가장 많이 쓰이고 있으며, 구리는 다른 금속 재료에 비해 다음과 같은 우수한 특징을 갖고 있다.

① 전기 및 열의 전도성이 우수하다.
② 색상이 미려하여 귀금속적인 성질을 가지고 있다.
③ 전성과 연성이 좋아 가공하기 쉽다.
④ 부식이 잘 되지 않는다.
⑤ Zn, Ni, Sn, Ag 등과 용이하게 합금을 만든다.

실용되는 Cu 합금은 크게 황동과 청동으로 대별되며, 금형 재료로서 Cu는 가공성과 전기 전도성이 우수하여 방전용 전극 재료로 가장 많이 사용되고 있다.

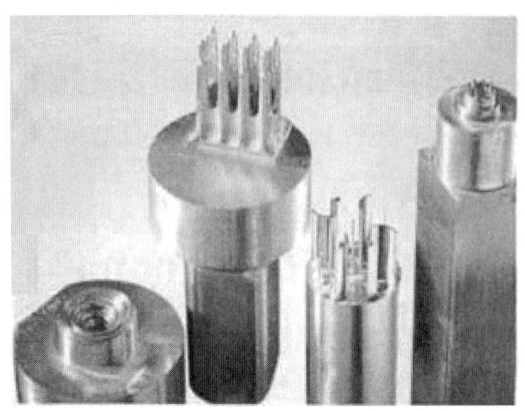

∴ 방전가공용 전극(좌)과 동 금형(우)

그림에는 동의 기계적 성질을 나타내었으며 불순물의 함유량, 열처리 및 가공처리 등에 의해 많은 차이가 있다.

표 동의 기계적 성질

품명	종별	기호		질별	인 장 시 험			용도
		신기호	구기호		바깥지름	인장강도	연신율	
무산소동	1	C1100	TCUB	F	6이상	200이상	25이상	
타프 피치동	1	C1100	TCUP1	O	5~250	205이상	40이상	전기부품 화학 공업용
				Y2H	5~250	245~325	–	
				H	5~100	275이상		
						265이상		
인 탈산동	1A	C1201	DCUPA	O	4~250	205이상	40이상	용접용 화학 공업용
				OL	4~250	205이상	40이상	
				Y2H	4~250	245~325		
	1B	C1220	DCUPB	H	25이하	315이상		
					25~50	315이상		
					50~100	315이상		
단 동	2	C2200	RBSP2	O	10~150	225이상	35이상	
				OL	10~150	225이상	35이상	
				Y2H	10~150	275이상	15이상	
				H	10~150	365이상	15이상	
	3	C2300	RBSP3	O	10~150	275이상	35이상	
				OL	10~150	275이상	35이상	
				Y2H	10~150	305이상	20이상	
				H	10~100	390이상	20이상	

1 황동(brass : Cu+Zn)

황동은 일명 놋쇠(신주)라고도 하며 Cu와 Zn의 합금 및 이것에 다른 원소를 첨가한 합금을 말한다. 황동은 주조성과 가공성이 좋고 기계적 성질 및 내식성도 좋으며 청동에 비해 값도 싸고 색깔도 좋으며 널리 사용된다.

∴ 황동

(1) 황동의 조직

Cu-Zn 합금의 평형 상태도는 그림과 같다. 공업용으로는 Zn 40% 이하이며, 따라서 α 및 $\alpha+\beta$ 상만을 이해하는 것으로도 충분하다. α상(고용체)은 Cu에 Zn이 고용한 상이며, 그 결정형은 FCC이고 α상 중의 Zn 고용 한도는 약 450℃에서 39%이다.

β상은 BCC이고 454~468℃에서 β상의 불규칙 격자로부터 β상의 규칙 격자로 급속히 변화하나 기계적 성질에는 영향을 주지 않는다.

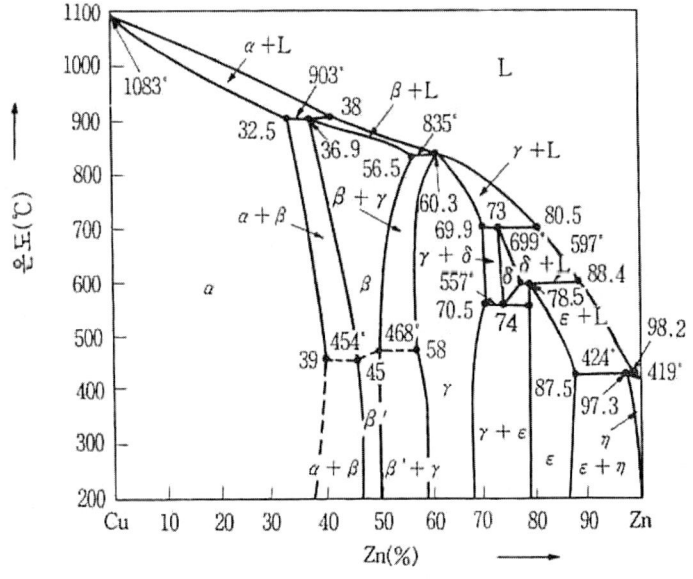

∴ Cu-Zn계의 평형상태도

그림에는 α 상의 7 : 3 황동과 $\alpha+\beta$ 상의 6 : 4 황동의 현미경 조직을 나타내었다.

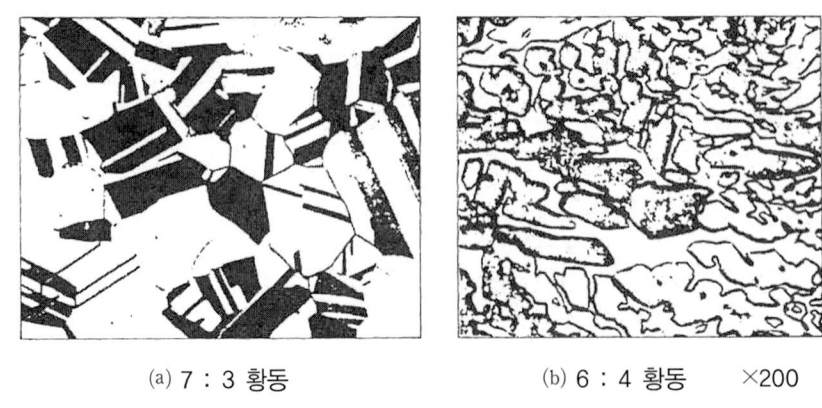

(a) 7 : 3 황동 (b) 6 : 4 황동 ×200

황동의 현미경 조직

(2) 황동의 성질

황동의 물리적 성질은 먼저 Zn 함유량이 증가함에 따라 색깔이 변하고 비중도 거의 직선적으로 변하며, 전기 및 열전도도는 Zn 40%까지는 감소하고 그 이상 Zn 50%에서 최대가 된다. 7 : 3 황동은 1150℃, 6 : 4 황동은 1000℃ 이상이 되면 Zn이 비등하므로 주의해야 한다.

황동의 기계적 성질은 그림과 같이 Zn 함유량에 따라 변화한다.

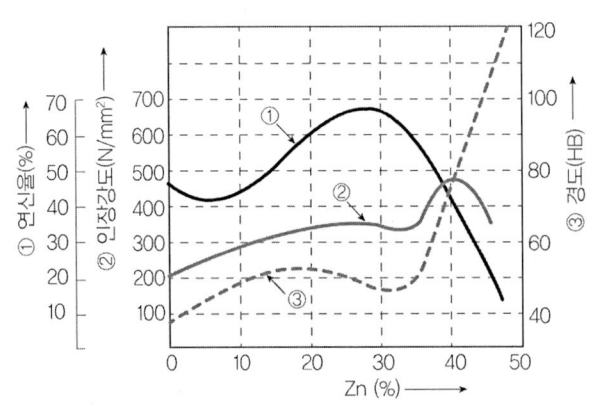

황동의 기계적 성질

Zn 30% 부근에서 최대의 연신율이 나타나며 β' 상에 가까우면 연신율이 급격히 감소한다. 인장 강도는 Zn 45%, 즉 β 상의 출현으로 최대값을 나타내며 그 이상에서는 급격히 감소한다. 따라서 Zn 50% 이상의 황동은 취약하므로 구조용재에는 부적합하다.

6 : 4 황동은 고온 가공에 적합하나 7 : 3 황동은 부적합하다. 즉 α 상은 상온 가공, $\alpha+\beta'$ 상은 고온 가공하는 것이 좋다. 6 : 4 황동의 고온 가공 범위는 750~500℃이다.

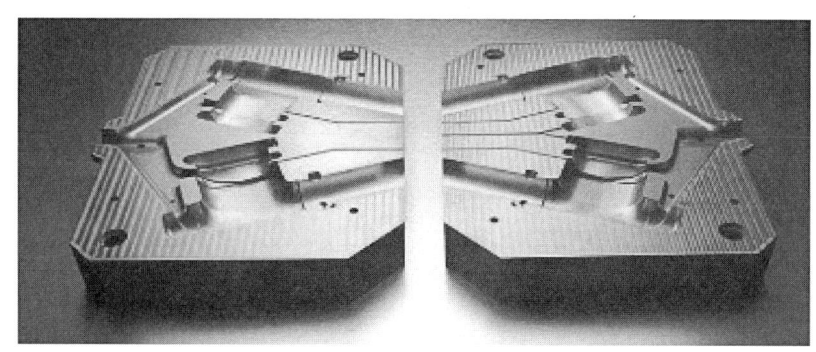

• 베릴륨 동(pl 사출금형)

황동의 화학적 성질과 기계적 성질은 다음과 같다.

① **탈아연 부식**: 불순한 물 또는 부식성 물질이 녹아 있는 수용액의 작용에 의해 황동의 표면 또는 깊은 곳까지 탈아연되는 형상을 말하며 염소를 함유한 물을 쓰는 수도관에서 흔히 볼 수 있다.

② **자연 균열**: 일종의 응력 부식 균열(Stress Corrosion cracking)로 잔류 응력에서 기인되는 현상이다.

③ **고온 탈아연**: 고온에서 탈아연되는 현상으로 표면이 깨끗할수록 심하다. 방지책은 황동 표면에 산화물 피막을 형성하는 방법이 있다.

표 황동의 기계적 성질

품명	종별	기호		질별	인장 시험			경도시험	
		신기호	구기호		바깥지름 mm	인장강도 kgf/mm²	연신율 %	비커즈 Hv	로크웰 HR
황동	1	C2600	BSB1	F	60이상	280이상	35이상		
				O	6~75		45		40이상
				1/2H	6~50	360이상	20		53이상
				H	6~20	42			70이상
	2	C2700	BSB2	F	60이상	30	30		
				O	6~75		40		40이하
				1/2H	6~50	36	20		53이상
				H	6~20	42			70이상
	3	C2800	BSB3	F	60이상	32	25		
				O	6~75	32	35		55이상
				1/2H	6~50	38	15		
				H	6~20	46			

품명	종별	기호		질별	인장 시험			경도시험	
		신기호	구기호		바깥지름 mm	인장강도 kgf/mm²	연신율 %	비커즈 Hv	로크웰 HR
쾌삭황동	1종보통	C3602	MBSB1	F	6~75	32		75이상	
	1종특수	C3601	MBSB1	F	6이상	30	15		
				O	6~75		25		
				1/2H	6~50	35		95	
				H	6~20	46		130	
	2종보통	C3604	MBSB2	F	6~75	34		80	
	2종특수	C3603	BSB2	F	6이상	32	10		
				O	6~75	32	20		
				1/2H	6~50	37		100	
				H	6~20	46		130	
연입황동		C3710	PBBS	1/4H	0.3~10	38~47	20		
				1/2H		43~52	13		
				H		480이상			
단조용황동	1	C3712	FBSB1	F	6이상	32	15		
	2	C3771	FBSB2	F					
네이벌황동	1	C4622	NBSB1	F	6~50	35	20		
	2	C4641	NBSB2	F	6~50	35	20		
고강도황동	2	C6782	HBSB2	F	6~50	52	15		
	3	C6783	HBSB3	F		55	15		
양백	1	C7351	NS1	O	0.0~5	33	20		
	2	C7451	NS4	1/2H	0.5~5	40~52	5	0.5t이상 1050이상	
	3	C7521	NS2	O	0.3~5	380이상	20		
				1/2H		45~58	5	1200이상	
				H		550이상	3	1400이상	
	4	C5741	NS3	O		36	20		
				1/2H		42~55	5	1100이상	
				H		500이상	3	1350이상	
백동	1	C7060	CNP1	F	0.5~50	28	30		
	3	C7150	CNP3	F	0.5~50	35	35		
복수기요황동	1	C4430	BSPF1	O	5~250	315	30		
	2	C6871	BSPF2	O	5~250	355	40		
	3	C6872	BSPF3	O		355			
	4	C6870	BSPF4	O					

(3) 황동의 종류 및 용도

① **Zn 5~20%**(tombac): 일명 톰백이라고 하며, Zn을 소량 첨가한 것은 금색에 가까워 금박 대용으로 사용하며 화폐, 메달 등에 사용된다.

② **Zn 30%**(7:3 황동, cartridge brass): 이것은 연신율이 크고 상당한 인장 강도를 갖는다. 대표적인 가공용 황동으로 판, 봉, 관, 선 등을 만들어 자동차용 방열기 부품, 소켓, 탄피, 장식품, 체결 기구 등의 용도로 사용된다.

③ **Zn 35%**(하이브라스, high brass): 7:3 황동과 같은 α 단상 황동이며 그와 유사한 용도로 사용된다.

④ **Zn 40%**(6:4 황동, muntz metal): 일명 문츠 메탈이라고 하며, $\alpha+\beta$ 상 황동으로 고온 가공이 용이하고 복수기용 판, 열간 단조품, 볼트, 너트, 대포 탄피 등에 사용된다. 금형 주물도 인장 강도 33kg/mm², 연신율 35% 정도의 성질을 나타낸다.

⑤ **특수 황동**: 황동에 다른 원소를 첨가하여 기계적 성질을 개선한 황동으로 Sn, Al, Fe, Mn, Ni, Pb 등을 첨가하여 제조한다.

실용 특수 황동으로는 7 : 3 황동에 Sn 1%를 첨가한 애드미럴티 황동(admiralty brass)과 6:4 황동에 Sn 0.75%를 첨가한 네이벌 황동(naval brass)이 있다. 네이벌 황동은 축, 기어, 플랜지, 볼트 부품 등에 사용된다.

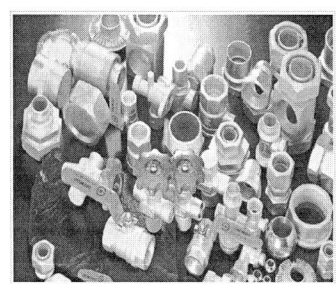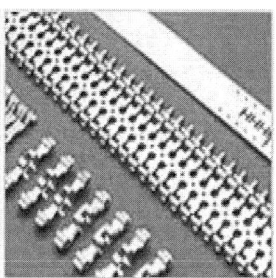

∴ 황동의 사용

이 외에도 쾌삭 황동인 함연 황동, 알브랙(albrac)이라고 하는 알루미늄 황동, 규소 황동 등이 있으며, 고강도 황동으로는 6:4 황동에 Mn 8%를 첨가한 망간 청동, Fe 1~2%를 첨가한 델타메탈(delta metal), Cu 50%, Zn 37%, Ni 10%, Fe 3%, Al 0.5%, Mn 0.3% 조성의 NM 청동(선박용 프로펠러 재료) 등이 있다.

또한 전기 저항체, 밸브, 콕, 광학 기계 부품 등에 사용되는 7:3 황동에 Ni 10~20%를 첨가한 양백(양은 : Nickel silver)은 Ag 대용으로 사용되고 있다.

② 청동(bronze : Cu+Sn)

청동은 Cu-Sn계 합금을 지칭하는 것으로 청동은 황동보다 내식성과 마모성이 좋으므로 Sn 10% 이내의 것을 각종 기계 주물용, 미술 공예품으로 사용한다. 또한 부식에 잘 견디므로 밸브, 선박용 판, 탄성을 요하는 스프링 외에 병기, 베어링 재료로 널리 사용되고 있다.

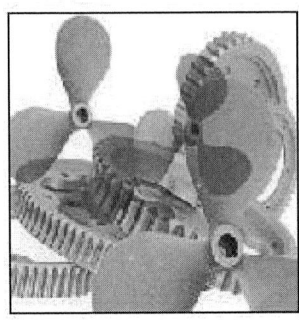  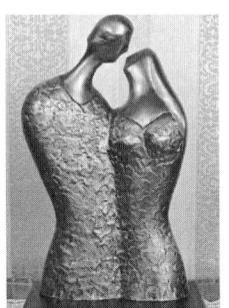

∵ 청동의 사용

(1) 청동의 조직

Cu-Sn 합금의 평형 상태도는 그림과 같으며 Cu에 Sn이 첨가되면 용융점이 급속하게 내려간다. α 고용체의 최대 Sn 고용 한도는 약 15.8%이며 주조 상태에서는 수지상 조직으로 붉은색 또는 황적색을 띠고 전성과 연성이 떨어진다. γ 고용체는 고온에서의 강도가 β 보다 훨씬 큰 조직이다.

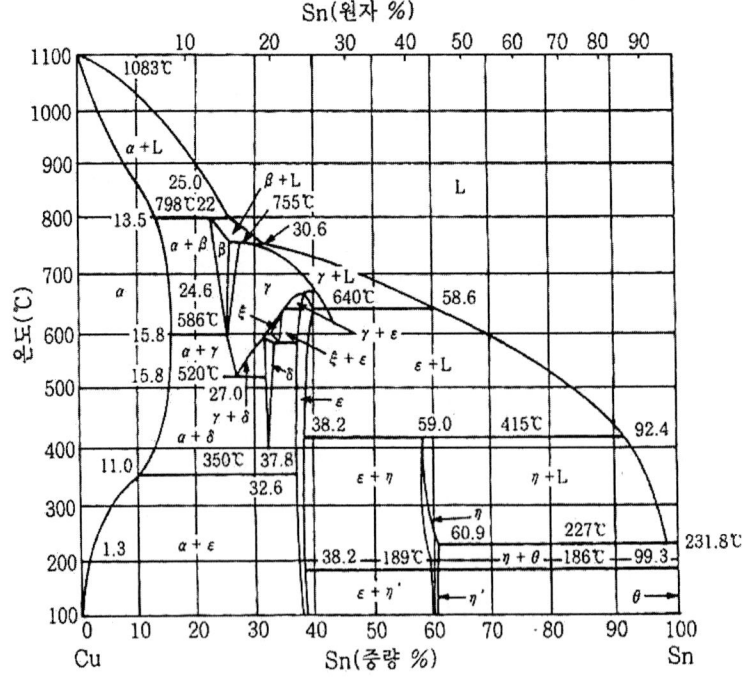

∵ Cu-Sn 평형 상태도

그림은 Sn 10% 청동 주물을 사형에서 응고시킨 주조 조직을 나타낸다.

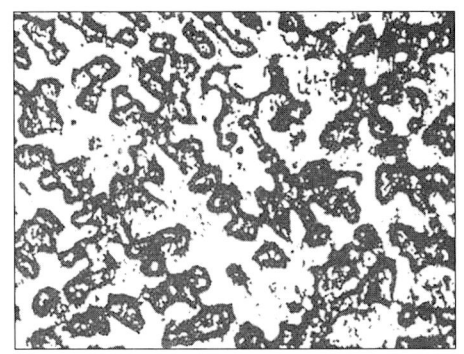
(a) 회색의 α수지상정 주위에 존재하며 백색의 δ상의 검은 점은 입자이다(×100)

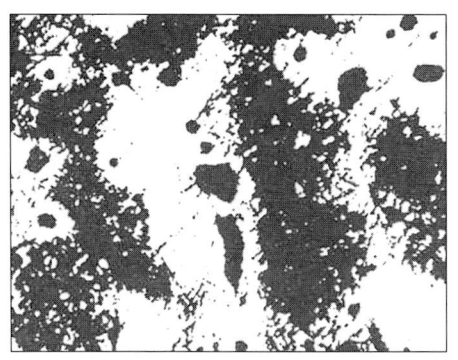
(b) 회색 바탕에 검은 점이 편석

∴ 청동의 현미경 조직

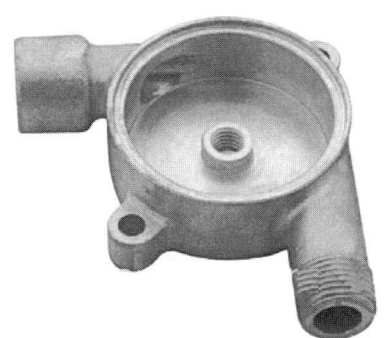

∴ 펌프의 바디(주조 제품)과 청동 빌릿

(2) 청동의 성질

청동의 색은 Sn 5%까지는 Cu와 같이 붉은색이지만 주석량이 증가함에 따라 황색을 띠고, Sn 15%에서는 등황색, Sn 25%에서는 청백한 황색이 된다.

실용 α청동은 비중이 순동과 비슷하나 Sn 함유량이 증가함에 따라 전기 및 열전도도가 급속히 감소하여 Sn 10% 정도에서는 순동의 약 1/10이 된다. 열팽창률은 Sn 10%까지는 순동과 차이가 없으나 응고 시 수축률이 커서 수축공을 발생하기 쉬우므로 주조 시 주의가 필요하다.

Sn의 함량에 청동의 색깔의 변화는 아래의 그림과 같다.

표 청동의 물리적 성질

0~3%	3~10	10~12	12~15	15~20	20~27	27~32	32~49	49~90	90~10
구리색 붉은색	붉은색을 띤 노란색	회색빛을 띤 노란색	흰빛과 노란빛의 얼룩색	붉은색을 띤 노란색	붉은색을 띤 회색	은박색	은회색	푸른 회색	은박색

청동의 기계적 성질은 주조할 때 냉각속도와 열처리 조건에 따라 결과가 일치하지 않으며 주조 후 풀림처리 후 재료에 따라 결과치는 다음과 같다.

표 청동의 화학적 성질과 기계적 성질

종류	기호	Cu	Sn	Zn	Pb	불순물	인장시험 인장강도 kgf/mm²	인장시험 연신율 %	용도
1종	BRC1	86~90	7~9	3~5	1이하	1이하	25이상	20이상	내식성 우수 밸브, 후크 기계, 부품
2종	BRC2	86.5~89.5	9~11	1~3				15이상	
3종	BRC3	81~87	4~6	4~7	3~6	2이하	20이상		절삭성 양호 밸브, 코크
4종	BRC4	86~90	5~7	3~5	1~3	1.5이하	22이상	18이상	
5종	BRC5	79~83	2~4	8~12	3~7	2이하	17이상	15이상	절단성 양호 건축용 배수구

주석 청동의 주조 조직은 불균일한 것으로, 600℃ 정도로 풀림하면 α단상이 되어 강도와 경도가 감소되고 연신율이 증가하므로 냉간 또는 열간 가동을 할 수 있다. 열간 가공은 약 600℃ 이상의 온도에서 가공하는 것이 보통이다.

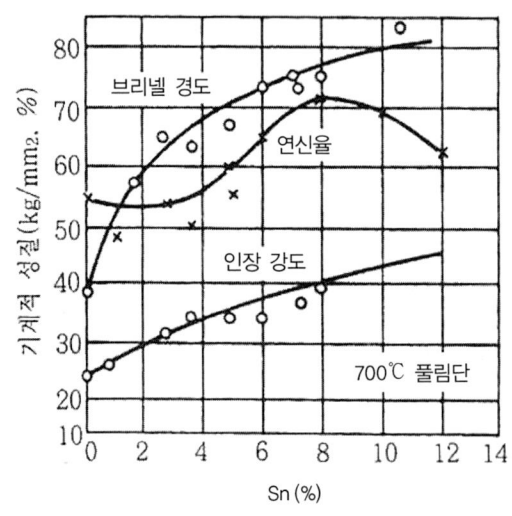

∴ 청동의 기계적 성질

청동 주물은 상당한 강도가 있고 마모, 수압, 및 부식에 잘 견디므로 주조한 그대로 널리 사용되나 용탕의 유동성을 좋게 하기 위하여 일반적으로 Zn을 첨가하여 사용한다.
청동은 대기 중에서 내식성이 좋고 그 부식률은 0.00015~0.002mm/년 정도인 화학적 성질을 갖는다.

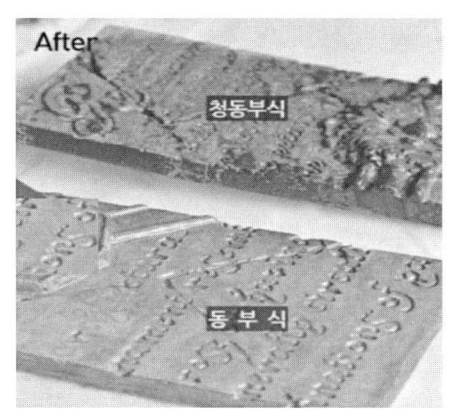

∴ 청동의 부식과 철 부식의 색상차이

(3) 청동의 종류 및 용도

실용 주석 청동으로는 단련 및 가공이 쉬워 화폐, 메달, 청동판, 선, 봉 등으로 만들어 사용하는 Sn 3.5~7%의 압연용 청동과 밸브, 콕, 기어, 베어링, 부시 등에 사용하는 Sn 8~12%에 Zn 1~2%을 넣은 포금(Gun Metal) 혹은 애드미럴티 포금(Admiralty Gun Metal)이 있다. 이것은 해수성이 좋고 수압과 증기압에도 잘 견디므로 선박 재료로 널리 사용된다.

∴ 청동 랩 베어링

또한 Cu-Sn계 합금에 Al, Mn, Ni, Si, P, Be 등을 첨가하여 재질을 개선한 특수 청동이 있다. 특수 청동의 종류 및 용도는 다음과 같다.

① **인 청동**: Cu-Sn-p계 청동(Phosphor Bronze)이다. 청동의 용해 주조 시에 탈산제로 사용하는 P의 첨가량을 많게 하여 합금 중에 0.05~0.5% 정도 남게 하면, 용탕의 유동성이 좋아지고 합금의 경도와 강도가 증가하며 내마모성과 탄성이 개선된다. 이것을 인청동이라 하며 내식성과 내마모성이 필요한 펌프 부품, 기어, 선박용 부품, 화학 기계용 부품 등의 주물로 사용된다.

스프링용 인청동은 보통 Sn 7~9%, P 0.03~0.05%를 함유한 청동이며, Sn 10% 청동에 대한 P의 효과로서 P 0.5%부근의 것이 최대강도를 나타낸다.

∴ 인 청동

② **연 청동**(Lead Bronze) : Cu-Sn-Pb계 청동으로 Pb 3.0~25%를 첨가한 것이며 조직 중에 Pb이 거의 고용되지 않고 경정 경계를 점재하여 윤활성이 좋아지므로 베어링, 패킹 재료 등에 널리 사용된다.

③ **알루미늄 청동**(Aluminium Bronze) : Cu 12% Al 합금으로 황동과 청동에 비해 강도, 경도, 인성, 내마모성, 내피로성의 기계적 성질 및 내열성고 내식성이 좋아 선박, 항공기, 자동차 등의 부품용으로 사용된다. 이에 반해 주조성, 가공성, 용접성 등은 떨어진다. Al 청동은 주물과 단련용으로 선박용 프로펠러축, 펌프 부품, 기어, 자동차용 엔진 밸브, 베어링 재료 등으로 사용되며, Al 청동에 Ni, Fe, Mn 등을 첨가하여 특수 Al 청동을 제조한다.

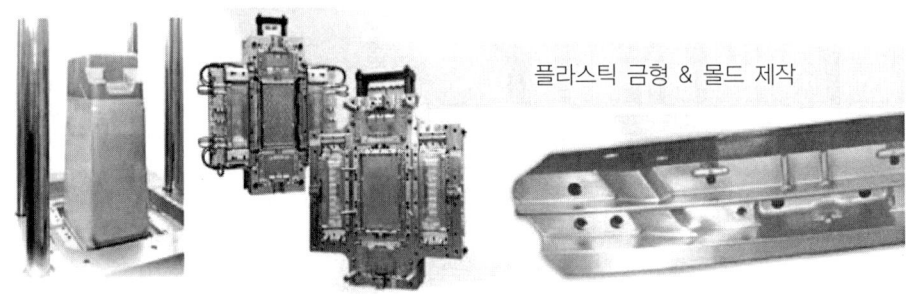

∴ 알루미늄 청동의 이용 1

∴ 알루미늄 청동의 이용 2

④ **규소 청동**(Silicon bronze) : Cu에 Si를 첨가한 청동으로 에버듀르(Everdur)라고도 하며 인청동과 비슷한 기계적 성질을 나타낸다. 터빈 날개, 선박 기계 부품 등에 사용된다.

03 마그네슘(Mg)과 합금

Mg의 비중은 상온에서 비중은 1.74로서 Al의 약 35%(2/3)로 실용 금속 중 가장 가볍다. 열 및 전기 전도도는 Cu, Al보다 낮고 강도도 작으나 절삭성은 좋다. 또한, 알칼리에는 견디나 산이나 염류에는 침식되며, 산화되기 쉽고 용해하여 흐르면 연소한다. 그리고 습한 공기 중에서 표면에 산화막 형성으로 내부의 부식을 방지한다.

현재 가장 널리 사용되고 있는 마그네슘 합금 부품의 제조방법은 다이캐스팅 공정이며 그 외에 금형주조 등이 있다.

⁂ 노트북 케이스

표 마그네슘의 응용분야

특 성	주조 응용분야	주요 제품
경량성 고비강도와 고비강성 양호한 내식성 우수한 절삭성 고감쇄능	우주, 항공분야 자동차 공업 Computer공업	미사일, 항공기 부품 제트엔진부품 등 실린더부품, 차륜 경주용 자동차 부품 컴퓨터 주변기기

(1) 주조용 마그네슘 합금

① **Mg-Al계 합금**: Al은 순Mg에 나타나는 조대한 결정 입자나 주상정의 발달을 억제하고 주조조직을 미세화하며 기계적 성질을 향상시킨다.

Mg 90%이상 Al-Zn 10% 10%이하로 첨가하여 강도와 내식성을 더욱 개선한 것이 엘렉트론(elecktron) 합금이다.

② **Mg-Zn계 합금**: Zn은 저용점 금속으로 많이 첨가하여 열간 균열이 발생한다. 여기에 Zr을 넣으면 결정 입자가 미세화 작용에 의하여 주조성이 특히 좋다.

③ **Mg-Mn계 합금**: 대표적인 합금으로는 Mg 및 Mn 1.2% 등이다. Ca 0.09%의 조성을

갖는 M1A합금이 있다. 보통의 강도, 용접성이 우수하고 고온강도 및 내식성이 뛰어나다.

(2) 가공용 마그네슘 합금

압연, 단조, 압출 등의 가공으로 봉재, 형재, 판재, 단조재, 관 및 중공재 등의 제품을 만들어 항공기, 로켓 등의 재료에 이용하고 있다.

① **Mg-Mn계 합금**: Mn은 Mg 중의 Fe의 용해도를 감소하고 내식성은 개선하며, 중간 정도의 강도와 용접성, 고온 성형성이 우수한 합금이다.

② **Mg-Al-Zn계 합금**: 가공용으로 가장 많이 사용되는 합금이며 Al 함유량이 많은 것일수록 강도가 크다. 또한 T5 열처리를 하면 성능이 향상된다.

③ **Mg-Zn-Zr계 합금**: Zr의 첨가를 통하여 결정 입자를 미세화하고 열처리 효과도 향상시킨 합금으로 압출재로서 우수한 성질을 가진다.

특히 Zn 4.8~6.2%, Zr 0.45%를 함유한 합금을 T5 열처리하면 인장 항복 강도 28kg/mm^{2}이상, 압축 항복 강도 21kg/mm^{2}이상, 연신율 10% 이상의 우수한 성질을 나타낸다.

04 아연(Zn)과 합금

Zn은 아연계 저용점 합금(ZAS)으로 Al, Cu에 비하여 생산량이 많고 싸다.

Zn은 Mg와 같이 HCP구조이지만 가공성과 주조성이 좋으므로 다이캐스트 합금으로 널리 사용되고 있다.

Zn은 경합금 부품을 양산하기 위한 금형을 단기간에 대량으로 제작하기 위해서 주조로 간단한 금형을 생산하는 방법과 함께 개발된 합금이다. 그 후 용도가 확대되어 플라스틱 사출 금형에서 프레스 금형에까지 활용되고 있다. 제품이 다품종화되고 제품의 수평(life cycle)이 짧아짐에 따라 점차 시작용 금형의 제작이 필수 불가경해지고 있는 실정이다.

(a) 다이캐스팅 작업   (b) 빌릿(아연재)   (c) 아연 제품

•• 다이캐스팅 작업과 제품

자스(ZAS) 합금의 성분은 Zn 3.9~4.0%, Al 2.85~3.35%, Cu 0.03~0.06%, Mg의 Zn-Al-Mg 계 합금이며 다음과 같은 장점을 가지고 있다.

① 내압성과 내마모성이 좋다.
② 연강과 같은 경도를 가진다.
③ 융점이 낮다(응고 온도 범위: 392~377℃).
④ 합금 자체에 윤활성이 있다.
⑤ 주조성이 우수하여 사형, 석고형, 세라믹 주형, 금형 등으로 쉽게 주조할 수 있다.
⑥ 폐금형을 재용해하여 반복 사용할 수 있다.

금형을 제작할 때 흑연 도가니에 합금을 녹여 사형, 석고형, 세라믹형 등으로 주조한다.

•• 다이캐스팅용 아연(자마크) 합금

05 니켈과 합금

니켈은 면심입방구조(FCC)의 인성이 풍부한 금속이며, 가공성이 풍부하고 비중이 8.902 융점 1453℃, 비등점은 2730℃로 화학적으로 안정하고, 내식성 및 내열성이 매우 크므로 화학공업용, 식품공업용, 화폐, 진공관용, 도금용 등에 널리 사용된다.

표 니켈의 응용분야

Ni (%)	Cu (%)	명 칭	용 도
10	90	–	기관차의 부품
15	85	베네틱트 메탈	탄환의 외피
20	80	큐프로 니켈	관류, 탄환의 외피
25	75	백동	화폐, 자동차의 방열기
32	68	양백	전기 저항선
40	60	콘스탄탄	전기 저항선, 열전쌍
65 ~ 70	35 ~ 30	모넬메탈	디젤 기관의 밸브 그 밖의 일반 공업용 재료

그리고 구조용 특수강, 스테인리스강, 내열강 등의 합금 원소로서 가장 많이 사용되며 실용 니켈 합금은 다음과 같다.

(1) 니켈-구리 합금

① **백동**: Ni 20%, Cu 80%의 성분을 가지며, 가공성과 내식성이 뛰어나 화폐, 열교환기 등에 사용된다.

② **콘스탄탄**(Constantan): Ni 45%, Cu 55%의 성분을 가지며, 전기 저항이 높고 그 온도 계수가 낮으므로 교류 계측기, 열전대, 전지 저항 재료 등에 사용된다.

③ **모넬메탈**(Monel metal): Ni 60~70%를 함유한 것이며, 고온에서 강하고 내식성과 내마모성이 우수하므로 판, 봉, 선, 관, 주물 등으로 터빈 브레이드, 임펠러, 화학 공업 용기 등에 사용된다.

니켈합금 관

(2) 니켈- 철 합금

① **인바**(Invar): Ni 36%를 함유한 합금으로 열팽창 계수가 대단히 작고 내식성도 좋으므로 측량척, 표준척, 시계추, 바이메탈 등에 사용된다. Co 4~6%를 첨가한 것을 슈퍼인바라고 한다.

② **엘린바**(Elinvar): 인바중의 Fe의 일부를 Cr 12%를 첨가하여 개량한 것이며 고급 시계 스프링 부품에 사용된다.

③ **플랜티나이트**(Plantinite): 열팽창 계수가 작고 내식성이 좋아 전구의 주입선에 사용된다.

(3) 내식성 니켈 합금

내식성 니켈 합금으로 모넬메탈 외에 다음과 같은 것들이 있다.

① **Ni-Mo 합금**: Mo을 첨가하여 염산에 대한 내식성을 증대시킨 합금이다.

② **Ni-Cr 합금**: 실용 합금명으로 인코넬(Inconel)이 있으며 산화성 산, 염류, 알칼리, 함황가스, 질산은 수용액 등에 내식성이 우수하며 암모니아, 침탄 가스에 저항력이 크므로 열처리기 부품으로도 사용된다.

∴ 인코넬(항공우주산업용도(좌)와 석유화학공업용도(우)

③ Ni-Cr-Mo 합금: 염소 가스, 황산, 아황산, 크롬산 등의 수용액에 저항이 크다.

(4) 내열성 니켈 합금

Ni-Cr, Ni-Cr-Fe 등의 합금은 고온 강도가 크므로 내열 재료로 널리 사용된다.

∴ 니켈도금(무전해)

06 기타 비철금속 합금

기타 비철금속 합금으로서 금형재료에 사용되는 실용합금은 열간 단조 모델형으로 쓰이는 Sn, Pb, Sb 등의 합금이 있다.

(1) 주석(Sn)과 그 합금

주석은 은백색의 연한 금속으로 용융점은 232℃이며, 13.2℃에서 백색 주석이 회색 주석으로 변태한다. 독이 없으므로 식품, 의약품 등의 포장용 튜브로서 사용된다.

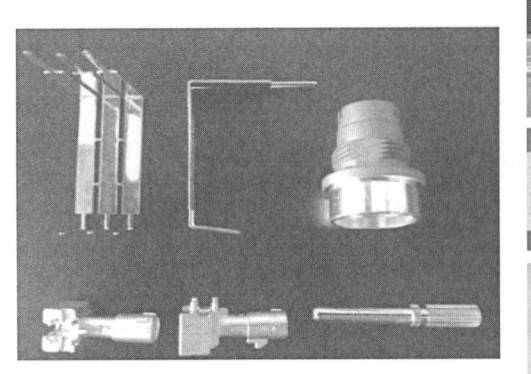
∵ 주석 도금

∵ 순수/합금 주석(Sn+Ag, Sn+Pb, Sn+Sb)

(2) 납(Pb)과 그 합금

납은 FCC 구조의 금속으로 용융점은 327℃이고 대단히 연하여 전성과 연성이 매우 큰 특징을 가지고 있다. 99.90% 이상의 납판재는 내산성, 방습성을 요하는 화학 공업용 및 건축용에 사용되며, 기계적 강도가 요구되는 곳에는 As, Ca, Sb 등을 첨가한 합금이 사용된다.

땜납은 용융점 또는 경도에 따라서 일반적으로 연납과 경납으로 구별한다.

(a) 연납(Soft solder):보통 일반적으로 말하는 납땜이다.

(b) 경납(Hard solder):황동납, 금납, 은납, 동납 등 용융점이 높은 납이다.

① **Pb-Sb 합금**: Pb에 Sn을 넣으면 강도가 증가한다. 안티모니얼 리드(Antimonial lead)라 하는 Sb 1%-Pb 합금은 케이블 피복용으로 쓰인다.

Sb 4~8%를 함유한 합금은 경연(Hard lead)이라 하며, Sb 함유량이 낮은 것은 가공용, 높은 것은 주물용으로 사용한다.

② **Pb-As 합금**: 강도와 크리프 저항이 우수하며 케이블 피복재로 사용한다.

③ **활자 합금**: 인쇄 공업에 사용되는 납판, 활자 합금은 주로 Pb-Sb-Sn 합금이며, 특히 경도를 요구할 때에는 Cu를 첨가한다.

④ **저융점 합금**

이 합금은 융점이 낮고 Sn(232℃)보다 낮은 융점을 가진 합금의 총칭이고, Sn, Pb, Bi, Cd 등의 2원 또는 다원계의 공정 합금이며 전기 퓨즈, 저온 땜납, 화재 경보기 등에 이용된다.

단원학습정리

문제 1 Al합금 주물의 대표적인 것은 무엇인가?

문제 2 황동과 청동의 합금의 주성분 말하시오.

문제 3 아연합금의 장점을 간단히 설명하시오.

문제 4 측량척, 표준척, 시계추, 바이메탈 등에 사용되며, 슈퍼인바라고 한다. 그것을 말하시오.

금·형·재·료

제 09 장
비금속재료와 기타 재료

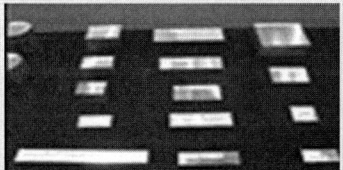
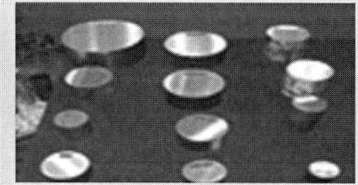

chapter 01 비금속 재료와 기타 재료

01 합성수지

① 합성수지의 정의와 성질

플라스틱은 합성수지를 주성분으로 하고 석탄, 석유, 천연가스 등의 원료를 인위적으로 합성시켜 얻어진 고분자 화합물을 의미하며, 합성 고분자 재료를 총칭하는 것을 **플라스틱**(Plastic)이라고 한다. 외력을 가하면 유동체와 탄성체도 아닌 물질이 인장, 압축, 굽힘 등이 어느 정도의 저항으로 형태를 유지하는 성질을 **가소성**이라 하고, 플라스틱 중에서 유기 물질로 합성된 가소성이 큰 물질을 좁은 의미의 **합성수지**(Synthetic resin)라 한다.

금형 재료에 있어서 합성수지는 소량 생산용 자동차 차체 드로잉 금형재, 주형용 수지 형재, 소실 주형 재료 등에 사용한다. 합성수지의 일반적 특성으로 기계적 성질이나 내열성 등은 아직 금속 재료보다 떨어지나, 비중(1 ~ 1.5)이 작고 탄성, 소성, 화학적 저항성, 전기 절연성 및 가공성 등은 금속 재료보다 우수하므로 기계 기구용 재료, 전기 재료 및 의식주의 각 방면에 걸쳐 다양한 용도를 지니고 있다.

그림은 합성수지의 일반적인 특성을 나타낸 것이다.

표 합성수지의 일반적인 특성

분 류	사 용 특 성
물리적 성질	• 비중 – 0.91~2.3으로 가볍다. • 투명성 – 투명 내지는 유백계 반투명성이 많다. 아크릴 수지는 90~92% • 마모계수 – 일반적으로 작고 미끄러지기 쉽다.
기계적 성질	• 인장강도 – 일반적으로 12kg/mm² 이하로 작다 • 강성 – 금속에 비해 훨씬 작다 • 표면강도 – 일반적으로 흠집이 나기 쉽다.
열적 성질	• 열전도성 – 금속의 수 100분의 1로 낮다. • 강성 – 0.2~0.6 • 열안정성 – 연속 내열온도300℃ 이하로서 열팽창은 일반적으로 금속보다 크다. 열분해 온도가 낮아 타기 쉽다.(연기, 가스를 발생시키는 것도 있다.)

분 류	사 용 특 성
전기적 성질	• 절연성 – 초고전압 이외의 절연 재료를 특점할 정도로 우수한 것이 많다. • 대전성 – 정전기의 내전성이 높고 먼지가 흡착하면 장애가 크다.
화학적 성질	• 내수성 – 포바르 등을 제외하면 내수성이 높다. • 흡수성 – 염화비닐, 나일론 등은 크다. • 내약성 – 일반적으로 강하나 수지에 따라 차이가 난다.
내 구 성	• 내후성, 내광성, 내마모 등 일반적으로 약하나 수지의 종류, 그래이드 등에 따라 차이가 크다.

플라스틱은 금속 및 기타 재료에 비하여 열전도율이 낮고, 보온성과 절연재료로서 특성의 갖고 있다

표 플라스틱의 사용온도 범위

플라스틱 종류	사용온도 (℃)
폴리 에틸렌	70
폴리 염화비닐	80
나일론	140
멜라민	100
에폭시	150

합성수지의 공통 성질을 열거하면 다음과 같다.
① 가공성이 크고 성형이 간단하다.
② 전기 절연성이 좋다.
③ 단단하나 열에 약하다.
④ 가볍고 튼튼하다(비중 1~1.5).
⑤ 산, 알칼리, 유류, 약품 등에 강하다.
⑥ 비강도(비중과 강도의 비)는 비교적 높다.
⑦ 투명한 것이 많으며 착색이 자유롭다.

 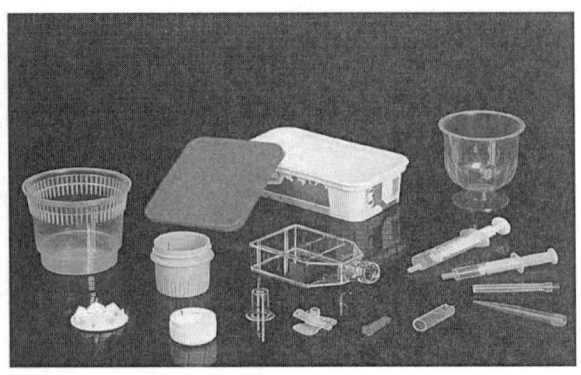

∴ 금형과 플라스틱 제품

② 합성수지의 분류

합성수지는 가소성과 온도의 관계를 기준으로 다음과 같이 크게 두 가지로 분류된다.
① 열경화성 수지(Thermosetting resins)
② 열가소성 수지(Thermoplastic resins)

열경화성 수지는 가열하면서 가압 및 성형하면 다시 가열해도 연하게 되든가 용융되지 않는다. 열가소성 수지는 일명 열연화성 수지라고도 하며, 성형된 후에도 다시 가열하면 연해지고 냉각하면 다시 본래의 상태로 굳어지는 성질이 있다.

일반적으로 페놀 수지, 요소 수지 등은 열경화성 수지에 속하며 가열하면 화학적 변화가 생기고 유동성을 상실하게 된다.

열가소성 수지는 가열하면 작은 힘으로도 유동하고 화학적 변화가 생기지 않으며, 가열 및 냉각을 반복하여도 상온에서 물리적 성징 변화를 볼 수 없다. 열가소성 수지는 스티롤 수지, 염화비닐 수지, 아크릴 수지, 폴리에스테르 등이 있다.

그림은 합성수지의 특성 및 용도를 나타낸 것이다.

표 합성수지의 특징과 용도

	종류	특징	용도
열경화성 수지	페놀수지	경질, 내열성	전기기구, 식기, 판재, 무음기어
	요소수지	착색 자유, 광택이 있음	건축재료, 문방구 일반, 성형품
	멜라민수지	내수성, 내열성	책상, 테이블판 가공
	규소수지	전기절연성, 내열성, 내한성	전기 절연재료, 그리스
열가소성 수지	스티렌수지	정형이 용이함, 투명도가 큼	고주파 절연재료, 잡화
	염화비닐	가공이 용이함	관, 판재, 마루, 건축재료
	폴리에틸렌	유연성이 있음	판, 필름
	초산비닐	접착성이 있음	접착제, 껌
	아크릴수지	강도가 큼, 투명도가 특히 좋음	방풍유리, 광학렌즈

(1) 열경화성 수지

열경화성 수지는 재 용융하면 다른 모양으로 재 성형 및 재생할 수 없다.

열경화성 수지는 기계적 강도가 크고 내열성이 좋아 기어, 베어링 케이스, 핸들, 소형 기구의 프레임 등 기계 재료로 사용된다.

열경화성(Thermosetting)이란, 플라스틱을 영구히 굳히기 위해서는 열이 필요하다는 뜻이다.

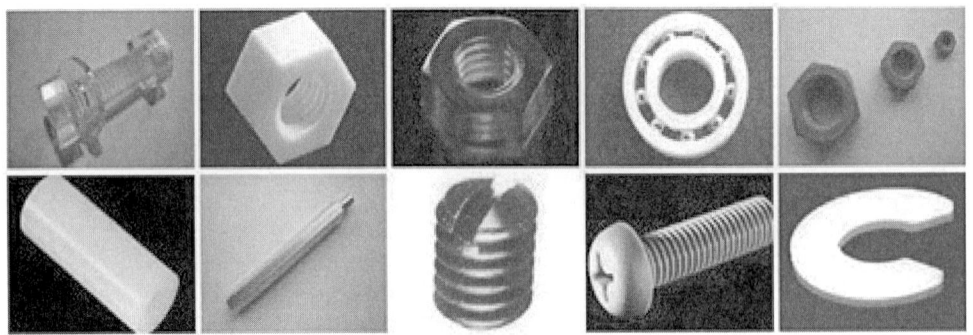

∴ 열경화성 수지 제품

1) 페놀수지(Phenol resins)

페놀, 크레졸 등과 포르말린을 반응시켜 제조한 것으로서 베이클라이트(Bake-lite)라는 상품명으로 전기 기구, 가정용품 등에 널리 사용되고 있다. 페놀 수지는 기계적 성질이 우수하고 비교적 가격이 저렴하며 전기 절연성이 좋지만, 착색이 자유롭지 않고 기계 가공성도 좋지 않다.

2) 요소수지(Urea resins)

요소수지는 강도, 내수성, 내열성, 전기 절연성 등은 다소 떨어지나, 가공성 및 착색이 용이하고 아름다운 상품을 만드는 데 적당하다.

요소수지는 커피 가열기, 식탁 기구, 진열 상자, 가재도구, 버튼, 전기부품 등의 성형에 사용된다.

3) 실리콘 수지(Silicone resins)

실리콘 수지는 내수성이 우수하고 전기 절연성이 좋으며, 일반 합성수지보다 내열성이 100℃이상 우수하고 기계 가공성도 좋다.

4) 멜라민 수지(Melamin resins)

멜라민은 무색의 가벼운 침상 결정으로 요소수지보다 강도, 내수성, 내열성이 우수하다. 멜라민 수지는 사용목적에 따라 멜라민과 포르말린, 석탄산, 요소 등을 합성하여 각종 성형품 접착제, 페인트, 섬유제조 등에 사용되고 있다.

∴ 실리콘수지(좌)와 멜라민수지(우) 제품

5) 푸란 수지(Furan resins)

푸란 수지는 130~170℃에 견디고 내약품, 내알칼리성, 접착성 등이 우수하여 저장탱크 화학장치, 부식성 가스 등에 접하는 부분의 보호 및 도장에 쓰인다. 석재, 목재, 콘크리트 등에 침투시켜 기계적 강도, 내식성을 증가시키기도 한다.

6) 폴리에스테르 수지(Polyester resins)

상온에서 투명한 경화물을 얻을 수 있고 도료, 주형, 버튼의 제조에 이용된다. 또한 유리섬유 등의 보강재와 함께 강화 플라스틱(FRP)으로서 골함석, 보드, 욕조, 정화조, 자동차 부품, 헬멧으로 부터 마네킹이나 각종 스포츠 용품 등 광범위하게 사용되고 있다.

(2) 열가소성 수지

열가소성 수지는 재료의 성질 변화가 거의 없으므로 여러 번 재가열 및 재 성형 할 수 있다.

1) 염화비닐 수지(Vinyl chloride resins)

염화비닐 수지는 일명 PVC라고도 하며, 내산성과 내알칼리성이 풍부하고 황산, 염산, 수산화나트륨 등의 약품이나 바닷물에 녹거나 부식되는 일이 없으며, 기름이나 흙에 파묻혀도 침식되지 않는다. 제품은 내외의 면이 모두 매끈하다.

염화비닐 수지는 전기 및 열의 불량 도체이므로 전기적인 부식의 염려도 없고 전선관이나 도회지의 수도관 등에 적당하다. 비중 1.4로 철의 1/5, 납의 1/8이고, 가볍고 부서지지 않으며 가공하기 쉬우나 열에 약하다.

2) 스티렌 수지(Styrene resins)

스티렌 수지는 비중이 1.05~1.07로서 합성수지 중에서는 가벼운 편이며, 스티렌의 중합체로 스티롤 수지라고도 한다. 성형이 쉽고 화학 약품에 대하여 안정하므로 전기 재료, 장식품 가정용품에 사용되는 대표적인 열가소성 수지이다. 특히 고주파 절연 재료, 투명한 광학 재료 등에 사용된다.

3) 초산 비닐 수지(Vinyl acetate resins)

초산 비닐 수지는 상온에서 고무와 유사한 탄성을 나타내나 천연 고무와는 특성이 약간 다르다. 용제는 벤졸, 아세톤 등에 사용되고 무취무독, 접착성, 투명성 등의 특성을 이용하여 접착제, 도료, 성형 재료, 껌 원료 등에 사용된다.

4) 폴리에틸렌 수지(Polyethylene resins)

폴리에틸렌 수지는 무색투명하며 내수성과 전기 절연성이 양호하고 산, 알칼리에도 강하고 120~180℃로 가열하면 끈끈한 액체가 되기 때문에 사출 성형이 용이한 좋은 성질이 있다.

폴리에틸렌 수지는 비중 0.92~0.96으로 염화비닐 수지보다 가벼우며 유연성이 있고,

-60℃에서도 경화되지 않는다. 충격에 대해서도 강하며 때려도 파손되지 않고, 내화성도 고무나 염화비닐 수지보다 좋다.

∴ HDPE(고밀도폴리에틸렌)파이프 시스템

5) 아크릴 수지(Acrylic resins)

아크릴 수지는 투명성이 좋고 탄성이 크며 햇빛에 노출되어도 변색이 잘 되지 않으므로 안전유리의 중간층 재료, 케이블의 피복 재료, 도료 등에 사용된다.

6) ABS 수지(Acrylonitrile-Butadiene-Styrene resins)

ABS 수지는 아크릴로니트릴(A), 부타디엔(B), 스티렌(S)의 3자가 합성되어 있다. ABS 수지는 TV, 라디오, 청소기 케이스, 전화기 본체, 냉장고 내상, 에어컨 그릴, 용기, 헬멧 등에 많이 쓰이며, 플라스틱에 도금이 필요한 용도에 적당하다.

7) AS 수지(Acrylonitrile Stytrene resins)

AS 수지는 스티렌과 아크릴 수지의 원료에 있는 아크릴로니트릴과 공중합 된 수지이다. 폴리스티렌과 같이 투명성이 좋고 폴리스티렌보다 내열성, 내유성, 내약품성 및 기계적 성질이 좋다. 또 유동성이 좋고 성형성이 양호하며 성형 능률이 좋다. AS 수지는 믹서 케이스, 선풍기 날개, 배터리 케이스, 투명 부품 등에 많이 사용된다.

8) 폴리프로필렌 수지(Polypropylene resins)

폴리프로필렌은 유백색, 불투명 또는 반투명으로 범용 수지 중에서 제일 가볍다. 비중은 0.9이고 결정성 수지에 속하며 폴리에틸렌에 비하여 광택이 좋고 스트레스, 균일, 내약품성이 좋다. 또 내충격성이 강하고 힌지성이 좋아 수백 회 반복 굽힘에도 견딜 수 있다.

용도는 폴리에틸렌과 비슷하며, 세탁기(회전날개, 세탁조), 배터리 케이스, TV, 카세트 케이스, 단자, 배선 기구 등에 쓰인다.

9) 폴리아미드 수지(Polyamide resins)

폴리아미드 수지는 그 종류에 따라 성질이 다르지만 폴리에틸렌, 폴리프로필렌과 같이 대표적인 결정성 수지이다. 기계 부품용으로 많이 쓰이는 기어, 캠, 베어링 등에 사용되며, 포장 재료로도 사용된다.

폴리아미드를 사용하는 금형은 용융 점도가 낮고 플래시가 발생하기 쉬우므로 치수 정도가 높은 금형 가공을 요하며, 금형온도를 높게 하고 냉각을 균일하게 할 필요가 있다.

10) 폴리카보네이트 수지(Polycarbonate resins)

폴리카보네이트는 투명하고 강성이 높은 수지로 자소성이 있다. 또한 충격 및 인장 강도가 높으며 내열성이 뛰어나다. 그리고 성형성이 비교적 양호한 편이며, 성형 수축률이 작고 치수 안정성이 높다. 단점으로 반복 하중에 약하며 스트레스 균열이 일어나기 쉽다. 폴리카보네이트 수지는 절연볼트·너트, 밸브, 전동 공구, 의료 기기, 콕 등에 사용된다.

금형에서는 유동성이 좋지 않으며, 고압 성형을 하기 때문에 러너 직경을 크게 하고 길이도 짧게 하는 것이 좋다.

11) 폴리아세탈 수지(Polyacetal resins)

폴리아세탈은 피로 수명이 열가소성 수지에서 가장 높으며 금속 스프링과 같은 강력한 탄성을 나타내고 마찰 계수 및 내마모성이 우수하다.

폴리아세탈 수지는 기어, 캠, 베어링, 전자 밸브, 케이스, 커넥터, 풀리 등에 사용된다.

12) 폴리우레탄 수지(Polyurethane resins)

폴리우레탄은 고무처럼 부드럽고 탄성이 있는 엔지니어링 수지이므로 아주 연질에서부터 경질까지 여러 가지 용도로 나누어져 있다.

폴리우레탄 수지는 롤러, 탄성체, 벨트, 완충용 패드 등에 사용된다.

13) 폴리페닐렌 옥사이드 수지(Polyphenylene oxyth resins)

폴리페닐렌 옥사이드는 높은 열변형 온도와 넓은 온도 범위에서의 안정된 우수한 전기적 성질과 기계적 성질을 가지고 있고 또 난연성을 가지고 있으나 그 성형성에 난점이 있다. 엔지니어링 수지 중에서는 특히 성형성, 물성의 균형이 양호한 재료로 화학가공 산업에서의 밸브, 펌프의 하우징 등, 고온에서 우수한 내화학성이 요구되는 부속품에 사용된다.

14) 불소 수지(Fluorocarbons resins)

불소 수지는 대개의 화학 약품에 대해 불활성이며 밀랍과 같은 촉감과 낮은 마찰 계수를 갖고 있다.

가장 널리 사용되고 있는 것은 TEF, CTFF, FER 등이 있다.

3 합성수지의 성형가공

합성수지의 성형 및 가공법은 여러 가지가 있으나 금속 재료와 유사한 방법이 사용되고 있다. 금속의 성형에 사용되는 금형은 공구강 및 금형강이 사용되나 합성수지에는 연강이 많이 사용되며 금형에 압입 주조된다.

합성수지는 스티렌 수지, 아크릴 수지, 염화비닐 수지 등의 분말 또는 입상 수지를 사용하며 금형에 압입 주조된다. 또한 열경화성 수지의 가장 보통의 성형법으로 재료를 준비된 금형에 넣고 가열 또는 상온에서 가압하여 성형하는 압축 성형법(Compression moulding)에 사용된다.

한편 입상 또는 분말을 용해시켜 이것을 간단히 대량 생산에 적합한 유철형 금형에 주입하여 경화시켜 성형하는 경우도 있다.

④ 합성수지의 성질

구조용으로 사용되는 결정성이 강한 플라스틱은 금속과 유사한 점이 많고, 제품의 성능은 원료의 종류, 제조 방법, 제품을 만들기 위한 각종 배합제의 종류나 배합 비율 또는 성형 방법 등에 따라 상당히 차이가 난다. 그러나 플라스틱과 금속 사이에는 탄성계수와 파괴 강도에서 큰 차이가 있고 하중 속도와 온도의 영향 등이 크다.

일반적으로 플라스틱의 경도는 경질에 대해서는 금속용 시험법을, 연질에 대해서는 고무용 시험법을 사용한다.

그림은 플라스틱의 기계적 성질을 나타낸 것이다.

표 플라스틱의 기계적 성질

종류		인장강도 (kgf/cm²)	연신율 (%)	압축강도 (kgf/cm²)	경도 (HB)
열가소성 플라스틱	폴리에틸렌	110~130	200~550	–	R11
	폴리스틸렌	350~630	1~3.6	800~1100	M65~90
	폴리염화비닐(경질)	350~630	2~40	550~900	D 70~90(HS)
	폴리염화비닐(연질)	70~250	200~400	70~250	–
	폴리염화비닐리덴	210~350	<250	140~190	M50~65
	폴리아미드(나일론)	490~770	90	500~900	R111~118
	아크릴수지	490~630	3~10	850~1250	M85~105
	폴리테트라	110~210	100~200	120	D50~65(HS)
	플루오르에틸렌	400	35~100	2250~5600	R110~115
	폴리크로트리				
열경화성 플라스틱	페놀수지	470~560	1.0~1.5	700~2100	M124~128
	효소수지	420~910	0.5~1.0	1750~2450	M115~120
	멜라민수지	420~910	0.6~0.9	1750~3000	M110~125
	실리콘수지	130~300	–	1100~1700	M89
	폴리에스테르(경질)	420~700	<5	900~2550	M70~115

02 합성 고무

고무나 폴리우레탄은 유연하고 탄성이 풍부하며 밀폐 용기에 넣어 압력을 가하면 고점성 액체로서 작용한다. 이러한 성질을 이용하여 압력이 그다지 높지 않아도 되는 펀치 또는 다이의 한쪽 금형에 고무나 우레탄을 사용하고 전단, 굽힘, 드로잉, 포밍 등의 가공을 행한다. 고무나 우레탄의 특징은 금형 틀 속에서 펀치력을 수압하면서 정확히 성형하고자 하는 형상으로 익숙해지는 것이며, 가벼운 물건의 굽힘이나 성형에 매우 유효하다.

그림에는 고무를 형재로 사용한 드로잉 가공의 일례를 나타내었다.

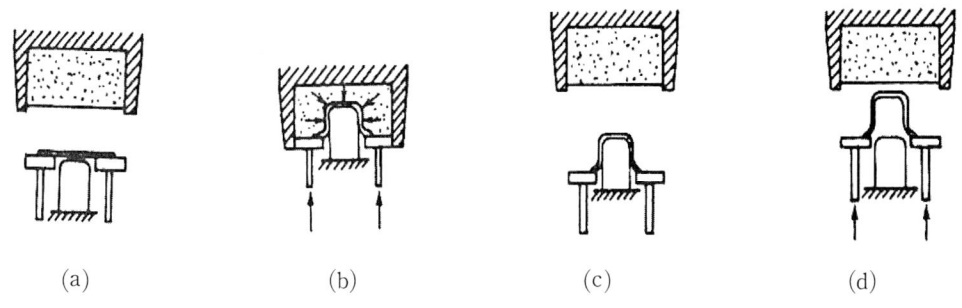

(a)　　　(b)　　　(c)　　　(d)

∴ 고무형을 이용한 드로잉 가공

고무의 특성을 충분히 이용하여 효과적인 성형을 하려면 고무의 경도가 적당해야 한다. 각종 성형법에 적당한 고무의 경도는 다음과 같다.

① **전단 가공**: 60~85(HS)
② **굽힘 가공**: 60~70(HS)
③ **드로잉 가공**: 45~60(HS)
④ **포밍 가공**: 65~75(HS)

∴ 고무·실리콘 압축성형 제품

(1) 드로잉 가공

고무나 폴리우레탄을 이용한 드로잉 가공에는 마홈법, 호이론법, 펀치 없이 하는 드로잉법 등이 실용화되고 있다.

① **마홈법**: 리테이너 속에 넣어진 고무 패드를 다이로 하고, 주름 누름으로 피가공재를 고무 패드 표면으로 눌러 붙이면서 펀치를 고무 속으로 밀어 넣어 드로잉 한다.

② **호이론법**: 고무판 위에 액압대가 있어서 350kg/cm² 이상의 액압을 고무에 가하고 피가공재에 변형 압력을 미치게 하여 성형한다.

③ **펀치없이 하는 드로잉법**: 고무환 위에 피가공재를 올려놓고 다이를 그 위에 얹어 압력을 가하는 성형법이다.

(2) 전단, 굽힘, 포밍 가공

강재의 견고한 리테이너에 고무를 채우고 이것을 만능형으로 하여 강종 성형을 하는데, 고무는 리테이너 깊이의 2/3 정도의 두께로 채운다. 고무에 가하는 평균 압력은 최고 80~150kg/cm² 범위가 많다.

전단과 굽힘이 조합된 성형도 많이 이용되며 굽힘형의 높이는 보통 플랜지의 깊이보다 3~5mm 높게 한다.

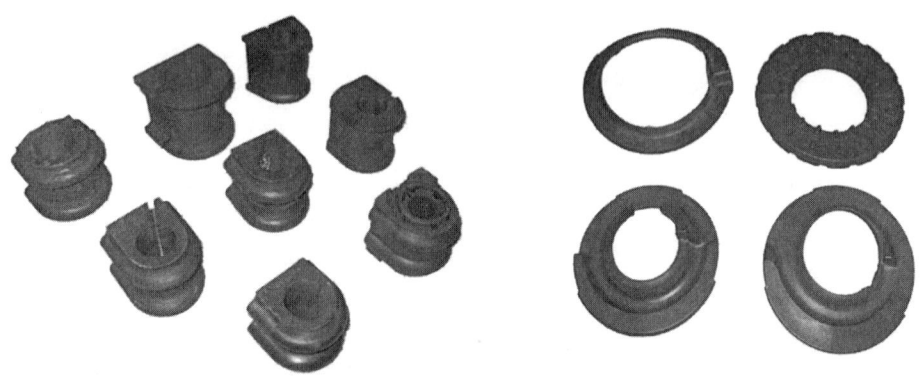

(a) 스테빌라이져 부시(자동차) (b) 스프링 패드

•**•** 고무성형에 의한 제품

03 탄소 재료

지구상에 널리 분포하는 탄소는 금속과 유사한 성질을 갖고 있는 천이 원소로서, 3개의 동소체로 다이아몬드, 흑연, 무정형탄소 등이 있다. 탄소에는 비결정질 탄소와 결정질 탄소가 있으며 대표적인 결정질 탄소에는 다이아몬드와 흑연이 있다.

그림은 탄소의 상태도를 나타낸 것이며 탄소에 대한 공업 제품은 산업 기술의 발전과 더불어 사용 분야가 더욱 확대되고 있다.

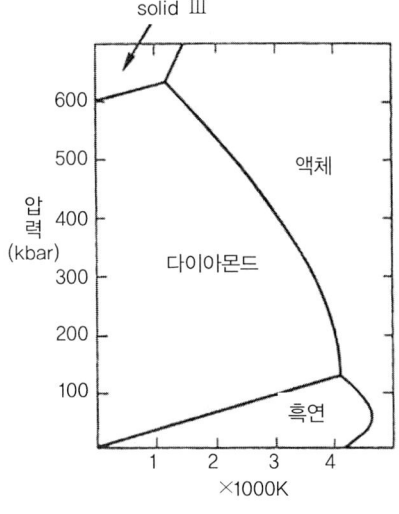 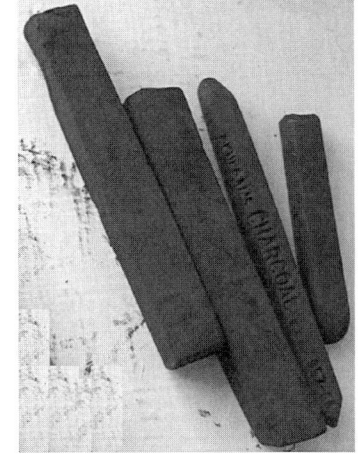 

∴ 탄소의 상태도(좌)와 숯(중간)과 엔진커버

(1) 다이아몬드

다이아몬드는 경도가 가장 크고 공유 결합으로 형성된 결정으로서 주로 공업적으로 연삭 재료로 쓰이고, 분말이나 입자들은 구리 또는 철 중에 분산시킨 서멧이 절단, 연삭용에 널리 쓰이고 있다.

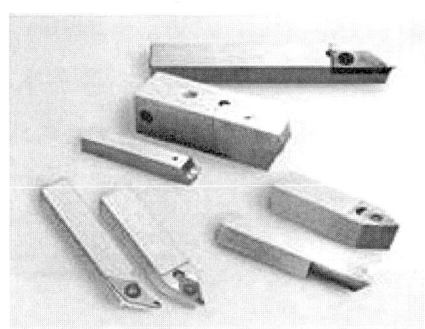 

∴ 다이아몬드 공구(좌)와 연삭숫돌(우)

(2) 흑연

방전 가공용 전극 재료로는 주로 구리와 흑연이 사용된다. 흑연은 구리에 비해 융점이 높고 아크 에너지의 흡수가 빨라 대형물의 방전이 가능하며 방전 속도가 빠르다.

따라서 사출 성형용 금형이나 다이캐스팅 금형 등과 같이 곡면이 많은 금형에 방전가공을 많이 실시하며, 흑연(Graphite) 방전 수요가 점점 증가하고 있다.

:• 흑연의 가공(형상)

방전 가공면의 조도는 방전 가공 시 스파크 방전이 아크 방전으로 되면서 에너지 밀도가 낮아지므로 나빠진다. 따라서 고융점의 Cu-W, Cu-Ag 같은 합금이 개발되었으나, 가격이 비싸 제한적인 용도로만 사용되고 있다.

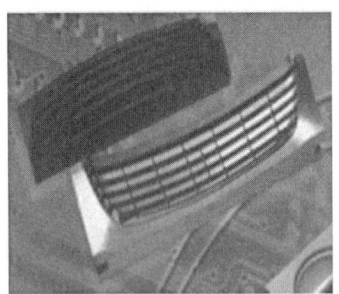

:• 방전가공용 흑연전극

04 목재와 시멘트

① 목재

목재는 주조품의 모형 재료로 많이 사용되며, 금형에 비해 값이 저렴하고 제작 기간도 짧을 뿐만 아니라 취급이 용이한 장점이 있다. 따라서 주물의 제작 수량이 몇 십 개 정도로 비교적 사용 횟수가 적은 것에 적당하며 복잡한 주물의 모형으로 광범위하게 이용되고 있다. 가볍고 취급이 용이하여 특히 대형 주물의 조형 작업에 많이 사용되고 있으며, 이 경우 변형을 방지하기 위하여 형태에 따라 받침목을 설치해 주어야 한다.

목형용 목재에는 회나무, 삼나무, 벚나무, 마호가니, 티크, 계수나무, 종려나무 등이 있으며 가장 많이 사용되는 목재는 침엽수이다.

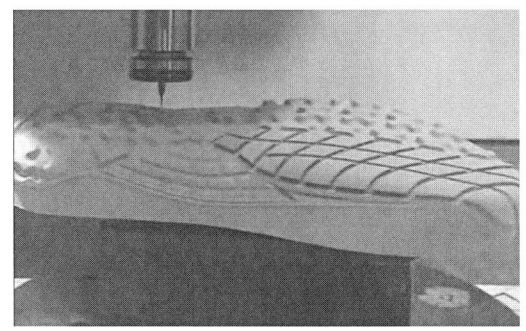

• 형(신발)금형 가공(좌)과 밸브목형금형과 제품(우)

목재의 변형과 어긋남 등은 판목에 많이 나타나므로 목형 재료로서는 정목이 좋다. 목재 결함으로는 굴곡, 마디, 양질, 터짐 등이 있으며, 굴곡은 성장 시 굽어진 곳으로 판목으로 절단하면 변형이 일어나 목형 재료로 부적합하다. 목재를 이용한 성형은 벤딕스형, MVC형, 템플릿형 등이 있으며 그림과 같다.

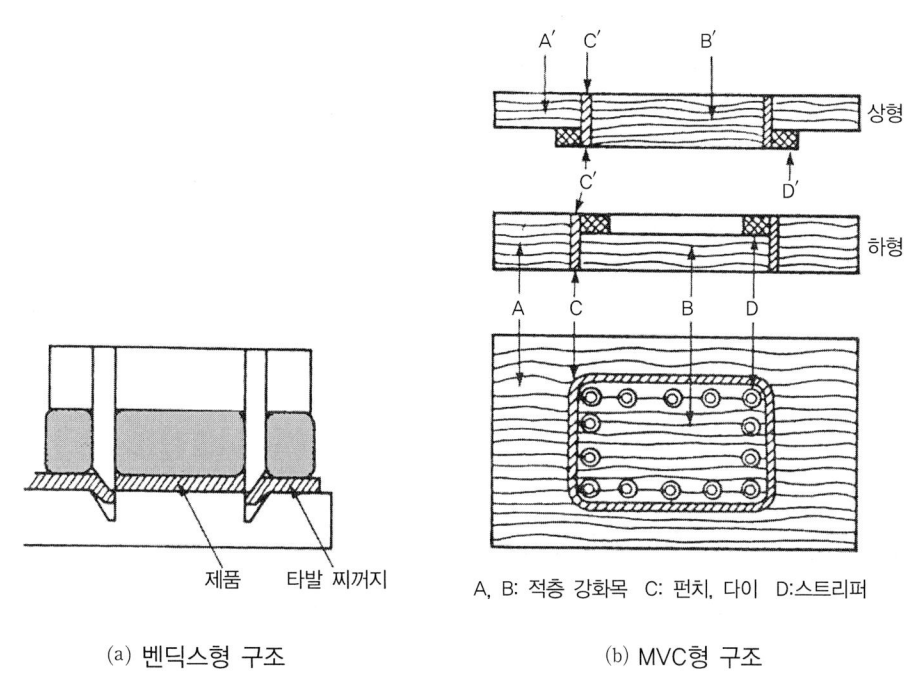

(a) 벤딕스형 구조   (b) MVC형 구조

• 목재의 성형

② 시멘트(Cement)

시멘트란 물체와 물체를 붙이는 접착 물질로 정의되며, 독립 경화성을 가지고 있는 분말 및 액상의 유기물, 무기물의 모든 접착제를 말하고, 실용되는 시멘트는 석회를 주성분으로 함유하고 있다. 시멘트에는 포틀랜드 시멘트와 고로 시멘트, 실리카 시멘트로 구분된다.

포틀랜드 시멘트는 보통 시멘트라고 불리우는 것으로 일반적으로 원료 생산이 풍부하고 제조가 용이하며, 성형성이 우수하므로 가장 널리 사용되고 있다.

05 엔지니어링 세라믹

세라믹은 금속의 고도의 산화물로서 주성분은 장석이며 금속 재료에 비해 고온에서 강도를 유지하고, 부식 저항, 화학적 안정성, 전기 및 열의 절연성, 내마모성 등이 뛰어나 여러 산업 분야에서 사용량이 점차 증가하고 있다. 산업별 구체적인 적용 예를 그림에 나타내었다.

표 산업분야별 엔지니어링 세라믹사용 예

산업 분야	요구 특성	사용 예
유체취급분야 (침식성 유체의 운반 및 취급)	부식저항, 침식성 마모저항	유체관의 봉합용 실, 베어링 분사노즐, 밸브
광고업 분야	경도, 부식저항 및 전기 절연성	파이프 라이닝, 사이클론 라이닝, 연마기구, 펌프부품, 절연체
선재제조 분야 (내마모, 표면조도 요구)	경도, 인성	신선용 금형공구, 가이드, 롤, 다이스, 풀리 등
종이, 펄프제조 분야	내마모성, 부식저항	절단날, 사이징날 등
기계, 공구분야 (기계 및 금형분야)	경도, 저열 팽창	베어링, 부싱, 피팅, 압출, 성형, 다이스, 스핀들, 성형 롤
열공정 분야	열피로 저항, 부식 저항 불변성	열방사 튜브, 열처리로 부품, 절연물, 열전대 튜브
내연기관 부품(엔진부품 등)	고열 저항, 마모 저항, 부식 저항	밸브 가이드, 마찰면, 피스톤 캡, 베어링, 부싱 흡기 매니라이너 등
의료 과학기구	불활성	혈액 분리기, 수술기구 등

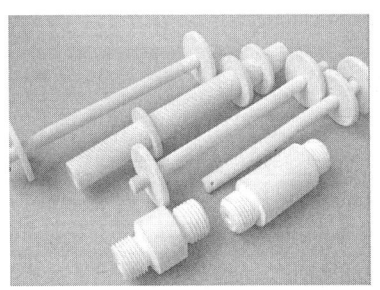  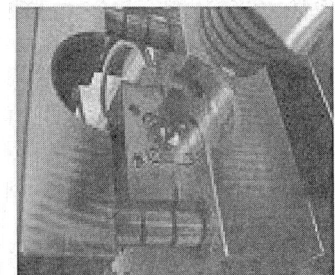

(a) 세라믹 볼트 (b) 카셋트 금형 및 사출기에 장착된 모습

세라믹의 사용

(1) 알루미나(Aluminum oxide)

순도가 다양한 알루미나, 즉 산화 알루미나(Al_2O_3)는 첨단세라믹 재료 중 가장 보편화되었으며, 경도가 높고 탁월한 내마모성, 내부식성, 낮은 전기 전도도 등의 특성과 경제적 생산으

로 저가에 공급되는 이유로 가장 많이 사용하는 세라믹의 일종이다. 알루미나의 종류는 Al_2O_3의 성분비에 따라 85%에서 99%까지 특성별로 다양하다.

조도가 굵은 것과 미세한 것이 있으며, 산화알루미늄 Al_2O_3 첨단세라믹은 중부하 성형공구, 전자산업에서 기판, 저항기 코어 등에 사용된다.

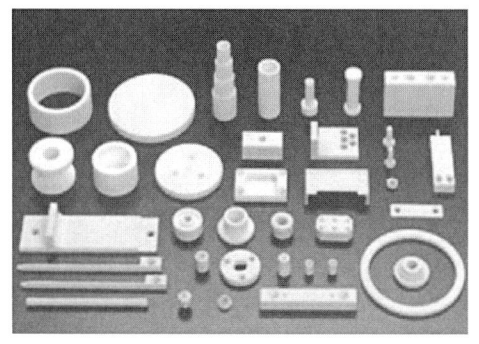 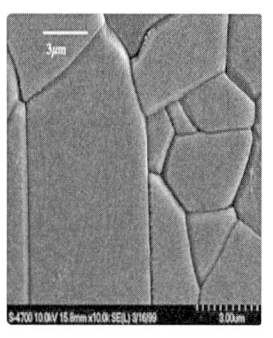 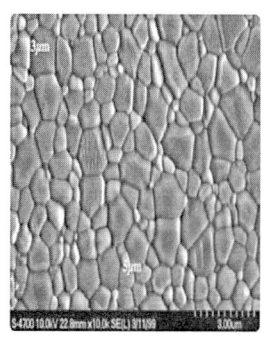

(a) 각종 산업용 구조재료사용 부품　　(b) 조도 굵은 것　　(c) 조도 작은 것

∴ 알루미나의 용도와 조직

(2) 질화규소(Silicon nitride)

질화규소(Si_3N_4)는 규소와 질소의 결합으로 이루어지는 비산화 세라믹이며 탄화규소(SiC) 만큼 가볍고 분해 온도 1,880℃의 고내열과 고강도 재료이다. 열팽창률도 $3 \times 10^{-6}/℃$로 아주 작으며, 열충격 저항과 산화 저항력이 커서 자동차 엔진 부품 분야에 적용 폭이 점차 넓어지고 있다.

고온강도는 1,000℃에서 9.14kg/cm²로 엔진의 피스톤과 라이너, 터보 차지의 로터, 밸브류 등의 고온 구조 재료로 적합하며, 와이어 드로잉, 노즐과 부품 등은 물론 금속 가공의 절삭 공구로도 뛰어난 성능을 나타내고 있다.

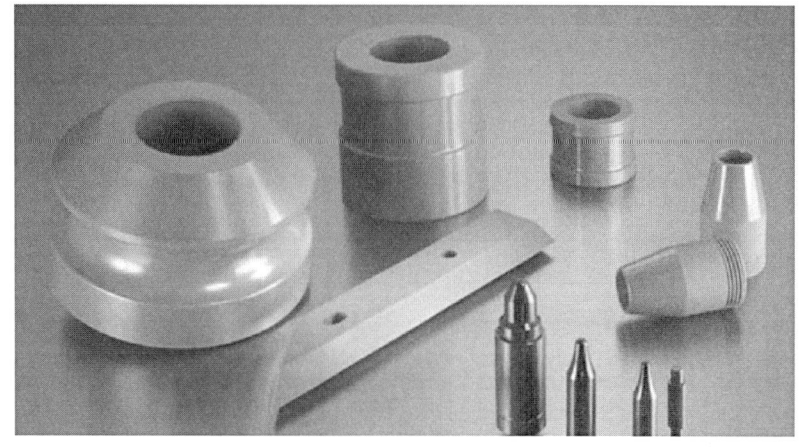

∴ 질화규소(Si3N4)의 사용

(3) 탄화붕소(Boron carbide)

탄화붕소(B4C)는 다이아몬드, 질화붕소 다음으로 경도가 높고 밀도가 아주 작기 때문에 방탄 부품 등의 구조 재료로 사용된다. 탄화붕소는 제조 시 2,000℃ 이상의 고온에서 성형되므로 열간 가압으로 성형 온도를 낮추었으나 복잡한 구조의 제품 성형에 제한이 있다.

(4) 시알론(Sialon)

시알론은 Si-Al-Oxy-Nitride의 두문어로서 주로 Al_2O_3이나 AlN을 Si_3N_4와 반응시켜 제조한다. 시알론은 열팽창 계수가 $2*10^{(-6)}$/℃로 아주 작고, 산화 저항력이 커서 Si_3N_4와 유사한 자동차 엔진 부품 및 절삭 공구 용도로 사용된다.

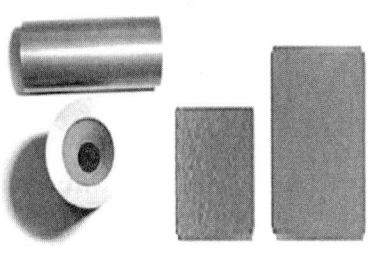

∴ 탄화붕소의 노즐(좌) 방탄판(우)

∴ 시알론 세라믹 선삭용 인서트

(a) 질화규소(Si_3N_4, Sialon)계 세라믹스 베어링

(b) 질화규소(Si_3N_4, Sialon)계 세라믹스 절삭공구

∴ 시알론

(5) 알루미늄 타이터네이트(Aluminum titanate)

알루미늄 타이터네이트(Al_2TiO_5)는 우수한 내열충격의 우수한 특성이 있으며, 이 재료로 만들어진 부품의 강도는 낮지만 몇 백도까지의 가장 급격한 온도 변화에도 아무런 손상없이 견뎌낸다.

Al, Mg, Zn, Fe 등 주조 분야에 래들 부품, 깔때기 등의 용도로 사용되고 자동차 분야에서는 흡기 포트의 라이너, 흡기 매니폴드 재료로 사용된다.

(6) 탄화규소(Silicon carbide)

탄화규소(SiC)는 가벼울 뿐만 아니라 또한 가장 단단한 세라믹이며 우수한 열전도성, 낮은 열팽창을 지니며, 산 및 용해에 매우 저항적이다.

매우 큰 강도를 가지고 있으나 인성 면에서 다소 떨어진다. 탄화규소는 주로 마모나 부식의 문제가 있는 부위에 사용되며, 1,500℃의 고온 영역까지 경도 저하가 별로 없어서 가열 튜브(히터소재)와 파이프, 열처리로 부품, 자동차 공학의 베어링 기술 등으로 사용된다.

∴ 알루미늄 타이터네이트 제품

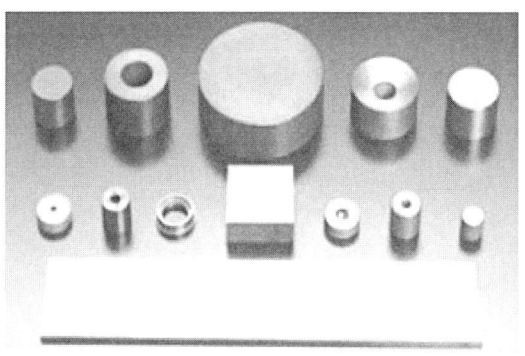
∴ 탄화규소 제품

(7) 지르코니아(Zirconia : ZrO_2)

산화지르코늄(ZrO_2)은 균열 보급에 매우 높은 저항성을 지닌 재료이다. 산화지르코늄으로 만든 제품으로는 산업용 커터, 성형응용, 와이어 드로잉 부품, 튜브와 파이프, 치과용 세라믹 등으로 사용된다.

∴ 탄화규소((siC)의 사용

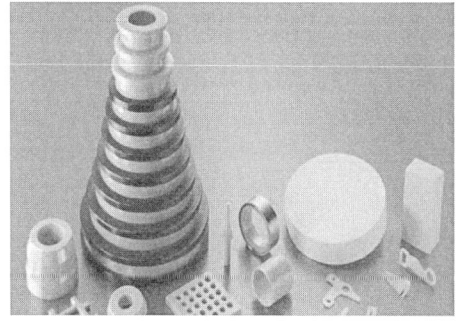
∴ 산화지르코늄((ZrO_2)의 사용

(8) 탄화티탄(Titanium carbide)

탄화티탄(TiC)은 고경도의 세라믹으로 메탈과 접착하여 서멧으로 사용되며, 이 서멧은 세라믹과 초경합금의 중간 정도의 공구 재료로 사용된다.

탄화티탄은 내열용과 내식용 치공구, 다이스에 사용되며, 알루미나 공구의 한계를 넘어선 칠드 주철, 질화강, 내열강 등의 가공에 사용된다.

(9) 인성 세라믹(Toughened ceramics)

예전에는 세라믹이 아주 단단하고 전기 저항이 크며 탁월한 산화 저항이 특징인 데 반해 인성이 적어 구조 재료로서 한계가 있었다. 따라서 이들 특성과 더불어 인성을 갖춘 세라믹 화합물 등의 개발이 이루어졌는데 이를 인성 세라믹이라 한다.

(10) 복합 세라믹(Composite ceramics)

인성 세라믹을 고온에서 사용 제한을 개선한 세라믹으로 SiCw-강화 알루미나는 절삭 공구로 이미 사용되고 있으며, 알루미늄 캔 제조 분야에 공구 재료로 사용되고 있다.

06 초고경도 내마모 재료

초고경도 내마모 재료는 그림에서 나타낸 바와 같이 B-C-N-Si계 4원계 합금 상태도로부터 결합된 화합물이 주류를 이루고 있다. 초고경도 내마모 재료로서 상업화된 것으로는 입방 질화붕소(CBN)와 합성 다이아몬드가 있다.

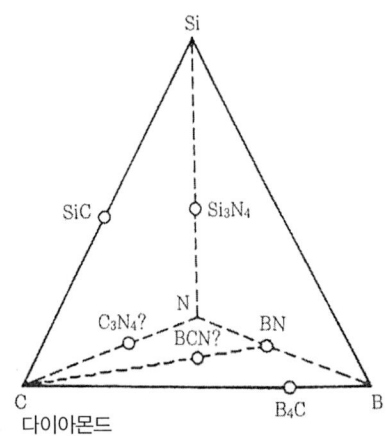

초고경도 재료 B-CN-SI 4원계 상태도

PCVD코팅된 호브(Hob)

CBN과 합성 다이아몬드의 형성 과정은 연질의 HCP 조직이 고온과 고압에 의하여 경질의 정방 조직(Cubic)으로 변화되는 과정을 통해서 제조되며, 저압하에서도 PVD나 PCVD코팅에 의해 박막으로 제조되기도 한다.

(1) 다이아몬드의 특성

다이아몬드와 흑연의 결정구조는 그림과 같다. 고온과 고압하에서 흑연은 모든 격자점이 탄소로 채워져 다이아몬드 조직이 되며, 극소량의 B나 N가 탄소와 치환되어 채워질 수도 있다.

합성 다이아몬드는 금속이나 금속 탄화물, 개재물들을 함유하고 있으며, 이것들은 침입형으로 개재되어 있는 경우가 많다. 합성 다이아몬드는 600℃ 정도의 저온과 저압하에서 다시 흑연으로 변화된다.

열전도도는 상온에서 Cu의 5배 이상으로 뛰어나며 전기 전도도는 금속상을 피복시키지 않는 한 절연체이다.

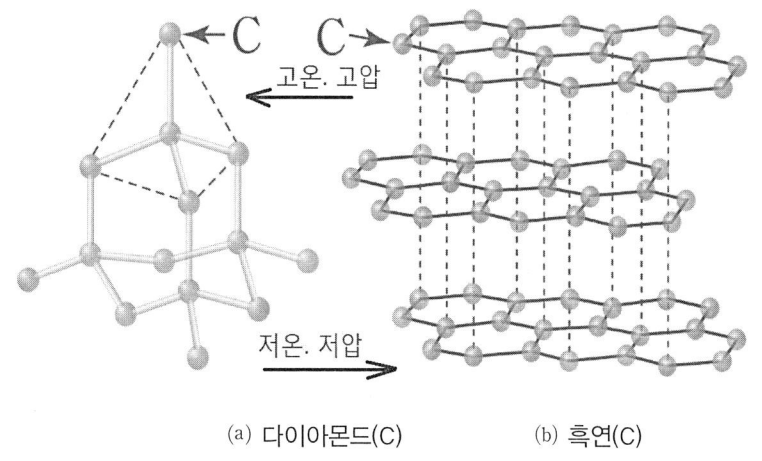

(a) 다이아몬드(C)　　　(b) 흑연(C)

∴ 다이아몬드와 흑연의 탄소 배열변화

그림에는 초고경도 물질들의 기계적 특성값을 나타내었다.

표　초고경도 재료들의 기계적 성질

재 질	밀도 g/cm²	경도 HK	압축강도 106psi	열팽창계수 1×10⁻⁶/℃	열전도도 cal/s•m•℃
다이아몬드(C)	3.52	7000~10000	1.5	4.8	5.0
CBN	3.48	4500	1	5.6	3.3
SiC	3.21	2700	0.19	4.5	0.10
Al₂O₃	3.92	2100	0.435	8.6	0.08
초경(WC-Co)	15.0	1700	0.78	4.5	0.25

합성 다이아몬드는 실존 재료 중 가장 단단하나 충격에 약하며 주요 파단면은 (111)면으로 균열이 발생하고, 크기는 수 ㎛에서 1cm에 이르는 것들이 있으며, 공구 재료, 열안정 재료, 절단기 부품 등에 사용된다.

소결 다결정체 다이아몬드는 합성 다이아몬드를 모아 소결하여 만든 제품으로서 커팅 공구, 드릴, 마모 표면, 드로잉 다이스 등의 공구 재료로 사용된다. 가공은 레이저 커팅, 전해 연마 등으로 완성시켜 사용한다.

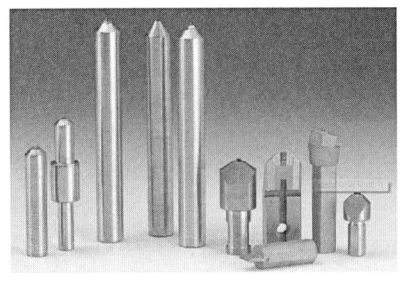
• 다이아몬드 드레서(연삭용)

• 공업용 다이아몬드 커터

(2) CBN의 특성

CBN의 구조는 다이아몬드의 결정 구조와 유사하며 다이아몬드 결정 중의 탄소 위치에 붕소와 질소를 대체하여 넣은 것으로 생각하면 된다.

CBN은 질화물, 붕화물의 형성 원소인 Ti, Ta, Zr, Hf, Al 등과 반응성이 강하며 경도와 열전도성은 합성 다이아몬드의 1/2 정도 수준이다.

• CBN 선삭공구

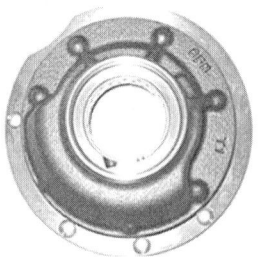
• CBN 변속기 베어링

• CBN 자동차 드럼

소결 다결정 CBN은 액상 소결 공정을 통하여 제조되며 조직적으로는 금속상과 CBN상을 가지고 있다. 소결 다결정 CBN은 전성과 연성이 소결 다이아몬드보다 크지만 크기와 형상은 유사하다.

그림은 소결 다결정 CBN 합금조직을 나타내었다.

(a) 내열합금절삭용

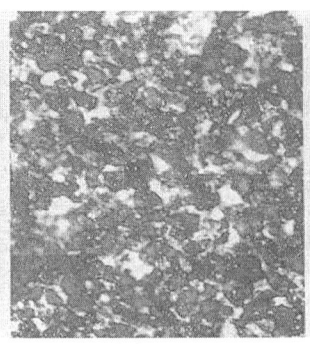
(b) 열처리강의 연속절삭용

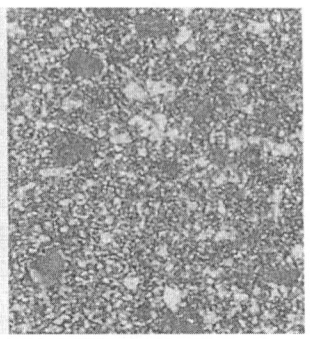
(c) 열처리강의 심한단속용

• 소결 다결정 CBN 합금조직

(3) 다이아몬드와 CBN의 용도

초고경도 내마모 재료로서 다결정 다이아몬드(PCD)와 다결정 입방 질화붕소(PCBN)의 소결 공구 재료는 형상과 크기, 배합기 등에 따라 다양하다. 이들은 절삭, 드릴링, 드레싱, 마모 표면 용도로 사용되고 있으며 초경에 부착하여 사용하는 경우도 있다.

PCD의 경우, 비금속이나 비철 재료의 가공에 유용하며, 일반적으로 입도가 작을수록 가공면이 매끄럽고 입도가 큰 것은 알루미늄 합금이나 큰 하중 작업 시에 사용한다.

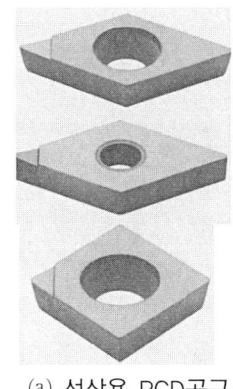
(a) 선삭용 PCD공구

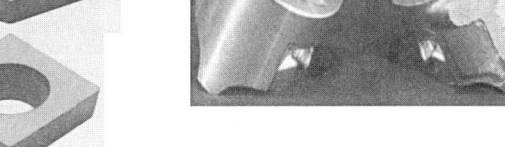 
(b) PCD공구에 의한 알루미늄 피스톤과 홈 가공

∴ 다결정 다이아몬드(PCD)공구

PCBN의 경우, 철, 강, 코발트나 니켈 기지 합금의 가공에 유용하며 실제 적용 예를 그림에 나타내었다. PCBN은 HRC 35~45 이하의 합금이나 강의 가공용으로는 부적합하여 형상과 크기는 PCD와 유사하다. 날카로운 코너 형상은 가공 하중과 응력을 집중시켜 파손의 원인이 되므로 주의해야 한다.

표 PCD의 적용분야

구 분	적용 분야
고경도 주철	Ni-강화주철, 합금주철 칠드주철, 구상흑연주철
연성 주철	회주철
분말 야금	분말 야금제품
열처리강	공구강, 금형강, 합금강 베어링 강
슈퍼 합금	인터넬600 · 718 · G01 스텔라이트

표 PCBN의 적용분야

구 분	적용 분야
비철 금속	Si계 Al합금 Cu합금 W합금
비철 분야	파이버 판재 파이버 보드
복합 재료	에폭시 흑연 탄소 섬유 유리 섬유질 플라스틱
세라믹	세라믹

07 서멧

서멧(cermets)이란 금속(합금)과 한 가지 이상의 세라믹을 결합시킨 신소재로서 균열이 발생될 경우 서멧 중의 금속상의 균열 에너지를 흡수하여 소성 변형하므로 세라믹에 비해 인성을 증대시킨 기능재료이다.

서멧의 용도는 공구 재료로서 탁월한 성능을 가지고 있으며, TiC, TiCN 기지의 공구나 각종 세라믹 기지의 공구들은 각각 고유한 특성을 가지고 있다. 이들은 열간가공 공구, 샤프트 실, 밸브 부품, 내마모 부품, 로켓 엔진 부품, 노즐 부품 등의 고열 부품으로 상품화되어 있다.

∴ 선삭용 절삭공구

08 복합재료

기술혁신의 물결과 더불어 복합재료의 활용이 모든 분야에서 눈부신 발전과 개량에 대한 많은 연구가 진행되고 있다. 그러나 단일재는 개발에 한계가 있어 아무리 좋은 재료라 할지라도 내열성, 내산성, 고경도성 등 모든 면에 양재가 될 수 없는 것이다.

복합재료는 정의하면 여러 가지 재료를 조합하여 필요한 방향에 요구되는 특성을 가지도록 설계하여 만든 재료이다. 복합재료는 인류가 언제부터 사용하여 왔는지 그 연대가 확실하지 않지만 이스라엘 사람들은 진흙벽돌의 강도를 높이기 위하여 진흙에 짚을 섞어 사용하였으며, 우리나라 신라 가야 시대에 강철과 연철을 접합시켜 칼, 대패, 끌, 장도, 방패 등을 만든 것도 복합 재료이다.

∴ 볏짚 벽돌과 볏집

복합재료는 1960년 이후 플라스틱계의 복합재와 금속 접합계의 복합재들이 개발되어 항공기, 우주 개발, 기계 구조물, 군사 장비, 가정용품 등에 많이 사용되고 있다.

(1) 복합재료의 분류

복합재료란 개개의 우수한 재료를 선택 조합하여 만들어진 종합적인 재료기술의 결정체로서, 단독으로는 갖고 있지 않은 우수한 성질이 있는 재료를 말한다. 복합재의 재질은 모재와 분산재료로 구성되고 분산재의 형태에는 입자, 섬유, 플레이크(flake) 등이 있다.

복합재료를 분산재의 형태에 따라 분류하면 다음과 같다.
① 분산강화 복합재료(dispersion strengthened composite)
② 입자강화 복합재료(partical reinforced composite)
③ 섬유강화 복합재료(fiber reinforced composite)

그리고 섬유강화 매트릭스에 의해 분류하면 다음과 같다.
① 섬유강화 플라스틱(fiber reinforced plastic: FRP)
② 섬유강화 고무(fiber reinforced rubber: FRR)
③ 섬유강화 금속(fiber reinforced metal: FRM)
④ 섬유강화 세라믹(fiber reinforced metal ceramic: FRC)

그림은 복합재료 소재의 조합에 따른 분류를 나타낸 것이다.

표 복합재료 소재의 조합에 따른 분류

연속성 \ 분산성	유기재료 (플라스틱, 고무, 목재 등)	무기재료	금속재료	비교
유기재료	FRP-FRTP(열가소성수지+섬유) FRTS(열경화성수지+섬유) WP(목재+플라스틱)복합체	세라믹스·플라스틱 복합체 세라믹스·플라스틱 적층판 폴리머·혼합시멘트, 석고 섬유 혼합시멘트	금속·플라스틱 적층판	섬유, 고무, 플라스틱, 펄프, 목재, chip 등
탄소재료	CFRP(플라스틱+탄소섬유) 도전성 고무(고무+탄소분)	세라믹스·탄소복합전극재료 탄소섬유강화탄소, 탄소섬유혼합시멘트	탄소피막 금속재료	카본블랙, 흑연입자, 탄소섬유 등
유리	CFRP(플라스틱+유리섬유) 입자충전 플라스틱	유리섬유혼합시멘트, 석고	금속-유리 적층판	유리섬유, 유리입자

연속성\분산성	유기재료 (플라스틱, 고무, 목재 등)	무기재료	금속재료	비교
무기재료	플라스틱·세라믹 복합체 입자충전 플라스틱스 폴리머·담체 무기촉매	구소위스커·강화세라믹스 지르코니아 섬유강화 세라믹스	세라믹피복 금속 CFRM(금속+세라믹섬유) 입자분산 강화합금 (Al_2O_3) 소결금속 등	미립자, 세라믹 섬유, 세라믹 위스커
금속재료	MFRP(플라스틱+금속섬유) 도전성 고무, 접착제(플라스틱+금속분) 플라스틱·금속 적층판	MFRC (세라믹스+금속섬유) 세라믹담체 금속촉매	MFRM(금속+금속섬유) 금속·금속 적층판 금속담체 금속전극, 촉매	금속섬유, 금속 위스커, 금속판

(2) 복합재료의 용도

1) 섬유강화 플라스틱

섬유강화 플라스틱은 우수한 경량 강도 재료로 잘 알려져 있으며 강화 섬유로서는 일반적으로 유리섬유가 많이 사용되고 있으나, 이 외에도 비강성이 높아 주목되고 있는 탄소섬유 및 붕소 섬유, 케블라 섬유 등이 있다. 강화 섬유는 비강도 및 비강성이 강에 비해 크다.

플라스틱은 금속에 비하여 가볍고 내식성이 우수하나 구조용 재료로서는 강도와 탄성계수가 작고 열팽창 계수가 크다는 등의 결점이 있고, 기계적 성질이 우수한 플라스틱은 값이 비싸므로 그 용도가 제한되고 있다. 섬유강화 플라스틱 구조용 재료에서 가장 중요한 것은 유리섬유로 강화한 플라스틱이며 주로 성형품으로 사용된다. 이것 외에도 적층 재료 및 샌드위치 구조 등에 쓰인다.

① 유리섬유 강화 플라스틱(FRP)

유리섬유는 지름이 작아지면 단면당 인장 강도가 커지고, 지름이 5~8μm인 유리섬유의 인장 강도는 100~300kg/mm²이다. 플라스틱 보강재에는 유리 이외의 여러 가지 비금속 섬유와 금속 섬유가 쓰인다.

② 플라스틱 적층판

플라스틱을 삼투한 판을 중첩시키고 가열 압착한 것으로서 목재를 기판으로 하여 베니어판 형상으로 적층한 것과 금속판을 기판으로 한 적층판이 구조용 재료에 사용된다.

2) 세라믹 복합재료

복합재료 중에서 금속 재료, 무기 재료, 유기 재료 등을 포함한 것을 볼 수 있으며, 일반적으로 세라믹 재료는 고강도, 고강성, 내열성, 불활성, 저밀도 등의 매우 유용한 특성이 있다. 그러나 인성이 없는 것이 큰 문제점이다. 따라서 표면이나 내부에 결함이 있으면 급속한 파단이 이루어지는 경향이 있고, 제조 중이나 사용 중에 발생하는 열충격이나 손상에 매우 민감하다.

3) 고분자 기지 복합재료

고분자 기지 복합재료는 고기능, 고성능 특성이 요구되는 분야에 주로 이용되고 있으며, 비교적 광범위하게 유리섬유 강화 고분자 복합재료가 사용된다.

유리섬유 강화 고분자가 적용되는 많은 응용 분야에서는 케블라(Kevlar) 섬유가 큰 어려움 없이 유리를 대체할 수 있다.

 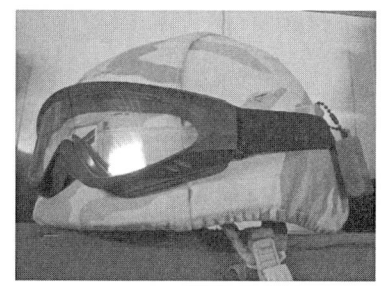

(a) 듀폰의 케블라 방탄소재 섬유　　　　　　(b) 방탄모

∙ 케블라(Kevlar)

09 기타 재료

1 반도체 재료

도체와 절연체의 중간 정도의 도전율을 가진 물질들을 **반도체**(Semicon-ductor)라고 부른다. 반도체는 불순물의 종류에 따라 반도체 성질로 구분하면 음전하 운반자에 의한 n형과 양전하 운반자에 의한 p형으로 나눈다.

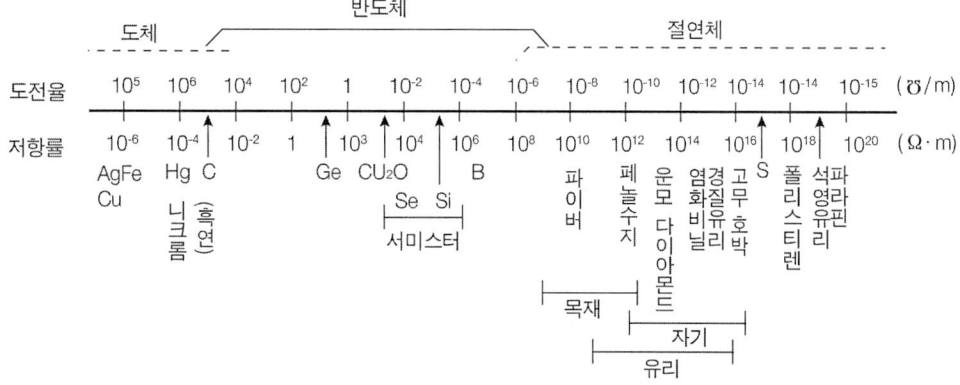

∙ 상온에서 도체와 절연체의 도전율 관계

반도체는 자유 전자의 수가 적은 재료로서 일반적으로 전기저항은 저온에서 온도가 상승함에 따라 그림과 같이 감소한다.

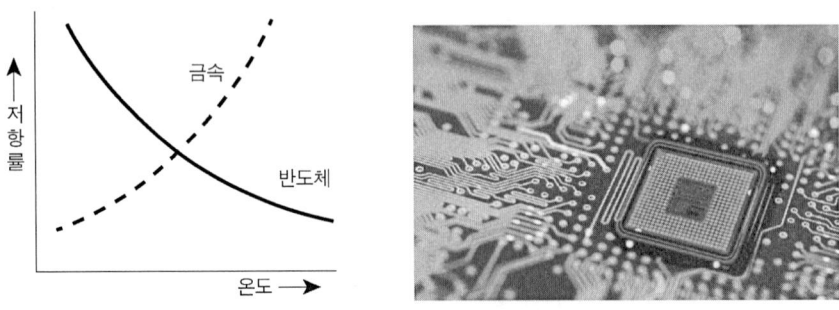

• 반도체의 저항과 온도관계

즉 부(-)의 온도계수를 가지며 전압-전류 특성 곡선에 비직선이고, 극히 소량의 불순물을 첨가하면 저항률이 크게 변화하여 도전율이 증가되며 금속에 비해서 광전 효과와 홀 효과가 뚜렷하다.

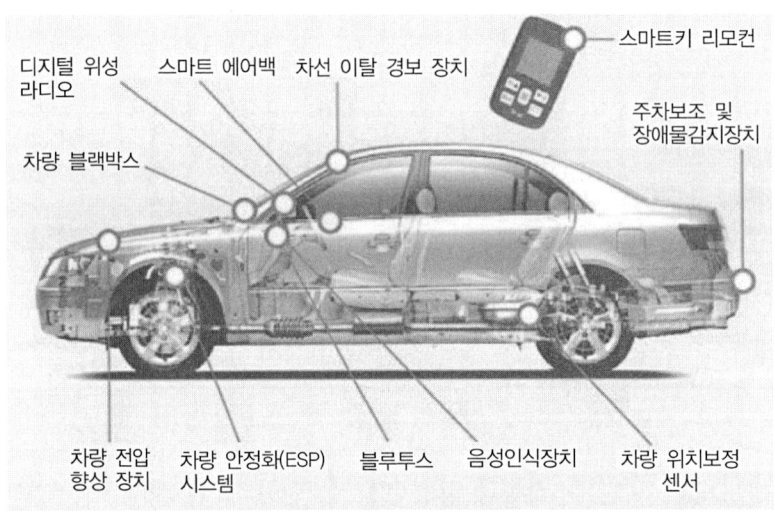

• 자동차용 반도체가 사용되는 첨단장치

(1) 반도체의 종류와 분류

반도체 재료의 종류는 대단히 많으나 크게 분류하면 무기 재료 반도체와 유기 재료 반도체로 나눌 수 있다.

1) 원소 반도체

① 게르마늄(Ge)

반도체 공업에서 제일 먼저 개발되어 실용화 되었으며, 비중 5.46, 융해점 959℃, 용융점 958.5℃이고, 순수한 결정의 저항률도 상온에서 약 $0.27 \Omega m$까지 내려가며, 청색을 띤 회백색의 금속성 물질이다.

② 셀레늄(Se)과 텔루륨(Te)

Se은 용융점이 220℃인데 이 온도에서 급랭시키면 흑색의 비정질 Se이 되나 서랭시키든지 융점보다 낮은 온도에서 열처리하면 육방정계의 결정이 된다.

Te은 Se와 동일 결정으로 융점이 450℃이고, 저항률은 약 $10^2 \Omega m$이다.

③ 실리콘(Si)

Si는 돌이나 모래 등이 주성분으로서 지구상에 산소 다음으로 많은 원소로 Ge에 비해 원자의 크기가 작고 원자간 결합이 강하여 강도가 크다. 융점이 1420℃로 높으며 태양전지, 검파기, 가전제품 등에 많이 사용된다.

2) 유기 반도체

생물체로 만들어지는 것을 유기 화합물이라 하며, 유기 화합물의 대다수는 전기 절연체이지만 특수한 유기 결정은 반도체의 성질을 띠고 있다. 사진 등 광도전 현상의 증감제로 사용하는 수가 많다.

3) 화합물 반도체

2종 이상의 원소로 구성되어 있는 무기 반도체를 화합물 반도체라고 한다.

4) 비정질 반도체

원자 배열에 주기성이 없는 고체로서 반도체적인 성질을 나타내는 것으로 현재 비정질 반도체는 광학유리 및 TV 카메라용 고체 현상 소자 재료로 쓰인다.

(2) 정제법

Ge을 함유하는 광석으로는 게르마나이트, 아르기로다이트, 레니리이트 등이 사용된다.

② 분말야금 합금

(1) 분말 야금 공구강

1) 제조 공정과 특성

분말 야금 공구강의 제조 공정은 애토마이징(Atomizing)이란 공정을 통해 용탕을 물 또는 가스로 분무하여 미세한 입자를 만든 다음, 균일하게 섞어서 고온과 고압으로 열간 등방압축(HIP) 성형, 압출, 단조 및 진공 압출 소결 등의 수단

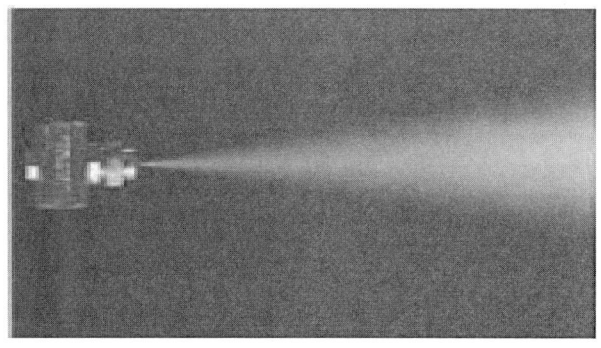

∴ 에어(기체/액체) 애토마이징 노즐

으로 완성된다.

가장 많이 사용되는 방법은 가스 애토마이징 기법으로 분말을 만든 후 열간 등방 압축 성형을 한다. 분말 야금 공구강의 특성은 유사 성분의 일반 공구강에 비해 가공성이 아주 좋다.

2) 분말 야금 공구강의 종류와 용도

분말 야금 공구강은 일반 공구강에 비해 인성과 가공성이 월등하게 개선되어 일반적인 방법으로 제조하기 어려운 공구강들도 분말 야금 제조 공정으로 쉽게 제조할 수 있게 되었다.

분말 야금 공구강은 그림과 같이 조직이 미세하다. 그 이유는 분말 탄화물 입자의 크기가 아주 미세하고 균일하게 분산되어 있기 때문이며, 대부분의 CPM 고속도 공구강은 탄화물의 크기가 3μm 미만인 데 비해 기존의 일반 공구강은 34μm 까지 큰 탄화물을 함유하고 있다.

분말 야금 공구강의 열처리는 종류별로 각각 다르나 일반 공구강에 비해 변형이 균일하고 균열이 거의 없다.

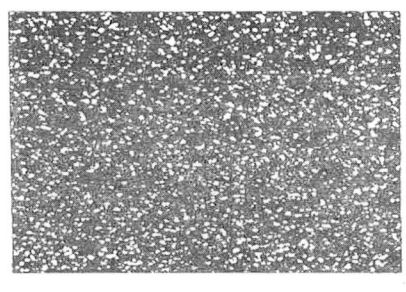
(a) CPM T15

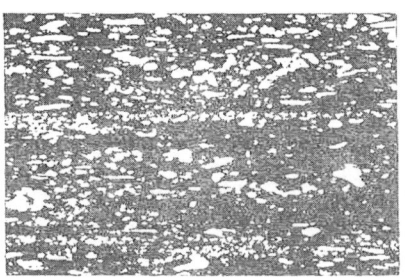
(b) 일반 공구강 T15

∴ CPM T15분말 야금재와 일반 공구강 T15의 현미경 조직

① **분말 야금 고속도 공구강**: 고속도 공구강의 성능은 사용 중 내마모성, 온도 상승에 따른 경도 저하, 유무 및 인성 등을 들 수 있다. 내마모성은 탄화물의 분포에 의한 경도값에 크게 좌우된다. 분말 고속도강에는 합금 탄화물들이 여러 종류로 다량 함유되어 있으므로 일반 고속도강에 비해 경도가 뛰어나다.

∴ 코발트 합금 분말야금(PM) 고속도강

인성 역시 균일하고 미세한 탄화물의 영향으로 일반 공구강에 비해 우수하다. 이와 같은 분말 고속도강은 밀링 공구, 브로치 공구, 구멍 가공용 공구, 기어 가공용 공구 등에 사용된다.

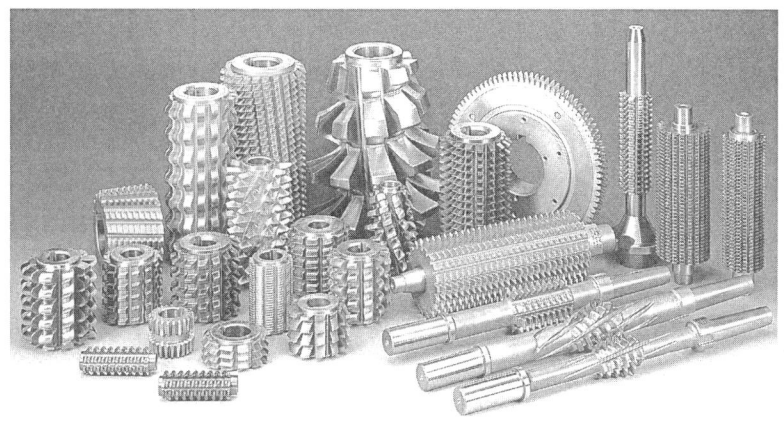

∴ 분말야금(PM) 고속도강과 기어가공용 호브(Hob)

② 분말 야금 냉간 가공 공구강: 내마모성을 향상시키기 위하여 주로 V을 많이 함유하고 있으며 냉간 가공 공구강은 내마모성을 중요시하기 때문에 일반적으로 경도를 높여서 사용하는데, 이 때 인성이 떨어지는 경우가 있다.

CPM 9V나 CPM 10V의 경우, 내마모성과 인성이 모두 우수하며 1149℃로 가열 담금질 후 뜨임하면 HRC 58~60 정도의 경도값을 얻을 수 있고, 인성이 좀더 충분해야 할 경우에는 경도값는 HRC 46~55 사이로 관리하면 된다.

그림은 일반 공구강과 분말 야금 냉간 가공 공구강의 내마모성을 비교한 결과를 나타내었다.

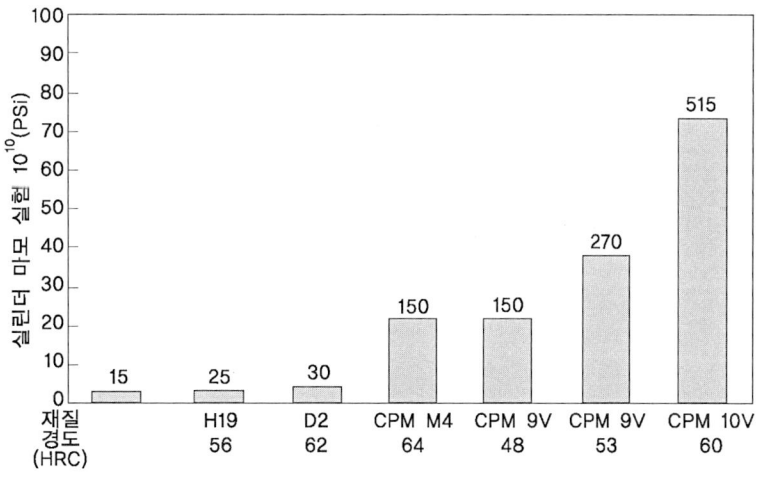

∴ 일반 공구강과 분말 야금 CPM의 내마모성 비교

특히 초경이나 페로틱을 적용했을 때, 치핑이나 파쇄가 일어날 경우에 대체용 재료로 적합하다. 프로그레시브 스탬핑 가공 시 비교값을 보면, 두께 0.3mm의 베릴륨 동을 가공할 때 STD11 공구강으로는 75000개를 생산하는 데 비해 CPM Rex 4의 경우 200000개, CPM 10V의 경우 1500000개까지 생산할 수 있다. CPM 440V는 고바나듐 고크롬 분말 공구강이며 내마모성 및 내식성이 요구되는 부위에 사용된다.

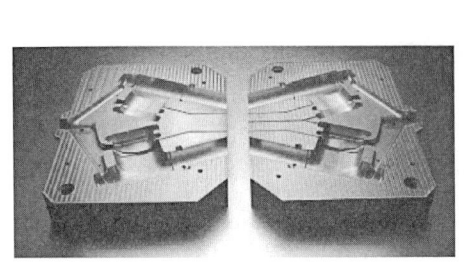
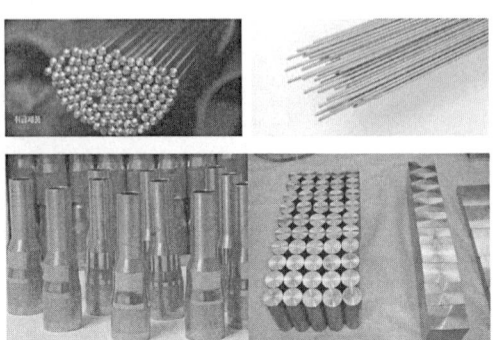

•* **베릴륨동 금형과 가공제품**

③ **분말 야금 열간 가공 공구강**: 열간 가공 공구강의 경우 금형의 파쇄 현상이 편석이나 불균일한 조직으로 인하여 발생되는 경우가 많다.

분말 야금을 통한 공구강의 제조는 원천적으로 편석이 없는 제품을 제조할 수 있게 되었다. H13(STD61-KS 규격), H19 등은 성질이 균일하고 인성도 일반 공구강에 비해 우수하며, H19V는 내마모성을 특히 향상시키기 위하여 V을 많이 첨가시킨 강종이다.

그림은 기존의 일반적인 제강 조직과 진공 탈가스 및 일렉트로 슬래그 재용해 제강 조직, 분말 야금 공구강의 조직을 나타내고 있으며, 열처리 결과 경도값는 거의 유사하나 충격 강도 및 인장 강도가 상당히 뛰어나다.

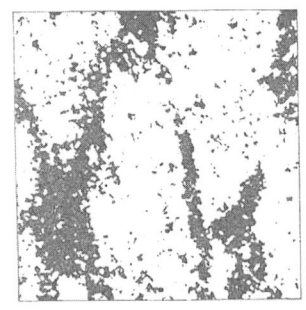 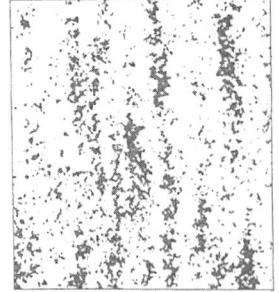 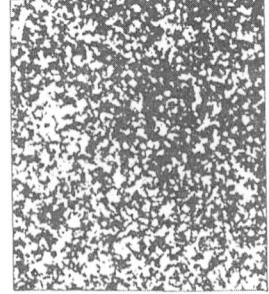

(a) 일반 공구강(STD61)　(b) 고청정강 (STD61)　(c) 분말야금 합금강 (STD61)

•* **일반 공구강 분말 공구강의 미세조직**

분말 야금 공구강의 장점은 금형 제작 시 거의 완성 형상에 가깝게 강재를 제조할 수 있다는 것으로 이를 통해 원재료를 절감할 수 있고 가공 공수도 줄일 수 있다.

(2) 초경합금(Cemented Carbide)

초경합금이란 경도와 용융점이 매우 높은 합금이며, 금속의 탄화물과 주로 Co(결합제)의 접합으로 이루어진 소결한 복합 합금을 말한다. 초경합금은 주로 절삭용 공구나 금형 다이의 재료로 쓰인다.

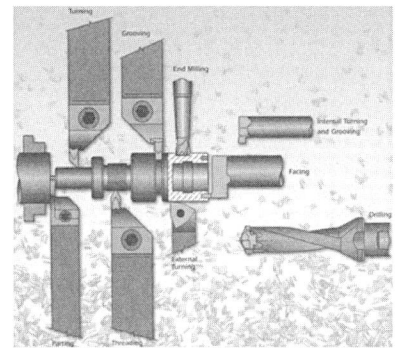 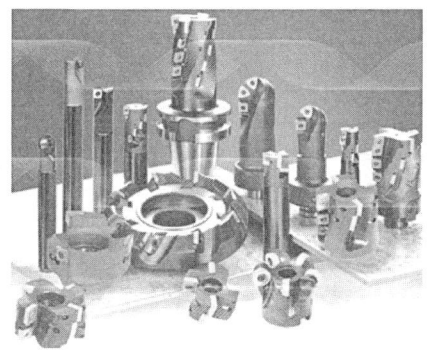 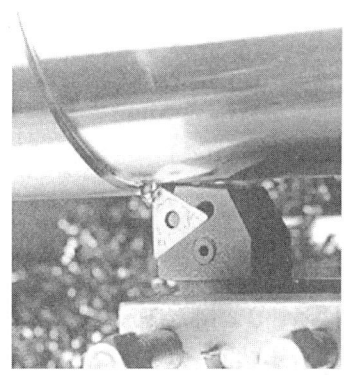

∴ 절삭가공용 초경합금 사용

대표적인 초경합금의 종류는 WC-Co계, WC-TiC-Co계, WC-TiC-TaC(NbC)-Co계의 세 종류이며, 초경합금 표면에 박막의 TiC이나 TiCN 등을 코팅하는 기술이 진보되어 성능이 더욱 향상되었다.

초경합금이 사용되는 부분은 절삭 가공용 공구와 내마모성이 요구되는 소성 가공용의 인장, 압출, 타발, 프레스 등의 금형 공구와 내마모성과 내식성이 요구되는 기계 부품 등이다.

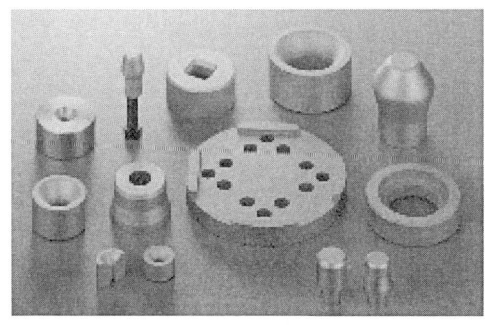 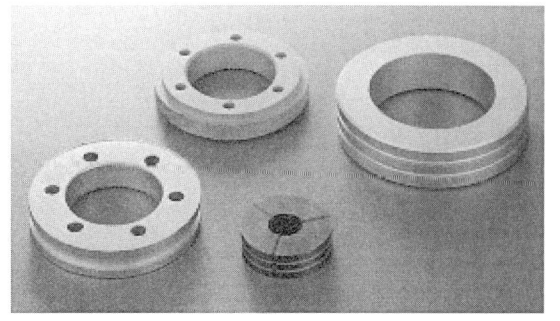

(a) 인발 및 압출금형　　　　　　　　　(b) 롤

∴ 초경합금

그림은 초경합금의 제조 공정을 개략적으로 나타낸 것이다.

초경합금의 제조 공정도

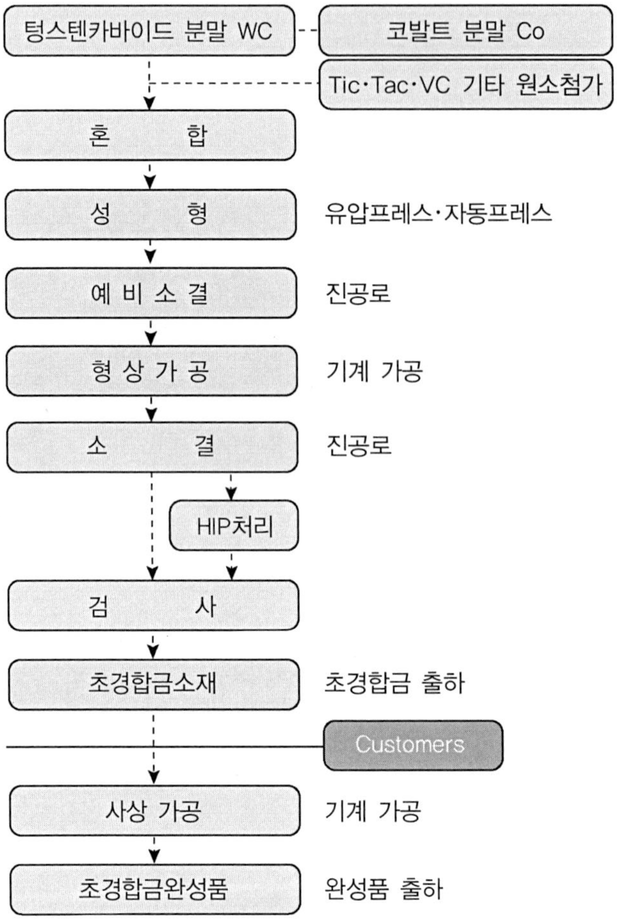

- 텅스텐카바이드 분말 WC
- 코발트 분말 Co
- Tic·Tac·VC 기타 원소첨가
- 혼합
- 성형 — 유압프레스·자동프레스
- 예비소결 — 진공로
- 형상가공 — 기계 가공
- 소결 — 진공로
- HIP처리
- 검사
- 초경합금소재 — 초경합금 출하
- Customers
- 사상가공 — 기계 가공
- 초경합금완성품 — 완성품 출하

순수한 WC-Co 초경합금은 칩이 짧은 주철과 비철 금속 재료를 절삭하는 데 적당하기 때문에 많이 사용되고 있으며, Co의 함유량이 증가할수록 인성은 증가하나 내마모성은 감소한다.

표 초경합금의 재종 분류

ISO분류	피삭재	내마모성 고속가공 정삭				인성 저속가공 황삭
P	강	P01	P10	P30	P40	P50
M	스테인레스강 내열합금	M10	M20		M30	M40
K	주철 비철합금	K01	K10	K20	K30	K40

일반적으로 강 절삭용 초경합금은 WC에 TiC과 TaC을 첨가한 것들이 주류를 이룬다. 그림은 초경합금의 종류와 성분을 나타낸 것이다.

표 초경합금의 종류와 성분

단위(무게 : %)

구 분	사용기호 분류	금속성분 Co	경질상 성분 W를 주체로 한 경질상	경질상 중의 Ti, Ta(Nb)
절삭 공구용	P01	4~8	92~96	20~50
	P10	4~10	90~96	20~40
	P20	5~10	90~95	10~30
	P30	7~12	88~93	5~25
	P40	7~15	85~93	2~20
	M10	4~9	91~96	5~25
	M20	5~11	89~95	2~20
	M30	7~12	88~93	1~15
	M40	8~12	80~92	1~3
	K01	3~6	94~97	0~5
	K10	4~7	93~96	0~3
	K20	5~8	92~95	0~3
	K30	6~11	89~94	0~3
일반 다이용 및 센터용	V10	3~6	94~97	–
	V20	5~10	90~95	–
	V30	8~16	84~92	–

초경합금은 일반 절삭공구 외에도 내마모용까지 그 응용 분야가 광범위하다. 스탬핑, 프레스 및 냉간 단조 부품들은 대량 생산할 때 또는 냉간 압출 시에 초경합금 공구를 사용하므로 경제적인 생산을 할 수 있다. 또한 초경합금은 표면을 매끄럽게 래핑하기기 쉬워서 PVD, CVD 등 기법으로 TiN, TiC, TiCN, Al_2O_3 등을 코팅하여 탁월한 내마모 금형 공구로 사용되고 있다.

• 육각 및 사각 단조다이(내마모용)

• 열간다이 및 열간압연 롤

그림은 피복 초경합금의 코팅층과 특성 및 용도를 나타낸 것이다.

표 피복 초경합금의 코팅층과 특성 및 용도

코팅층	특성	용도	
		절삭조건	피삭재
알루미나층(외층) + TiC(내층)	• 내마모성 및 내열성 우수 • 고온경도 우수 • 주철 및 강 절삭에 양호	정삭, 일반선삭 및 황삭절삭속도(V)- 120~250m/min	주철 및 주강
TiC층(외층) + Ti(CN) + TIC층(내층)	• 인성이 우수하므로 단속 절삭 시 유리 • 강 절삭에 양호	일반선삭 및 황삭절삭속도(V)- 120~200m/min	주철 및 강
알루미나층(외층) + TiC층(내층)	• 인성 및 내마모성 우수 • 주철 밀링 절삭에 양호	밀링가공 절삭속도(V)- 120~200m/min	주철

단원학습정리

문제 1 열경화성 수지와 열가소성 수지에 대하여 설명하시오.

문제 2 산화 알루미나(Al_2O_3)에 대하여 말하시오.

문제 3 유리섬유 강화 플라스틱(FRP)란?

문제 4 분말야금고속도 공구강의 사용용도에 대하여 아는 데로 설명하시오.

문제 5 초경합금의 성분과 특성에 대하여 말하시오.

금·형·재·료

제 10 장
특수 재료

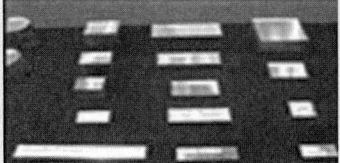
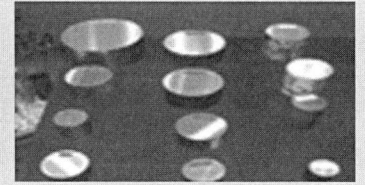

chapter 01 특수 소재

01 신소재

1 신소재의 정의

신소재는 종래부터 사용된 금속 중에서 특별히 고순도의 금속과 특수 목적 용도로 개발된 금속 및 최근의 과학 기술의 발전과 더불어 신시대의 요청으로 개발되고 공업적으로 생산된 새로운 금속을 말한다.

신금속 재료를 포함한 신소재가 갖는 공통적인 특성은 상품면, 수요면, 생산면에서 파악할 수 있으며 널리 알려진 신소재로는 다음과 같은 것들이 있다.

① **광섬유** : 통신
② **파인 세라믹스** : 가위, 칼(공구 재료), 반도체, 자동차 엔진의료 기기
③ **형상기억 합금** : 우주선의 안테나, 항공기의 파이프 연결 장치, 그리고 인공 근육 따위의 의료 분야 등.
④ **기타 신소재** : 아모르파스 합금, 내열재·방음재·플라스틱 재료의 강화 섬유로 쓰이는 탄소 섬유 등.

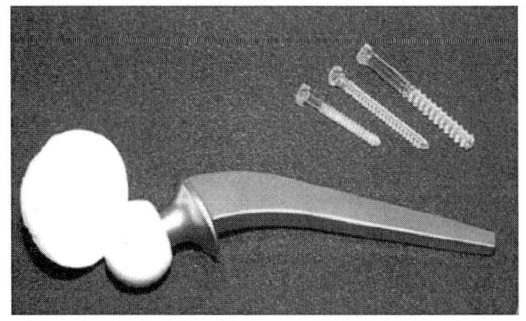
(a) 세라믹스로 만든 인공관절

(b) 테니스 라켓

∴ 신소재

신소재의 특성으로는 ① 상품적 특성(부가가치성, 종류의 다양성, 사용상의 복합) ② 수요 특성(시장의 소규모성, 짧은 제품 수명)과 ③ 생산 특성 등이 있다.

② 신소재의 종류와 특성

(1) 초전도 재료

금속은 전기저항이 있기 때문에 전류를 흐르면 전류가 소모된다. 보통 금속은 온도가 내려갈수록 전기저항이 감소하지만, 절대온도 근방으로 냉각하여도 금속 고유의 전기저항은 남는다. 그러나 초전도 재료는 일정 온도(0K = -273도)에서 저기 저항이 0(제로)되는 현상이 나타나는 재료를 말한다.

초전도를 나타내는 재료는 순금속계, 합금계, 세라믹스계로 나눠진다.

초전도 상태를 얻기 위해서는 온도 T, 자계 H, 그리고 전류 밀도 J가 각각 임계값인 T_c, H_c 및 J_c 이하이어야 한다. 그림에 나타낸 바와 같이 T-H-J 공간좌표로 인계면이 형성되고, 그 안쪽면이 초전도 상태가 된다.

이 금속을 전선으로 쓸 경우 전력 손실을 거의 없앨 수 있다. 따라서 높은 효율의 발전기도 만들 수 있다.

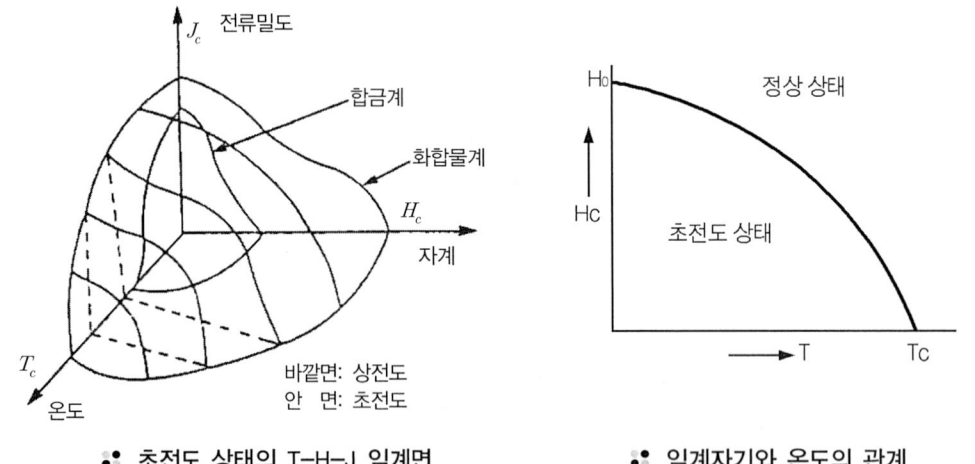

∴ 초전도 상태의 T-H-J 임계면   ∴ 임계자기와 온도의 관계

또한 초전도 재료로는 초강자성을 만들 수도 있으므로 핵융합 발전을 가능하게 할 수 있다. 그리고 강자성을 이용하여 차체가 레일 위를 10cm 정도 떠서 시속 500km가 넘는 초고속으로 달리는 열차도 초전도 재료의 개발에 의해서만 가능하다.

∴ 유도반발형 자기부상의 원리

(2) 초전도 재료의 제조 방법

초전도체의 기본 요건은 3개의 임계값(T-H-J)이 공간좌표의 안쪽에 있어야 하며 안정화 기술과 선재화를 위한 기계적 특성이 필요하다. 그림은 실용 초전도 재료의 제조방법을 표시한 것이다. 따라서 공업화된 제조 방법을 설명하면 다음과 같다.

표 실용 초전도 재료의 제조방법

형태	초전도 재료			용도
다심선	NbTi	석출법	복합 가공법	강전적 대전류용 강자장용 전자석 송전용
	Nb3Sn	확산법	표면 확산법 복합 가공법 In-Situ법	
	Nb3Ga	화학적	CVD법	
		변태적	변태 석출법	
필름	Pb	물리적	진공 즉착법	약전적 저(미소)자 장용, 소자 디바이스용
			스퍼터링법	
	Nb	화학적	CVD법	
			플라스마 CVD법	

① 복합가공법

필라멘트상의 초전도선재(Nb3Sn : 나이오븀-틴)을 만드는 방법으로 브론즈(Bronze)법이 제일 먼저 개발 되었고, 그 뒤 각종 계량법이 개발되고 있다.

② 표면 확산법

표면 확산법은 Nb3Sn과 V3Ga의 화합물을 테이프상 선재로 제조하는 방법이다.

(3) 응용 분야

초전도의 응용 분야는 다음과 같다.

전기저항이 0(제로)으로 에너지 손실이 전혀 없으므로 전자석용 선재의 개발 및 초고속 스위칭 시간을 이용한 논리회로 및 미세한 전자기장 변화도 감지할 수 있는 감지기 및 기억소자 등에 응용할 수 있다.

또한 전력 시스템의 초전도화 핵융합 MHD(Magnetic Hydroydnamic Gen-erator), 자기부상열차, 핵자기 공명 단층 영상장치, 컴퓨터 및 계측기 등의 여러 분야에 응용할 수 있다.

02 형상기억 합금(SMA)과 초탄성 합금

형상기억 효과(Shape Memory)란, 고온에서 어떤 형상을 기억시켜 두면 저온에서 이것을 변형시키더라도 다시 일정한 온도 이상으로 가열만 하면 변형 전의 원래 형상으로 되돌아가는 현상을 말한다. 또한 **초탄성**이란 형상기억 효과와 같이 특정한 모양의 것을 인장하여 탄성 한도를 넘어서 소성 변형시킨 경우에도 하중을 제거하면 원상태로 돌아가는 현상을 말한다.

그림에서 보는 바와 같이 형상기억 합금은 보통의 금속 재료와 변형이 비슷하나 변형된 합금을 Ar'' 변태 온도 이상의 범위로 가열하면 변형 전의 상태로 되돌아간다. 또한 초탄성 합금을 항복구역까지 변형한 후 하중을 제거하면 원상태로 되돌아간다.

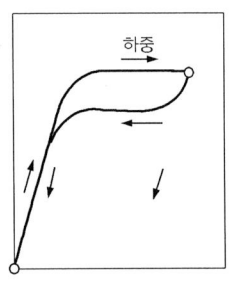 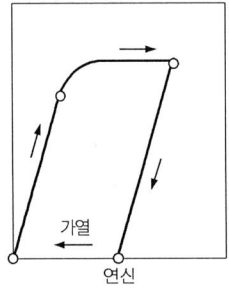 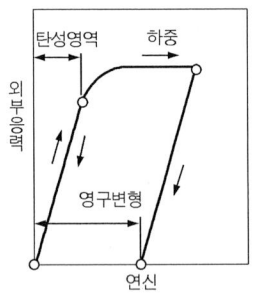

(a) 보통의 금속재료　　(b) 형상기억합금　　(c) 초탄성합금

∴ 재료에 따른 응력변율 곡선

형상기억 합금은 공통적으로 다음과 같은 세 종류의 기능을 갖고 있다.
① 탄성 회복량이 매우 큰 초탄성 효과
② 소성 변형이 이러나도 가열하면 그 변형이 소실되는 형상기억 효과
③ 진동 흡수능(제진성)

따라서 이러한 재료의 응용면을 살펴보면 월면 안테나 재료를 비롯한 각종 우주용 재료를 중심으로 하여 발전기, 발동기, 특수 강관의 접합, 집적 회로의 땜질, 전기소켓, 볼트, 너트, 리벳, 화재경보기, 착탈 가능한 수술용 클립, 인공심장의 밸브 및 의족, 의치 등에 이르기까지 다양한 용도를 지니고 있다. 또한 지금까지 알려진 형상기억 효과나 초탄성 현상을 나타내는 합금은 Ni-Ti계, Cu-Al-Ni, Cu-Al-Zn 합금이 실용화되고 있다.

대표적인 Ni-Ti 합금은 내식성, 내마모성, 내피로성 등이 좋으나 값이 비싸고 소성 가공에 숙련된 기술이 필요하다.

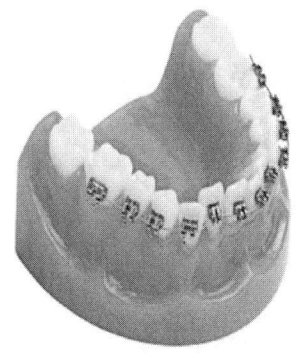 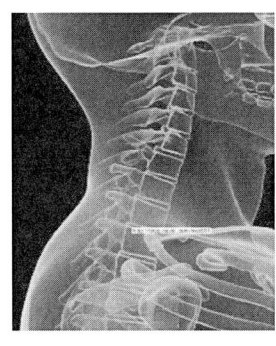 

(a) 치아 교정기   (b) 정형외과   (c) 인공위성 안테나

∴ 형상합금의 이용

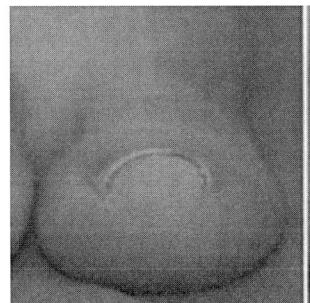 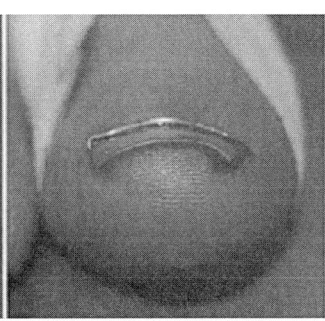 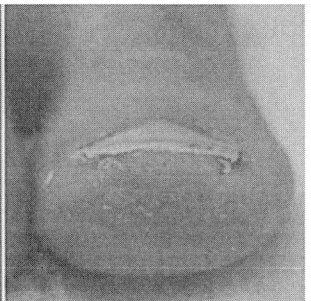

∴ 내성발톱(왼쪽)에 형상기억합금 기구이용 치료

그림과 같이 냉각에 의해 마르텐사이트상이 생성되기 시작하는 온도를 Ms, 종료 온도를 Mf, 또 가열에 의해 모상으로 되돌아가기 시작하는 온도를 As, 종료 온도를 Af점이라고 하면 각 기능이 나타나는 온도 범위는 그림과 같다.

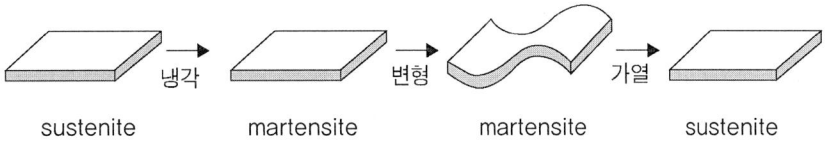

∴ 형상기억합금의 냉각/변형/가열과정 관계

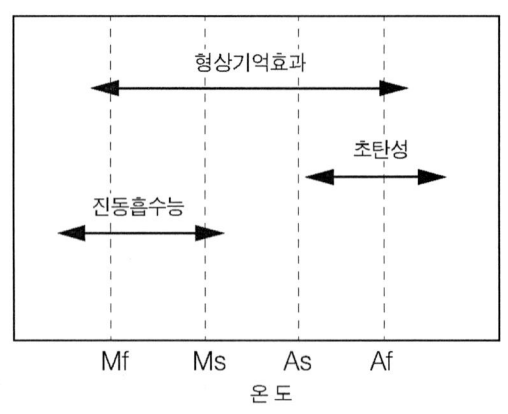

∴ 형상기억합금의 변태온도와 각 기능의 관계

03 수소저장 합금

금속 수소화합물의 형태로 수소를 흡수 방출하는 합금이 수소저장 합금이다.

수소는 무공해 연료의 에너지원으로서 기존의 고압봄베나 액화 저장보다 간편하고 안전하게 저장하는 수단으로 등장한 수소저장 합금은 수소저장뿐만 아니라 축열, 히트펌프, 냉난방 시스템, 수소 정제, 전지 등 여러 가지 용도에 쓰이고 있다.

수소와 흡수, 방출 과정에서 평형 압력과 수소 함유량의 관계는 그림과 같다. 수소 함유량이 변해도 평형 압력이 거의 변하지 않는 플래토 영역의 기울기와 압력 히스테리시스(흡수압과 방출압의 차이)의 크기는 수소저장 합금의 특성을 평가하는 지표이다.

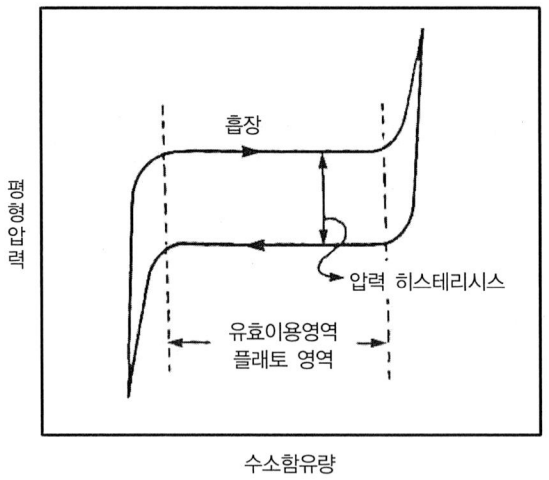

∴ 평형 압력과 수소 함유량의 관계

수소저장 합금의 분류는 Fe-Ti, Ti-Mn 등의 Ti계, Mg-Ni등의 Mg계, La-Ni, Mm-Ni 등의 회토류계 등으로 분류한다. 각 계의 수소저장 합금의 특성은 그림과 같다.

표	수소저장 합금의 특성	
분류	장점	단점
Fe-Ti	저렴하고 반복 하중에 견딘다.	초기 반응 속도가 느리고 고온고압에서 활성화하는 전처리가 필요하다.
Mg-Ni	저렴하고 수소저장능력도 크다.	250℃ 이상의 고온에서 수소를 방출하고 활성화 전처리도 어렵다.
La-Ni	상온저압(1~2atm)에서 수소를 방출하여 수소저장 능력도 크다.	란탄이 비싸고 자원면에서도 불안정하다.

04 초내열 합금

초내열 합금(Super-Heat-Resistant Alloy)이란 일명 초합금(Superalloy)이라고도 하며 비교적 온도가 높고 내식성을 가진 고온재료로서 개발된 합금으로, 보통 1,000℃ 이상의 고온과 고응력 하에서 오랜 시간동안 견디며 내식성을 겸비한 재료로 가스터빈과 제트엔진이 등장하면서 시작되었다.

초내열 합금은 Fe기, Ni기, Co기로 구분된다.

초내열 합금은 고온 강도와 내산화성의 양면에서 우수한 내열 재료로, 미국에서는 생산되는 초합금의 75~80%가 제트엔진용 부품으로 소비되고 있다. 또한 육상 가스터빈에서도 같은 부품에 쓰이고 있다. 더욱이 고온 강도와 내식성을 활용하여 기타 기계 부품에도 사용이 점차 확대되고 있다.

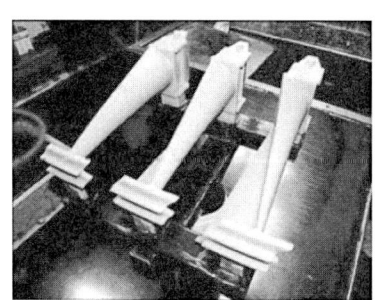
(a) 가스터빈 블레이드(초합금)

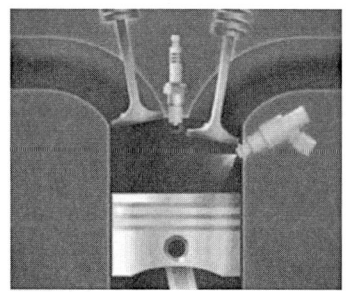
(b) 밸브

(c) 우주선

• 초내열 합금의 사용

예를 들면 다음과 같다.
1. **증기터빈** : 게이징 볼트, 블레이드
2. **자동차 및 선박용 엔진** : 배기 밸브, 터보차지 핫 휠

3. 로봇, 우주선
4. 석유화학 플랜트, 공해처리 장치 : 압력용기, 배관, 밸브
5. 금속 제품의 열처리로, 폐기물 소각로 : 머플, 지그
6. 원자력용 : 잠수함 동력로, 경수 발전로 부품

05 초소성 재료

초소성이란 금속 등이 어떤 응력이 작용하고 있는 상태에서 유리질처럼 수백% 이상 늘어나는 성질을 말하고 초소성 재료는 수백% 이상의 연신율을 나타내는 재료를 말한다.

그림과 같이 1.6% 탄소강이 650℃에서 인장시험 시 10배 이상 끊어지지 않고 늘어난 결과로 알 수 있다. 일정한 온도 영역과 변형속도의 영역에서만 나타나며 300~500% 이상의 연성을 가지게 된다.

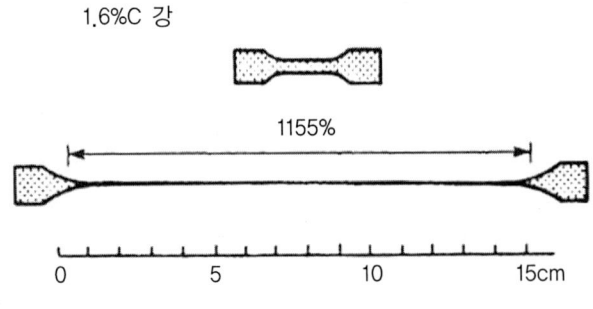

초소성 특성의 전형적인 예로서 1.6% 탄소를 함유한 고탄소강이 650℃에서 원래의 길이보다 11배 늘어남을 보여줌 (변형속도 : 분당 1%임)

∴ 수소저장 합금의 특성

초소성 재료는 초소성 영역에서 강도가 낮고 연성은 매우 크므로 작은 힘으로도 복잡한 형상으로 성형가공이 가능하며, 온도가 저하되면 강도 등의 기계적 성질이 우수해져 실용할 수 있다. 따라서 인공위성의 연료탱크, 항공기의 닥트, 골프클럽 헤드 등 신장률이 높아서 많은 곳에 이용된다.

그림은 대표적인 초소성 재료를 나타낸 것이다.

표 대표적인 초소성 재료

종류	초소성 합금
알루미늄계	supal 100, supral 220, 7475, PM64
티타늄계	Ti-6AL-4V, Ti-6AL-4V-X, TI-5Al-2, 5Sn
니켈계	1N-100, asteralloy, IN-744, INCO718
철강계	UHCS(Fe-1.2~2.1%C), Fe-2Mn-0.4C, Fe-4Ni
기타	Zn-Al, Cu-Al, Sn-Pb, Bi-Sn, zircaloy2

1 초소성 성형법의 종류

초소성 성형 기술에는 블로 성형법, Gatorizing 단조법, SPF/DB법 등이 개발되어 있다.

(1) 블로 성형법

가스 성형이라고도 하며 주로 판상의 알루미늄계 및 티타늄계 초소성 재료를 15~300Psi의 가스 압력으로 어느 형상에 양각 또는 음각하거나 금형이 필요 없이 자유 성형하는 방법이다. 이 방법은 성형 에너지 소모가 적고, 값싼 공구사용과 복잡한 형태의 통이나 용기를 단순 공정으로 제조할 수 있는 장점이 있다.

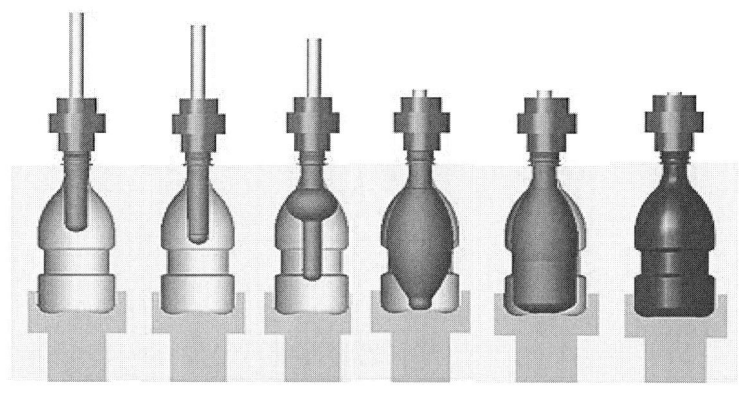

∴ 블로 성형 방법

(2) Gatorizing 단조법

껌을 오목한 형상의 틀에 밀어 넣어 양각하는 것과 유사한 초소형 성형 기술로서 니켈계 초소성 합금으로 터빈디스크를 제조하기 위해 산업적으로 개발된 프래트-피트니 회사의 특허 기술이다.

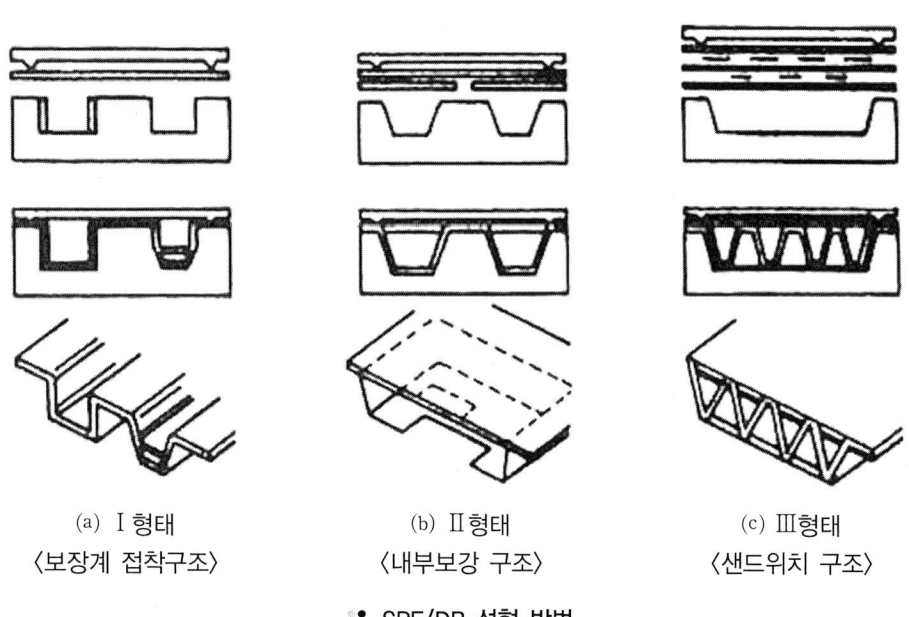

(a) Ⅰ형태
〈보장계 접착구조〉

(b) Ⅱ형태
〈내부보강 구조〉

(c) Ⅲ형태
〈샌드위치 구조〉

∴ SPF/DB 성형 방법

이 방법으로 내크리프성이 우수한 고강도 초내열 합금인 IN-100과 Aster 합금으로 된 터빈디스크를 기존 품질보다 훨씬 우수하게 제조할 수 있다.

(3) SPF/DB 방법

초소형 성형법과 고체 상태에서 용접하는 확산 접합(DB) 기술이 합쳐진 신기술로서 위 그림과 같이 가스 압력으로 성형한 후 선택에 따라 확산 접합으로 보강재를 붙이거나, 선택한 곳만을 용접한 후 가스압력에 의해서 설계된 구조 혹은 형상으로 성형하는 것이다. 주로 Ti계 합금을 항공기 구조재 등을 제조하는데 이용하고 있다.

② 초소성 재료의 제조

초소성 재료로서 알루미늄 합금 중 supral 100은 유명하며, Mg 0.35%, Si 0.14%를 첨가한 Supral 210, 그리고 Ge를 첨가하여 강화시킨 supral 220이 개발되고 있다. 그림은 2.5mm 두께의 Supral 100의 알루미늄 합금을 열간 성형하여 만든 철도의자 받침이다

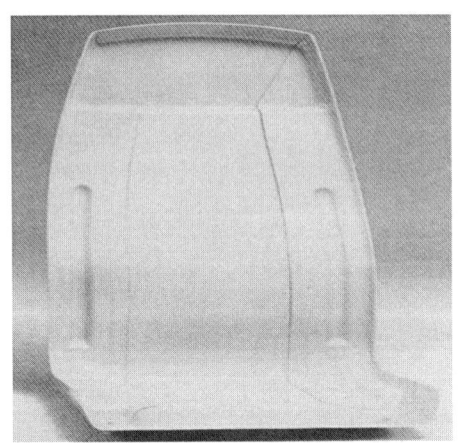

초소성 Al합금재의 철도의자 받침

06 자성 유체

자성유체란 오일 등의 용매에 자성입자가 분산되어 있는 일종의 서스펜션 액체로 외부 자기장이 없으면 액체의 역할을 하고, 외부 자기장이 가해지면 자성입자가 일렬로 배열해서 고체(탄력성을 갖는 탄성체)의 성질을 가지는 물질이다. 또한 액체의 점성이 작을 때는 액면에 기하학적인 스파이크 모양이 나타난다.

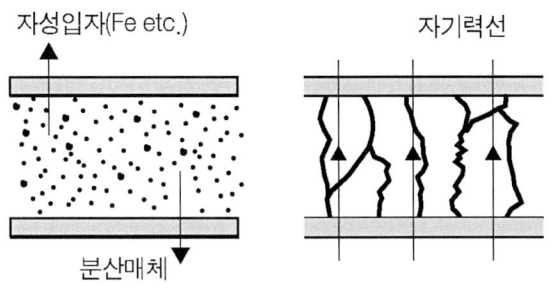

(a) 외부자기장=0   (b) 외부자기장≠0   (c) 기하학적 스파이크 모양

∴ 자성유체의 성질

자성 유체의 미시적 구조를 그림에 나타내었다.

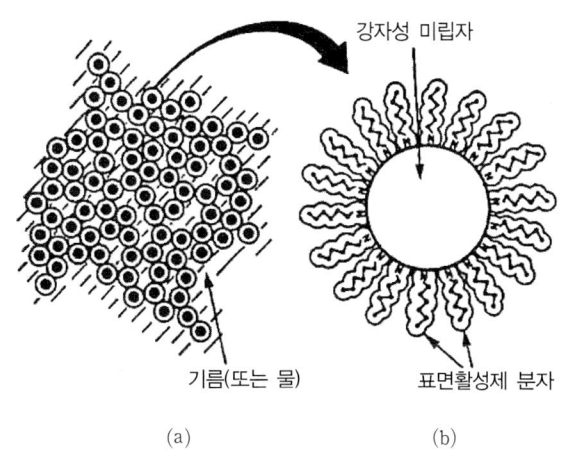

(a)   (b)

∴ 자성유체의 미시적 구조

또한 사용 기술의 분야에서 자성 유체는 고속회전축의 진공 실, 스피커 댐퍼, 비중선별법에 이미 이용되고 있으며, 그밖에 잉크제트 프린터, 자기광학 소자, 자성유체 엔진 등에 응용이 검토되고 있어 기대되는 신재료로 인식되고 있다.

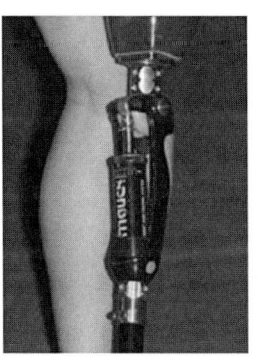

(a) 자동차 속업 쇼버   (b) 의료(인공관절 댐퍼)   (c) 교량

∴ 자성유체의 이용

07 제진재료

제진재료란 진동 에너지를 열에너지로 흡수 없어지게 하는 능력이 크기 때문에 고체음이나 고체진동이 문제가 되는 경우 음원이나 진동원에 사용하여 공진, 진폭, 진동 속도를 감쇠시키는 재료이다.

각종 기계에서 발생하는 진동이나 소음은 환경 공해로서의 소음 문제를 일으킬 뿐만 아니라, 기기 자체의 수명도 단축시키고 공작기계의 절삭가공 정도와 정밀측정기의 분해능 등을 저하시키기도 한다. 그림은 대표적인 재료의 제진 성능을 손실계수(loss factor, η)를 사용하여 나타내었다.

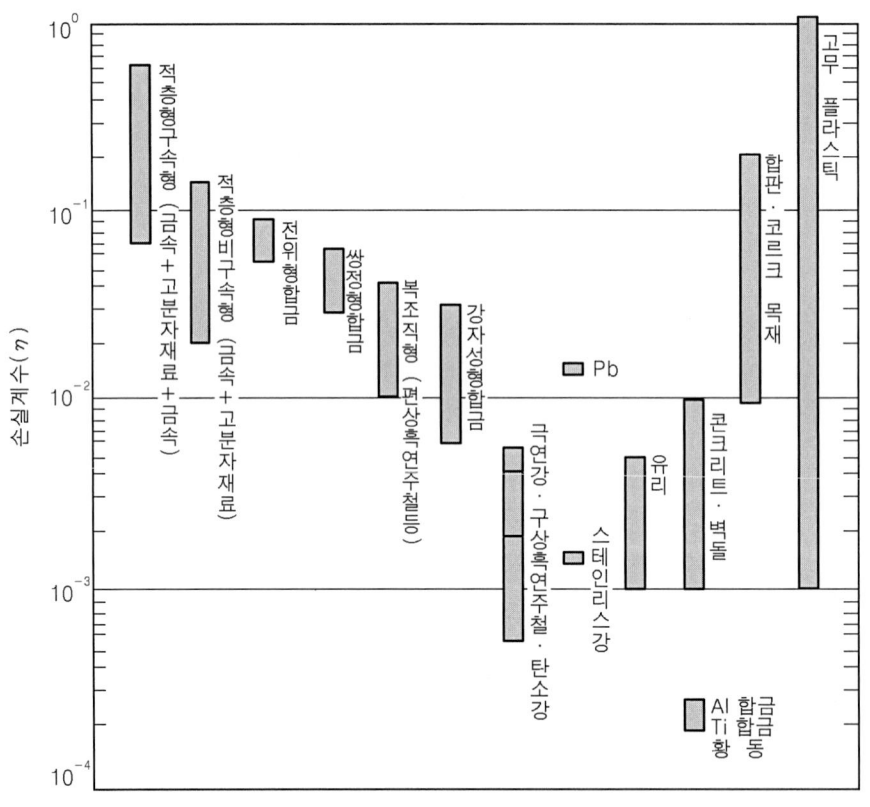

∴ 실온에서 각종 재료의 제진성능

제진재료는 진동 에너지를 분자의 운동, 변형으로 흡수와 감쇠시키는 고무, 플라스틱 등과 자성 금속과 같이 자벽의 운동으로 감쇠시키든가, 경하고 연한 재료를 접합하여 연재료에서는 제진, 경재료에서는 강도, 강성을 가지게 한 복합체로 금속과 고무, 플라스틱, 경금속과 연금속의 샌드위치 판이나 클래드판 등 여러 가지가 나왔다.

1 종류별 특성

(1) 제진강판

강판의 우수한 강도, 가공성과 고분자 재료(수지)의 큰 감쇠능을 이용한 복합체로 구속형과 비구속형의 두 종류가 있으며 각각의 구조는 그림과 같다.

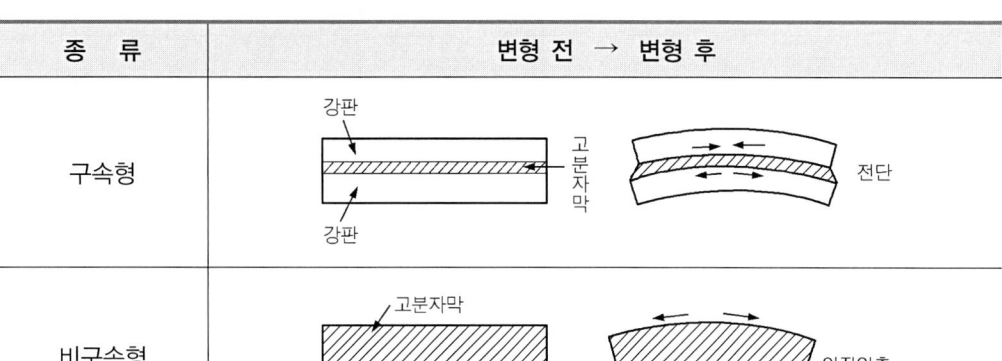

표 제진 강판의 구조와 감쇠기구

1) 구속형(샌드위치판)

2장의 강판 사이에 약 0.02~0.5mm 두께의 열가소성을 가진 점탄성 수지박막을 끼워 넣어 샌드위치 구조로 만든 것으로, 굽힘 진동에 대해 수지가 전단 변형을 일으켜 안정하고 우수한 제진 성능을 얻는다.

2) 비구속형(라미네이트형)

강판 표면에 강판 두께 3~5배의 점탄성 물질인 수지를 부착한 구조로, 수지의 신축 변형에 의한 감쇠 기구를 가진다. 효과적인 제진 성능을 얻기 위해서는 강판 두께보다 수배 이상이어야 하므로 중량 증가의 요인이 된다.

(2) 제진합금

제진합금이란 '두드려도 소리가 없는 합금'이란 의미로 기계장치의 표면에 접착되어 기계의 진동을 제거하는 역할에 사용되는 재료를 말한다.

제진합으로는 Mg-Zr, Mn-Cu, Cu-Al-Ti, Ti-Ni, Al-Zn, Fe-Cr-Al 등이 있으며, 내부 마찰이 크므로 고유진동계수가 작게 되어 금속음이 발생하지 않는다.

제진합금의 응용에는 공작기계인 베드로 사용되는 회주철 및 장갑차에 사용되는 Fe-Cr-Al 합금 등이 있다.

∴ 탱크

단원학습정리

문제 1 신소재란?

문제 2 대표적인 형상기억합금의 종류와 장단점에 대하여 간단히 설명하시오.

문제 3 초소성 재료의 성형법 3가지에 대하여 아는 대로 말하시오.

문제 4 제진에 대하여 간단히 설명하시오.

금·형·재·료

제 11 장

부 록

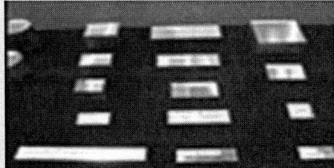
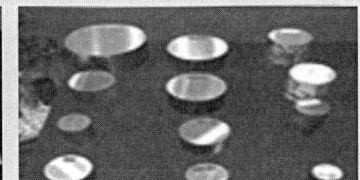

주요 원소의 물리적 성질

원소명	원소기호	원자량	융점(℃)	비등점(℃)	밀도(g/cc 20℃)
아 르 곤	Ar	39.944	−189.4±0.2	−185.8	1.6626×10^{-3}
알 루 미 늄	Al	26.98	660.1	2480	2.70
붕 소	B	10.82	2100~2200	(2550)	2.54
베 릴 륨	Be	9.013	1284	(2970)	1.85
비스무트 창연	Bi	209.00	271.3	(1560)	9.80
탄 소	C	12.010	(5000)	(5000)	3.52(diamond)
					2.25(graphite)
칼 슘	Ca	40.08	850	1482	1.54
콜롬븀(니오브)	Cb(Nb)	92.91	2468±10	(3300)	8.57
세 륨	Ce	140.13	804±5	3600	6.77
코 발 트	Co	58.94	1495	(3550)	8.92
크 롬	Cr	52.01	1875±15	2430	7.14
동	Cu	63.54	1083	2600	8.96
철	Fe	55.85	1534	(8070)	7.87
수 소	H	1.0080	−259.2	−252.5	0.08375×10^{-3}
수 은	Hg	200.61	−38.87	357	13.55
란 탄	La	138.92	920±5	4515	6.16
마 그 네 슘	Mg	24.32	649	1103	1.74
망 간	Mn	54.93	1243	2097	7.44
수 연	Mo	95.95	2620±10	(4800)	10.2
질 소	N	14.008	−210.0	−195.8	1.1649×10^{-3}
나 트 륨	Na	22.997	97.8	883	0.97
니 켈	Ni	58.69	1453	(3000)	8.9
산 소	O	16.0000	−218.8	−183.0	1.3318×10^{-3}
인	P	30.975	44.1	280	1.82
연	Pb	207.21	327.4	1740	11.34
황	S	32.066	119.0	444.5	2.0~2.1
셀 레 늄	Se	78.96	217	685	4.82
규 소	Si	28.09	1412	(2600)	2.32
주 석	Sn	118.70	231.9	(2200)	7.30
탄 탈	Ta	180.88	3000±50	(5300)	16.6
텔 루 르	Te	127.61	450	1390	6.24
티 타 늄	Ti	47.90	1668±5	(3500)	4.51
우 라 늄	U	238.07	1133	(3820)	19.05
바 나 듐	V	50.95	1900±25	(3350)	6.0
텅 스 텐	W	183.92	3380	(6000)	19.3
아 연	Zn	65.38	419.5	907	7.14
지 르 코 늄	Zr	91.22	1852	(3600)	6.49

철강 및 비철금속 재료기호

KS D	명 칭	종 별		기 호	인장강도 kg/mm^2	용 도
3503	일반구조용 압연강재 (Rolled Steel for General Purpose)	1종		SB34	34~44	강판, 평강, 봉강 및 강대
		2종		SB41	41~52	강판, 평강, 봉강 및 형강
		3종		SB50	50~62	강판, 평강, 봉강 및 형강
		4종		SB55	55 이상	두께, 지름, 변 또는 대변거리가 40mm 이하의 강판, 평강, 형상, 봉강 및 강대 [비고] 강판, 평강, 형상 및 봉강을 표시할 때와 기호 다음에 P(강판), F(평강), A(형강) 및 B(봉강)을 표시 예] SB34P(일반구조용 압연강재 강판 1종)
3507	배관용 탄소강판 (Carbon Steel Pipe for Ordinary Piping)	일반배관용 탄소강판 (A관)		SPP	흑관	30 이상	아연도금을 하지 않는 관
					백관		아연도금을 한 관
		수도배관용 탄소강판 (B관)		SPPW	백관	30 이상	아연도금을 한 관으로서 최대정수두가 100 이하의 수도배관용에 적용됨
3509	피아노 선재 (Piano Wire Rod)	1종	A	PWR 1A	–	와이어로프
			B	PWR 1B	–	
		2종	A	PWR 2A	–	스프링
			B	PWR 2B	–	P·C강선
		3종	A	PWR 3A	–	강연선
			B	PWR 3B	–	강연선
3512	냉간압연강판 및 강대(Cold Rolled Carbon Steel Sheet and Strip)	1종		SBC1		일반용
		2종		SBC2	28 이상	가공용(가공도가 작은 것)
		3종		SBC3	28 이상	가공용(가공도가 큰 것)
3515	용접구조용 압연 강재 (Rolled Steel for Welded Structure)	1종	A	SWS41A	41~52	강판, 대강, 형강 및 평강의 두께 100mm 이하, 강판 및 대강의 두께 50mm이하
			B	SWS41B		
			C	SWS41C		
		2종	A	SWS50A	50~62	〃
			B	SWS50B		
			C	SWS50C		
		3종	A	SWS50YA	50~62	강판, 대강, 형강 및 평강의 두께 50cm 이하
			B	SWS50YB		
		4종	A	SWS53A	53~65	강판, 대강, 형강 및 평강의 두께 50cm 이하 강판, 대강의 두께 50cm 이하
			C	SWS53C		
		5종		SWS58	58~73	강판 및 대강의 두께 5mm 이상, 50cm 이하

KS D	명 칭	종 별		기 호	인장강도 kg/mm²	용 도
3517	기계구조용 탄소강강판 (Carbon Steel Tubes for Machine Structural Purposes)	11종		STKM11A	30 이상	인쇄용 롤러, 배기파이프, 스테어링 모터 카버, 자전거 프레임, 가구
		12종	A	STKM12A	35 이상	크로스 맴버, 직기용 롤러 베어링 벽메달, 스테어링 시스템, 프로펠러 샤프트 중공축, 앞 포크
			B	STKM12B	40 이상	
			C	STKM12C	48 이상	
		13종	A	STKM13A	38 이상	프로펠러 샤프트, 스테어링 시스템, 크로스멤버, 유압 실린더, 베어링 벽메달, 직기용 롤러, 엑셀 튜브
			B	STKM13B	45 이상	
			C	STKM13C	52 이상	
		14종	A	STKM14A	42 이상	스테어링 시스템, 크로스 멤버, 액셀 튜브, 유압 실린더
			B	STKM14B	51 이상	
			C	STKM14C	56 이상	
		15종	A	STKM15A	48 이상	스테어링 시스템, 크로스 멤버, 맥시멈 끈튜브, 프로펠러 샤프트
			C	STKM15C	59 이상	
		16종	A	STKM16A	52 이상	밸브 록 카샤프트, 스테어링 시스템, 액셀 튜브, 프로펠러 샤프트, 보링 로드
			C	STKM16C	63 이상	
		17종	A	STKM17A	56 이상	액셀 튜브, 보링 로드
			C	STKM17C	66 이상	
		18종	A	STKM18A	45 이상	수압 철주, 포크 튜브, 유압 실린더
			B	STKM18B	50 이상	
			C	STKM18C	52 이상	
3522	고속도 공구강강재 (High-Speed Tool Steel)	텅스텐계		SKH2	–	일반 절삭용, 기타 각종 공구
				SKH3	–	고속중 절삭용, 기타 각종 공구
				SKH4A	–	난삭내 절삭용, 기타 각종 공구
				SKH4B	–	〃
				SKH5	–	〃
				SKH10	–	고난삭재 절삭용, 기타 각종 공구
		몰리브덴계		SKH51	–	인성을 요하는 일반 절삭용, 기타 각종 공구
				SKH52	–	비교적 인성을 요하는 고속도재 절삭용, 기타 각종 공구
				SKH53	–	
				SKH54	–	
				SKH55	–	비교적 인성을 요하는 고속도재 절삭용, 기타 각종 공구
				SKH56	–	
				SKH57	–	
3551	특수마대강 (Cold Rolled Special Steel Strip)	탄소강		SM30CM	–	리테이너
				SM35CM	–	사무용 기계부품
				SM45CM	–	클러치부품, 체인부품, 양산살대, 와셔
				SM50CM		카메라 등 구조부품, 체인부품, 스프링, 양산살대, 클러치 부품, 와셔
				SM55CM		스프링, 안전작업화, 깡통따기, 톰슨칼날, 양산살대, 카메라 등 구조부품, 목공용 톱

KS D	명 칭	종 별	기 호	인장강도 kg/mm²	용 도
3551	특수마대강 (Cold Rolled Special Steel Strip)	탄소강	SM60CM		체인부품, 목공용 톱, 블라인드, 안전작업화, 사무용 기계부품 와셔
			SM65CM		안전작업화, 클러치부품, 스프링
			SM70CM		스프링, 와셔, 목공용 톱
			SM75CM		클러치부품, 스프링
			SM85CM		〃
		탄소공구강	SK2M		면도용 칼, 칼, 쇠톱날, 셔터, 태엽
			SK3M		쇠톱날, 칼, 스프링
			SK4M		펜촉, 태엽, 게이지, 스프링, 칼, 메리야스용 바늘
			SK5M		태엽, 스프링, 칼, 메리야스용 바늘, 게이지, 클러치, 부품, 목공용 및 제재용 톱줄 및 원형톱, 사무용 기계부품
			SK6M		스프링, 칼, 클러치 부품, 와셔, 구두밑창 포운
			SK7M		스프링, 칼, 포운, 목공용 톱, 와셔, 구두밑창, 클러치 부품
		합금공구강	SKS11M		쇠톱줄
			SKS2M		쇠톱줄, 쇠톱날, 칼
			SKS7M		〃
			SKS5M		칼, 목공용 원형톱, 목공용 및 제재용 줄톱
			SKS51M		목공용 및 제재용 줄톱, 목공용 원형톱
		니켈크롬강	SNC2M		사무용 기계부품
			SNC3M		〃
			SNC21M		〃
		니켈크롬 몰리브덴강	SNCM21M		체인부품
			SNCM22M		안전버클, 체인부품
		크롬 몰리브덴강	SCM1M		체인부품
			SCM2M		체인부품, 톰슨 칼날
			SCM3M		체인부품, 사무용 기계부품
			SCM4M		〃
			SCM21M		〃
		스프링강	SUP6M		스프링
			SUP9M		특수 스프링
			SUP10M		〃
3556	피아노선 (Piano Wires)	1종	PW1		
		2종	PW2		
		3종	PW3		밸브 스프링용
		1종	SPS1	110 이상	주로 겹판 스프링용
		2종	SPS2	115 이상	주로 코일 스프링용
		3종	SPS3	125 이상	주로 겹판 및 코일 스프링용

KS D	명 칭	종별	기호	인장강도 kg/mm²	용 도
3701	스프링강 (Spring Steel)	4종	SPS4	125 이상	주로 스프링용
		5종	SPS5	125 이상	
		6종	SPS6	125 이상	주로 코일 스프링용
		7종	SPS7	125 이상	주로 겹판 및 코일 스프링용
3707	크롬강재 (Chromium Steels)	1종	SCr1	85 이상	이음쇠, 축류
		2종	SCr2	80 이상	볼트, 너트
		3종	SCr3	90 이상	암류, 스터드
		4종	SCr4	95 이상	강력 볼트, 암류
		5종	SCr5	100 이상	축류, 키, 핀
		21종	SCr21	80 이상	캠 샤프트, 핀류
		22종	SCr22	85 이상	기어류 비고 : 21종, 22종은 표면경화용
3708	니켈크롬강재 (Nickel Chromium Steels)	1종	SNC1	74 이상	볼트, 너트류
		2종	SNC2	85 이상	크랭크축, 기어류
		3종	SNC3	95 이상	축류, 기어류
		21종	SNC21	80 이상	피스톤핀, 기어
		22종	SNC22	100 이상	캠축, 기어류 비고: 21종, 22종은 표면경화용
3710	탄소강단강품 (Carbon Steel Forgings)	1종	SF34	34~42	
		2종	SF40	40~50	
		3종	SF45	45~55	
		4종	SF50	50~60	
		5종	SF55	55~65	
		6종	SF60	60~70	
3711	크롬몰리브덴강재 (Chromium Molbdenum Steels)	1종	SCM1	90 이상	볼트, 스터드, 프로펠러, 보스
		2종	SCM2	85 이상	소형축류
		3종	SCM3	95 이상	강력볼트, 스터드, 축류, 암류
		4종	SCM4	100 이상	기어류, 축류, 암류
		5종	SCM5	105 이상	대형축류
		21종	SCM21	85 이상	피스톤핀, 축류, 기어
		22종	SCM22	95 이상	기어, 축류
		23종	SCM23	100 이상	〃
		24종	SCM24	105 이상	〃
					비고 : 21,22,23,24종은 표면경화용

KS D	명칭	종별	기호	인장강도 kg/mm²	용도
3751	탄소공구강 (Carbon Tool Steel)	1종	STC1	63 이상	경질 바이트, 면도날, 각종 줄
		2종	STC2	63 이상	바이트, 프라이스, 제작용 공구, 드릴
		3종	STC3	63 이상	탭, 나사절삭용 다이스, 쇠톱날, 철공용 끌, 게이지, 태엽, 면도날
		4종	STC4	61 이상	태엽, 목공용 드릴, 도끼, 철공용 끌, 면도날, 목공용 띠톱, 펜촉
		5종	STC5	59 이상	각인, 스냅, 태엽, 목공용 띠톱, 원형톱, 펜촉, 등사판줄, 톱날
		6종	STC6	56 이상	각인, 스냅, 원형톱, 태엽, 우산대, 등사판 끌
		7종	STC7	54 이상	각인, 스냅, 프레스 형, 칼
3752	기계구조용 탄소강강재 (Carbon Steel for Machine Structural Use)	1종	SM10C	32 이상	비렛트, 컬넷트
		2종	SM15C	38 이상	볼트, 니트, 리벳트
		3종	SM20C	41 이상	
		4종	SM25C	45 이상	볼트, 니트, 모터 축
		5종	SM30C	55 이상	볼트, 니트, 기계부품
		6종	SM35C	58 이상	로드, 레버류, 기계부품
		7종	SM40C	62 이상	연접봉, 이음쇠, 축류
		8종	SM45C	70 이상	크랭크축류, 로드류
		9종	SM50C	75 이상	키, 핀, 축류
		10종	SM55C	80 이상	키, 핀류
		21종	SM9CK	40 이상	방적기 롤러
		22종	SM15CK	50 이상	캠, 피스톤핀 ※ 21,22종은 침탄용
3753	합금공구강 (Alloy Tool Steel)	절삭용	S1종	STS1	–	절삭공구, 냉간 드로잉용 다이스
			S11종	STS11	–	
			S2종	STS2	–	탭, 드릴, 카터, 핵소우(Hack Saw)
			S22종	STS22	–	
			5	STS5	–	원형톱, 띠톱, 핵소우
			S51종	STS51	–	
			7	STS7	–	
			S8종	STS8	–	줄
		주로내충격용	S4종	STS4	–	끌, 펀치, 스냅, 탭
			S41종	STS41	–	
			S42종	STS42	–	끌, 펀치, 칼날, 줄, 눈금용 공구
			S43종	STS43	–	착암기용 피스톤
			S44종	STS44	–	끌, 해딩 다이스
		주로내마모성불변형용	S3종	STS3	–	게이지, 탭, 다이스, 절단기, 칼날
			S31종	STS31	–	게이지, 휘밍다이
			D1종	STD1	–	다이스
			D11종	STD11	–	게이지,
			D12종	STD12	–	휘밍다이 나사 전조롤러
			D2종	STD2	–	

KS D	명 칭	종 별		기 호	인장강도 kg/mm²	용 도
3753	합금공구강 (Alloy Tool Steel)	주로열간가공용	D4종	STD4	-	프레스형틀, 다이케스팅용 다이
			D5종	STD5	-	
			D6종	STD6	-	
			D61종	STD61	-	
			F1종	STF1	-	다이형틀
			~ 5종	STF5		
			F6종	STF6	-	프레스용 다이
4101	탄소주강물 (Carbon Steel Casting)	1종		SC37	37 이상	전동기부품용
		2종		SC42	42 이상	일반구조용
		3종		SC46	46 이상	〃
		4종		SC49	49 이상	〃
		5종		SC55	55 이상	〃
4301	회주철물 (Gray Cast Iron)	1종		GC10	10 이상	일반기계부품, 상수도 철관 난방용품
		2종		GC15	15 이상	
		3종		GC20	20 이상	약간의 경도를 요하는 부분
		4종		GC25	25 이상	
		5종		GC30	30 이상	실린더 헤드, 피스톤공작 기계부품
		6종		GC35	35 이상	
4302	구상흑연주철	1종		DC37	37 이상	
		2종		DC42	42 이상	
		3종		DC50	50 이상	
		4종		DC60	60 이상	
		5종		DC70	70 이상	
4303	흑심가단주철	1종		BMC28	28 이상	
		2종		BMC32	32 이상	
		3종		BMC35	35 이상	
		4종		BMC37	37 이상	
4305	백심가단주철	1종		WMC34	34 이상	
		2종		WMC36	36 이상	
5504	동판 (Copper Sheet and Plate)	1종	연질	CuS1-0	26 이상	전기와 열전두성이 좋고 전연성, 가공성, 내식성, 내후성이 요구된 곳. 전기부품, 증류기구 건축용, 화학공업용 가스켓, 기물 등
			1/4경질	CuS1-1/4	22 이상	
			1/2경질	CuS1-1/2	25 이상	
			경질	CuS1-H	28 이상	
		2종	연질	CuS2-0	26 이상	
			1/4경질	CuS2-1/4	22 이상	
			1/2경질	CuS2-1/2	25 이상	
			경질	CuS2-H	28 이상	

KS D	명 칭	종 별	기 호	인장강도 kg/mm²	용 도
5516	인청동봉 (Phosphor Bronze Rods and Bars)	1종	PBR1	50 이상	탄성, 내마모성, 내식성 등을 요구하는 부품 (기어, 베어링, 이음쇠, 나사)
		2종	PBR2	52 이상	
		3종	PBR3	55 이상	
6001	황동주물 (Brass Castings)	1종	BsC1	15 이상	플랜지, 전기부속품, 전기부품, 일반 기계부품
		2종	BsC2	20 이상	
		3종	BsC3	25 이상	건축용 장식품, 일반 기계부품, 전기부품
6002	청동주물 (Bronze Castings)	1종	BrC1	25 이상	기계적 성질, 내식성이 우수하여 밸브, 코크 및 기계부품에 적합
		2종	BrC2	25 이상	
		3종	BrC3	20 이상	절삭성이 양호하여 기계부품, 밸브 및 코크 등에 적합
		4종	BrC4	22 이상	
		5종	BrC5	17 이상	절삭성이 양호하여 급수, 배수 및 건축용 등에 적합

참 고 문 헌

알기 쉬운 금형재료	기전연구사	저자 이기준
기계재료를 기본으로 한 금형재료	원창출판사	저자 문원길 외 2인
실용 기계공작법	청문각	저자 박원규 외 3인
재료과학	선학출판사	저자 방명성
알기 쉬운 기계재료학	원창출판사	저자 서창민 저

그림으로배우는 알기쉬운
신편 기계&금형재료

1판1쇄 발행   2021년 11월 20일
1판2쇄 발행   2022년 01월 20일
1판3쇄 발행   2023년 01월 10일
1판4쇄 발행   2023년 08월 10일
1판5쇄 발행   2024년 03월 20일
1판6쇄 발행   2025년 01월 20일

지은이 | 이종구
펴낸이 | 이주연
펴낸곳 | **명인북스**
등   록 | 제 409-2021-000031호

주   소 | 인천시 서구 완정로65번안길 10 114동 605호
전   화 | 032-565-7338
팩   스 | 032-565-7348
E-mail | phy4029@naver.com
정   가 | 28,000원

ISBN 979-11-986285-3-4 (13550)

이 책에서 내용의 일부 또는 도해를 다음과 같은 행위자들이 사전 승인없이 인용할 경우에는
저작권법 제93조 「손해배상청구권」 에 적용 받습니다.
  ① 단순히 공부할 목적으로 부분 또는 전체를 복제하여 사용하는 학생 또는 복사업자
  ② 공공기관 및 사설교육기관(학원, 인정직업학교), 단체 등에서 영리를 목적으로 복제·배포하는 대표, 또는 당해 교육자
  ③ 디스크 복사 및 기타 정보 재생 시스템을 이용하여 사용하는 자

※ 파본은 구입하신 서점에서 교환해 드립니다.